Christian Belz
Markus Müllner
Dirk Zupancic

SPITZENLEISTUNGEN IM KEY ACCOUNT MANAGEMENT

Das St. Galler KAM-Konzept

Unter Mitarbeit von Rupert Hilti
für das Fallbeispiel Hilti AG

REDLINE WIRTSCHAFT

Christian Belz / Markus Müllner / Dirk Zupancic
Spitzenleistungen im Key Account Management
Das St.Galler KAM-Konzept
Frankfurt: Redline Wirtschaft, 2005
ISBN 3-363-03048-5 (Redline Wirtschaft)
ISBN 3-908545-78-1 (Thexis)

http://www.redline-wirtschaft.de
http://www.thexis.ch

Kein Teil des Werks darf in irgendeiner Form (durch Fotokopie, Mikrofilm oder ein anderes Verfahren) ohne schriftliche Genehmigung des Verlags reproduziert oder unter Verwendung elektronischer Systeme gespeichert, verarbeitet, vervielfältigt oder verbreitet werden.

Alle Rechte vorbehalten
Copyright © 2005 bei verlag moderne industrie, Redline GmbH, Frankfurt/M.
Ein Unternehmen der Süddeutscher Verlag Hüthig Fachinformationen.
Copyright © 2004 bei Verlag Thexis, CH-St.Gallen
Umschlaggestaltung: INIT, Büro für Gestaltung, Bielefeld
Druck: Druckerei Theiss, St. Stefan im Lavanttal
Printed in Austria

Inhaltsverzeichnis

Abbildungsverzeichnis 13

Geleitwort 19

1 Erfolge mit Schlüsselkunden 21

2 Status quo des Themas Key Account Management in der Literatur 29
    2.1 Entstehung des Key Account Management seit den 60er-Jahren 31
    2.2 Professionalisierung nationaler KAM-Programme seit den 80er-Jahren 31
    2.3 Internationales und Globales Key Account Management seit den 90er-Jahren 32
    2.4 Spezialisierung und Perfektionierung des Key Account Management in der Gegenwart 33

3 Das St.Galler Key Account Management-Konzept 35
    3.1 Schlüssel-Schloss-Analogie 36
    3.2 Aufgaben für Key-Account-Manager und die Geschäftsleitung 37
          3.2.1 Funktionale Ebene des Key Account Management 38
          3.2.2 Organisatorische Ebene des Key Account Management 40
          3.2.3 Von Tätigkeiten und Voraussetzungen: Fünf „S" im Modell 43

4 Situatives Key Account Management 47
    4.1 Vertikale Stufe von Anbieter und Kunde 50
    4.2 Branchen des Anbieters und der Kunden: Business-to-Business und Business-to-Consumer 51
    4.3 Erfolg des Kunden und des Anbieters 52
    4.4 Kundenzahl und Lieferantenzahl 52
    4.5 Kundenwert und Lieferantenwert sowie Status der Zusammenarbeit 52

4.6 Beschaffungsstrategien und -prozesse des
Kunden und Marketingstrategien und -prozesse
des Lieferanten 53
4.7 Unternehmensgrösse und Ressourcen 53
4.8 Organisation des Kunden und des Lieferanten 54
4.9 Leistungsart und -komplexität sowie Form und
Status der Zusammenarbeit 55
4.10 Internationalität von Kunde und Anbieter 56
4.11 Unterschiedliche KAM-Situationen im Überblick 56

5 Key Account Management Analyse 59
5.1 Schlüsselkunden analysieren 59
    5.1.1 Schlüsselkunden-Strategie analysieren 62
    5.1.2 Unternehmerische Bedürfnisse
des Key Accounts analysieren 65
    5.1.3 Persönliche Bedürfnisse der
Beteiligten analysieren 67
    5.1.4 Entscheidungsstrukturen des
Key Accounts analysieren 71
5.2 Leistungen und Gegenleistungen analysieren 74
    5.2.1 Bislang erbrachte Leistungen aufführen 76
    5.2.2 Steigern der Zufriedenheit oder Vermeiden
von Unzufriedenheit 77
    5.2.3 Leistungen im Vergleich zur
Konkurrenzleistung sehen 78
    5.2.4 Verrechenbarkeit der Leistungen
berücksichtigen 80
5.3 Kompetenzen analysieren 81
    5.3.1 Fähigkeiten für eine erfolgreiche
Key Account Bearbeitung 83
    5.3.2 Analyse der Kompetenzen potenzieller
Kooperationspartner 83
5.4 Strukturen und Verantwortungen analysieren 84
5.5 Kriterien und Messgrössen identifizieren 87

6 Strategie, Vision und Ziele in der Zusammenarbeit mit einem Key Account 89
6.1 Strategien mit einem Key Account 89

      6.1.1 Variante A: Integrations- und Synergie-
potenziale als Ausgangspunkt
für die Strategie 89
      6.1.2 Variante B: Win-Win-Vorteile als
Ausgangspunkt für die Strategie 94
      6.1.3 Schlüsselkunden-Strategie als
Investitionsentscheidung 98
6.2 Visionen formulieren die langfristige Perspektive
der Zusammenarbeit mit Key Accounts 99
6.3 Ziele machen die Strategie fassbar 101

7 Leistungen für Key Accounts 107

7.1 Ausrichtung an den Bedürfnissen
der Schlüsselkunden 107
7.2 Kundenvorteil als Leitgedanke für schlüsselkunden-
spezifische Leistungen 109
7.3 Die kundenindividuelle Strategie bestimmt die
Ausgestaltung des Leistungspakets 112
7.4 Das leistungspolitische Spielfeld des KAM 116
      7.4.1 Leistungssysteme als systematische
Problemlösungspakete 116
      7.4.2 Leistungspakete für Key Accounts beinhalten
Vertrauens-, Koordinations- und
Rationalisierungsleistungen 119
7.5 „Schnüren" von Key-Account-spezifischen
Leistungspaketen 126
7.6 Gegenleistungen des Key Accounts sichern 129
      7.6.1 Gegenleistungen bestimmen 129
      7.6.2 Leistungen und Gegenleistungen aushandeln ... 130

8 Prozesse und Aktivitäten im Key Account Management ... 135

8.1 Aktivitäten zur Befriedigung von
Kundenbedürfnissen 135
8.2 Prozessmanagement als konzeptionelles Hilfsmittel 137
8.3 Ein prozessorientierter Ansatz für das
Key Account Management 138
8.4 Drei Prozess-Schritte bei der
Schlüsselkunden-Bearbeitung 141

8.5 Identifikation konkreter Prozesse für das
Key Account Management 143
    8.5.1 Kundenbearbeitungsprozess im Rahmen der
Kernaufgabe „Kunden-/ Auftragsakquisition" ... 143
    8.5.2 Kundenbearbeitungsprozess im Rahmen der
Kernaufgabe „Kundenbindung" 144
    8.5.3 Kundenbearbeitungsprozess im Rahmen der
Kernaufgabe „Leistungsinnovation" 144
    8.5.4 Kundenbearbeitungsprozess im Rahmen der
Kernaufgabe „Leistungsrealisierung
und -pflege" 146
    8.5.5 Von den Aufgaben zu den Aufgabenträgern 147

9 Teams im Key Account Management 151
9.1 Teams: Ein veraltetes Thema im Management? 151
9.2 Die Zusammenstellung von KAM-Teams 154
    9.2.1 Schritt 1: Analyse des Status quo der
Kundenbeziehung 154
    9.2.2 Schritt 2: Das Team aus Unternehmenssicht
zusammenstellen 154
    9.2.3 Schritt 3: Abgleich mit den
Kundenbedürfnissen 157
9.3 Verantwortlichkeiten in der Teamzusammenstellung .. 158
9.4 Teamkonfiguration bei neuen Key Accounts 158
9.5 Koordinationsinstrumente für KAM-Teams 159
9.6 Die Rolle des Key-Account-Managers
als Teamkoordinator 162

10 Erfolgsmessung im Key Account Management 171
10.1 KAM benötigt ein umfassendes System zur
Erfolgskontrolle 171
10.2 Balanced Scorecard als Basis für eine
mehrdimensionale Kontrolle im KAM 172
10.3 Ansatzpunkte für eine KAM-spezifische
Balanced Scorecard 174

11 Der Key-Account-Plan 183
11.1 Wesen der Planung im Key Account Management 183
11.2 Aufbau eines Key-Account-Plans 184

11.3 Abstimmen des Key-Account-Plans 186
11.4 Erstellen des Key-Account-Plans 187
11.5 Umsetzen des Key-Account-Plans 188
11.6 Erfolgsfaktoren der Key-Account-Planung 190

12 „Strategy" im organisatorischen KAM 195
12.1 Definition und Selektion von Key Accounts 195
    12.1.1 Die Auswahl der richtigen Accounts 195
    12.1.2 Der Kundenwert als Ausgangspunkt für die Selektion von Kunden für ein KAM-Programm 196
    12.1.3 Ein systematischer Ansatz zur Selektion von Key Accounts 197
    12.1.4 Bestimmung der optimalen Anzahl von Key Accounts für ein Unternehmen 201
12.2 Key Account Management als Teil der Unternehmensstrategie 207
    12.2.1 Unternehmens- und Marktorientierte Geschäftsfeldplanung 207
    12.2.2 Die Bedeutung des KAM für das Gesamtunternehmen 208
    12.2.3 Zwei Stellhebel für die strategische Verankerung des KAM im Unternehmen 209

13 „Solutions" im organisatorischen KAM 215
13.1 Schlüsselkunden-spezifische Leistungen im Leistungsportfolio eines Unternehmens 215
    13.1.1 Neue Leistungen entwickeln 216
    13.1.2 Interne Zusammenarbeit optimieren 217
    13.1.3 Erfolg über preispolitische Entscheidungen sichern 219
    13.1.4 Leistungen für umsatzschwache Schlüsselkunden 221
    13.1.5 Einhalten zugesagter Exklusivität 223
    13.1.6 Konkurrenzierung von Key Accounts 224
13.2 Basisvoraussetzungen für erfolgreiche Key-Account-Leistungen schaffen 227
    13.2.1 Rahmenbedingungen 227

13.2.2 Voraussetzungen für hochwertige
Key-Account-Leistungen 227

14 „Skills" im organisatorischen KAM 235
14.1 Personalentwicklung für Mitarbeiter im KAM 235
14.1.1 Anforderungsprofil für Mitarbeiter
in Key-Account-Management-Teams 237
14.1.2 Das Kompetenznetz als Instrument zur
Beurteilung vorhandener Fähigkeiten 240
14.1.3 Personalentwicklungskonzept
für KAM-Mitarbeiter 243
14.2 KAM-Fokus in der Human-Ressource-Strategie 247
14.2.1 Erfolgreiches KAM benötigt ein langfristiges
und weitsichtiges Management des Personals ... 247
14.2.2 Karrierepfade im KAM 249
14.2.3 Honorierungssysteme für das
Key Account Management 252

15 „Structures" im organisatorischen KAM 259
15.1 Implementierung von KAM Strukturen 259
15.1.1 Entwicklungsstufen des
Key Account Management 260
15.1.2 Zunehmende Internationalisierung des
KAM-Programms während der
Weiterentwicklung 265
15.1.3 Zusammenhang von Implementierung und
Kundenbearbeitung 266
15.1.4 Ansätze zur systematischen Implementierung
von KAM-Strukturen 268
15.1.5 Interne Kommunikation zur Unterstützung
des Implementierungsprozesses 280
15.2 KAM-Fokus in der Unternehmensstruktur
und -kultur 284
15.2.1 KAM in der Unternehmensstruktur 284
15.2.2 KAM in der Unternehmenskultur 295

16 „Scorecard" im organisatorischen KAM 303
16.1 Lernen und Knowledge Management 303

16.1.1 Unterschiedliche Kontrollansätze
im Management 303
16.1.2 Eine unternehmensweite Balanced
Scorecard als Ideal 304
16.1.3 Eine KAM-Balanced Scorecard
als Insellösung 305
16.1.4 Planungs- und Abstimmungsprozess 305
16.1.5 Wissensmanagement und Organisationales
Lernen im Key Account Management 307
16.2 KAM-Fokus im unternehmensinternen Controlling
und Reportingsystem 312
16.2.1 Bezugsebenen im Controlling eines
Unternehmens 313
16.2.2 Cockpit zur Steuerung des
Key Account Management 315

**17 Fazit und Ausblick: Schlüssige Systeme für das
Key Account Management** 319

17.1 Risiken im Key Account Management 319
17.2 Anspruchsvolles Management des
Key Account Management 329
17.3 Baukasten des Key Account Management 334

Literaturverzeichnis 343

Stichwortverzeichnis 349

Autorenprofile 353

Abbildungsverzeichnis

Abbildung 1:	Top 10 Themen im Marketing	21
Abbildung 2:	Die Entwicklung des Key Account Management	30
Abbildung 3:	Gegenüberstellung „Klassischer" Verkauf versus Key Account Management	36
Abbildung 4:	Schlüssel zum Erfolg im Key Account Management	37
Abbildung 5:	Der KAM-Zirkel im St.Galler Key-Account-Management-Konzept	39
Abbildung 6:	KAM auf Unternehmensebene: Die Support-Elemente	41
Abbildung 7:	Das Gesamtmodell im Überblick	42
Abbildung 8:	Was Key Account Management ist und was nicht	43
Abbildung 9:	Die fünf „S" des St.Galler KAM-Konzepts	44
Abbildung 10:	Die fünf Fächer im Modell zum St.Galler Key-Account-Management-Konzept	45
Abbildung 11:	Dimensionen für ein situatives Key Account Management	50
Abbildung 12:	Morphologie der Situationen im Key Account Management	57
Abbildung 13:	Wertkette	65
Abbildung 14:	Rationale und emotionale Bedürfnisse in Kombination	68
Abbildung 15:	Einordnung von 4 verschiedenen Persönlichkeitstypen	69
Abbildung 16:	Charakteristika der vier verschiedenen Persönlichkeitstypen	70
Abbildung 17:	Unterschiedliche Rollen im Beschaffungsprozess	72
Abbildung 18:	Tool zur Identifikation von Rollen in den einzelnen Beschaffungsphasen	74
Abbildung 19:	Relevanz einer Leistung	76
Abbildung 20:	Kompetenzprofile zur Überprüfung der Leistungsfähigkeit des Key Account-Management eines Industriegüterunternehmens	82

Abbildung 21:	Beziehungsdiagramm bei der Bearbeitung eines Key Accounts der chemischen Industrie	85
Abbildung 22:	Key Supplier und Key Account Management	92
Abbildung 23:	Key Account Management-Strategien	93
Abbildung 24:	Win-Win-Portfolio	95
Abbildung 25:	Kundenvorteile im Key Account Management	109
Abbildung 26:	Mögliche Vorteile und Risiken von Schlüsselkunden bei der Zusammenarbeit mit Lieferanten	110
Abbildung 27:	Festlegen des geeigneten Leistungsumfangs	113
Abbildung 28:	Unterschiedliche Leistungsstrategien bei einem Unternehmen der Automatisierung und Energietechnik	114
Abbildung 29:	Normstrategien des Leistungsmanagements für Key Accounts	115
Abbildung 30:	Schalenmodell eines Leistungssystems	117
Abbildung 31:	Leistungen für industrielle Key Accounts	122
Abbildung 32:	Modell des Leistungssystems für Key Accounts	125
Abbildung 33:	Entscheidungsfelder beim Abschluss eines Key-Account-Vertrags	127
Abbildung 34:	Problemquellen bei der Einhaltung von Key-Account-Verträgen	128
Abbildung 35:	Gegenleistungen im Key Account Management	130
Abbildung 36:	Dreiphasenmodell des Verhandlungsmanagements	131
Abbildung 37:	Erfolgsfaktoren der Vorbereitung von Verhandlungen mit Key Accounts	131
Abbildung 38:	Erfolgsfaktoren der Durchführung von Verhandlungen mit Key Accounts	132
Abbildung 39:	Erfolgsfaktoren der Durchführung von Verhandlungen mit Key Accounts	133
Abbildung 40:	Kundenbedürfnisse und Art der Bedürfnisbefriedigung in der Praxis	135
Abbildung 41:	Die Zusammenarbeit in Unternehmen	136

Abbildung 42:	Basisorientierung und Kernaufgaben im Marketing	139
Abbildung 43:	Subprozesse der Kernaufgabe „Kunden-/Auftragsakquisition"	144
Abbildung 44:	Subprozesse der Kernaufgabe „Kundenbindung"	145
Abbildung 45:	Subprozesse der Kernaufgabe „Kundenbindung"	146
Abbildung 46:	Subprozesse der Kernaufgabe „Leistungsrealisierung und -pflege"	147
Abbildung 47:	Software and service package for construction projects	148
Abbildung 48:	Cross-funktionale Key-Account-Management-Teams	155
Abbildung 49:	KAM-Teamstruktur bei der Degussa Goldschmidt AG	156
Abbildung 50:	KAM-Teams sollten die Kundenorganisation widerspiegeln	157
Abbildung 51:	Koordination in KAM-Teams	161
Abbildung 52:	Die Rolle des KAM-Teamkoordinators in unterschiedlichen Teamkonfigurationen	163
Abbildung 53:	Die Key Player bei der Orchestrierung der Global-Account-Teams	165
Abbildung 54:	Grundstruktur der Balanced Scorecard	173
Abbildung 55:	Beispiele für die Ausprägung einer KAM-Balanced-Scorecard in der Kundenperspektive	175
Abbildung 56:	Beispiele für die Ausprägung einer KAM-Balanced-Scorecard in der finanziellen Perspektive	176
Abbildung 57:	Beispiele für die Ausprägung einer KAM-Balanced-Scorecard in der Prozessperspektive	177
Abbildung 58:	Beispiele für die Ausprägung einer KAM-Balanced Scorecard in der Wachstums- und Lernperspektive	178
Abbildung 59:	Screenshot eines Marketing-Cockpits	179
Abbildung 60:	Der KAM-Zirkel gibt die Struktur für Key-Account-Pläne vor	184

Abbildung 61:	Struktur des Key-Account-Plans bei MRI worldwide	186
Abbildung 62:	Zusammenhang zwischen Aufstellen und Umsetzen des Key-Account-Plans	189
Abbildung 63:	Account-Development-Pläne auf dem Hilti-Intranet	191
Abbildung 64 :	Vier-stufiges Selektionssystem zur Auswahl von Key Accounts	199
Abbildung 65:	Scoring Modell für die Analyse der potenziellen Key Accounts bei der Cleaning Corporation	200
Abbildung 66:	Scoringwerte für verschiedene Kunden der Cleaning Corporation	201
Abbildung 67:	Grundsatzoptionen zur Bestimmung der Anzahl von Key Accounts	202
Abbildung 68:	KAM-Segmente der Hilti AG	205
Abbildung 69:	Planung in verschiedenen Managementebenen	208
Abbildung 70:	Die 80-/20-Regel zur Verteilung des Umsatzes auf die Kunden	209
Abbildung 71:	Leistungen für indirekte Key Accounts	222
Abbildung 72:	VIP-Modul für internationale Schlüsselkunden	231
Abbildung 73:	Gute Mitarbeiter machen bessere Geschäfte	236
Abbildung 74:	Anforderungsprofil an Mitglieder eines KAM-Teams	238
Abbildung 75:	Beispielhaftes Kompetenznetz von zwei Mitarbeitern für das KAM	241
Abbildung 76:	Profil eines Global Account Executives bei Hilti	243
Abbildung 77:	Trainingskonzept für Mitarbeiter im KAM	244
Abbildung 78:	Global Account Executive-Training	246
Abbildung 79:	Idealtypische Karrierepfade eines Mitarbeiters in einem IKAM-Team	249
Abbildung 80:	Optionen für die Entlohnung im KAM	254
Abbildung 81:	Immaterielle Honorierungssysteme	256
Abbildung 82:	Empfohlenes Honorierungssystem für das KAM	258

Abbildung 83:	Ausgangssituation für das KAM: Die normale Kundenbeziehung	260
Abbildung 84:	Frühes Key Account Management	261
Abbildung 85:	Semi-professionelles KAM	262
Abbildung 86:	Partnerschaftliches KAM	263
Abbildung 87:	Synergetisches KAM	264
Abbildung 88:	Stufen der Internationalisierung des Key Account Management bei Hilti	266
Abbildung 89:	Implementierung und Bearbeitung im KAM	267
Abbildung 90:	Implementierungsmodell für KAM-Strukturen	269
Abbildung 91:	Typen im Implementierungsprozess	276
Abbildung 92:	Change Agents in der Implementierung des KAM	278
Abbildung 93:	Kommunikationspolitische Instrumente zur Unterstützung des KAM	282
Abbildung 94:	Optionen für die KAM-Organisation	285
Abbildung 95:	Hierarchische örtliche Verteilung des KAM in der Organisation	289
Abbildung 96:	Ergänzungsteams für das KAM	290
Abbildung 97:	Zusammenarbeit GAE und GAM Competence Center	294
Abbildung 98:	Hierarchieprinzip der Kultur	296
Abbildung 99:	Ebenen der Kultur	298
Abbildung 100:	Hierarchie verschiedener Balanced Scorecards im Unternehmen	304
Abbildung 101:	Beispiel für GAM-Knowledge	307
Abbildung 102:	Anytime-Anyplace Matrix	310
Abbildung 103:	Bezugsebenen im Controlling	313
Abbildung 104:	Artikel des Falls Hochdamm	314
Abbildung 105:	Entwicklung einer KAM-Balanced Scorecard	315
Abbildung 106:	Fiktives Gespräch zwischen Einkäufer und Verkäufer	321
Abbildung 107:	Stellgrössen für den Support des Key Account Management	335

Geleitwort

Key Account Management (KAM) hat eine lange Tradition in Unternehmen. Jeder professionelle Verkäufer bearbeitet seine wichtigsten Kunden anders. Professionelles KAM ist jedoch deutlich mehr als nur der Vertriebskanal zu den wichtigsten Kunden. «Key Account Management ist eines der wichtigsten Instrumente, um zukünftig nachhaltige Wettbewerbsvorteile aufzubauen», das ist das Kernergebnis einer europäischen Studie, die Mercuri International kürzlich in Kooperation mit der Universität St. Gallen durchgeführt hat. Dazu ist allerdings ein systematisches Konzept notwendig, das nicht nur die Arbeitsweise einzelner Personen oder Teams betrifft, sondern das gesamte Unternehmen.

Als international tätige Vertriebsberatungs- und Trainingsorganisation werden wir in letzter Zeit darüber hinaus verstärkt mit internationalen Projektanfragen konfrontiert. Auch dieser Trend wird durch die europäische Studie untermauert. 70,9 Prozent der Befragten geben an, dass ihr KAM bereits heute international ausgerichtet ist. Die Tendenz ist steigend. Alles in allem: KAM ist ein wichtiges Thema, das zur richtigen Zeit in der bekannt hohen Qualität vom Institut für Marketing und Handel aufgegriffen wurde. Das St.Galler KAM-Konzept bietet einen Bezugsrahmen für die professionelle Entwicklung und Implementierung. Das Buch integriert die bestehenden Strategien und Werkzeuge und erfasst damit den „State of the Art" in Praxis und Wissenschaft. Das Werk verbindet Grundlagen und Werkzeuge für Anfänger im Key-Account-Management mit den strategischen Überlegungen, die Fortgeschrittene führen müssen. Es enthält wertvolle Hinweise, um Spitzenleistungen im KAM zu verwirklichen. Aus meiner Sicht eine Spitzenleistung. Ganz so, wie wir es von unserem langjährigen Kooperationspartner gewohnt sind.

Wolfgang F. Bußmann
Senior Vice President Mercuri International

1 Erfolge mit Schlüsselkunden

Die Kunden eines Unternehmens sind für die Existenz und Entwicklung unterschiedlich wichtig. Grössere Kunden wurden und werden immer schon anders bearbeitet als die kleinen. Key Account Management (KAM) ist damit selbstverständlich und nicht neu. Und die Forschung befasst sich schon seit vielen Jahren mit dieser Thematik.

Auf der Agenda für die erfolgreiche Zukunft des Marketing steht Key Account Management bereits an dritter Stelle (vgl. Abbildung 1). In analogen Untersuchungen 1992 stand dieser Bereich noch an neunter, 1996 an sechster Stelle (Belz 2002, S. 265 f.). Auch die weiteren Ansätze in den Top 10 von 110 innovativen Akzenten im Marketing sind eng mit dem Thema KAM verknüpft. Für Schlüsselkunden braucht es innovative Leistungen (1), die persönlichen Beziehungen sind wichtig (2), internationale Key Accounts stellen spezifische Anforderungen (4, 5) und es gilt auch hier, die Kundenperspektive einzunehmen (7). Internet und Intranet fördern die interne und externe Kommunikation für Grosskunden (10). Es ist damit nicht nur wichtig, was angeboten wird, sondern besonders wie es gelingt, besser mit Kunden zusammenzuarbeiten.

KAM auf dem Vormarsch

Top 10 von 110 Akzenten im innovativen Marketing

1. Produktinnovation: Anbieten neuer und besserer Produkte als die Konkurrenz (4,48)
2. Management der persönlichen Geschäftsbeziehungen und Vertrauensmarketing (4,33)
3. Schlüsselkunden-Management: (KAM) (4,3)
4. Euromarketing (4,21)
5. Internationale Schlüsselmärkte bearbeiten (4,2)
6. Kundenstamm-Marketing und Kundenbindung (4,18)
7. Customer Focus und Total Customer Care (4,15)
8. Zunehmende Segmentierung des Marketing (4,09)
9. Neue Kunden: Ansprache neuer Kundengruppen (4,09)
10. E-Communication: Nutzung von Internet und Intranet für den Dialog mit Kunden und Begleitung von Kunden, flankierend zur klassischen Marktbearbeitung (4,04)

Legende: Skala 1-5; 5 = ausschlaggebend für die Zukunft

Abbildung 1: Top 10 Themen im Marketing
Quelle: Belz 2002, S. 265 f.

Professionalität

Offensichtlich erkennen Führungskräfte im Key Account Management wichtige Reserven. Es geht nicht darum, Key Account Management zu nutzen oder nicht einzusetzen. Entscheidend bleibt es, im Key Account Management professioneller vorzugehen als die besten Konkurrenten. Dabei verändern sich das eigene Unternehmen, die Wettbewerber und die Key Accounts stetig. Es gilt, sich in einem sehr dynamischen Umfeld schnell und kontinuierlich zu verbessern. Auch die Ziele werden durch die beteiligten Partner laufend verändert.

Schlüsselkunden bewirken für Unternehmen spezifische Chancen und Risiken.

Chancen im KAM

Chancen: Mit Key Accounts kann ein Unternehmen stärker wachsen, seine Erträge steigern, die Auslastung sichern und die Kräfte im Vertrieb konzentrieren. Key Accounts sind meist vom Wettbewerb am stärksten umkämpft. Gemeinsam mit ihnen lernen Unternehmen Spitzenleistungen zu erbringen. Dieser Lernprozess steigert insgesamt die Fitness im Wettbewerb und nützt allen Kunden.

Risiken im KAM

Risiken: Key Accounts zu verlieren, kann die Existenz eines Unternehmens bedrohen; mögliche Ausfälle sind hoch. Die Kunden kombinieren höchste Ansprüche mit steigenden Aufwendungen für die Lieferanten, senken aber in harten Verhandlungen (bis zu gerichtlichen Auseinandersetzungen) die Preise. Abhängigkeiten lassen sich von Kunden ausnutzen.

Es lohnt sich, Key Account Management ernst zu nehmen und in die weitere Entwicklung zu investieren. Key Account Management bleibt ein anspruchsvoller Prozess und ist niemals abgeschlossen. Was heute einzigartig ist, wird morgen Standard im Wettbewerb sein. Deshalb gilt es, immer wieder neue Kundenvorteile für neue Herausforderungen zu verwirklichen.

KAM als Lernprozess

Ein Unternehmen spezialisiert sich meistens nach verschiedenen Kriterien: Produkte, Regionen und Länder, Kanäle und Kundengruppen spielen eine Rolle und finden in der Aufbauorganisation und den Prozessen ihren Niederschlag. Geschichtlich dominieren bei vielen Anbietern die Produktsparten und Länder. In Zukunft gewinnen Kanäle und vor allem Kundengruppen an Gewicht. Erst schrittweise werden der Einfluss und die Ressourcen für das Key Account Management ausgebaut. Im Endeffekt münden diese Bestrebungen in einer Kundenorganisation, die grosse Teile der Wertschöpfung eines Unternehmens nach Kundengruppen ausrichtet. In den Phasen des Übergangs ist die Koordination von Produkt- und Länderspezialisten für Kunden besonders anspruchsvoll und das Key Account Management kämpft um mehr Anerkennung. In keinem anderen Bereich scheinen Unternehmen vorsichtiger vorzugehen und zahlreiche Kompromisse sind die Regel. Diese Vorsicht ist angezeigt, denn gewachsene Beziehungen (z. B. der Produktsparten) mit den Kunden sollen nicht durch unbedachte Reorganisationen und neue Zuständigkeiten zerstört werden. Beziehungen lassen sich rasch abbrechen, aber nur langfristig aufbauen.

Reorganisation mit Verstand

Der interne Wettbewerb um Einfluss und Ressourcen äussert sich leider häufig so, dass in manchen Unternehmen im Key Account Management eine Innenorientierung vorherrscht und sie sich besonders mit Fragen der Organisation und Erfolgszuweisung beschäftigen. Entscheidend sind jedoch die Wirkung und die Leistung beim Kunden.

Grosse Kunden stellen spezifische Anforderungen. Die Gefahr ist gross, dass Key Account Management zum einen nur reaktiv auf Kundenansprüche eingeht und häufig defensiv bleibt. Zum anderen konzentriert sich die Zusammenarbeit mit Grosskunden oft auf individuelle Verhandlungen und Leistungen. Die spezifischen Lösungen für jeden Kunden zersplittern die Aktivitäten, sie verlagern sich auf eine operative Zusammenarbeit und vernachlässigen die neuen und strategischen Geschäfte. Jeder Verantwortliche erfindet neue Formen der Kooperation. Weil Key Account Management dynamisch, komplex und individuell ist, brauchen Unternehmen klare Strategien, Konzepte und modulare Lösungen. Erst auf professionelle Standards gestützt lässt sich gekonnt individualisieren.

Standardisierung versus Individualisierung

Key Account Management eines Unternehmens ist keine robuste Strategie, wie beispielsweise die Implementierung eines Informatiksystems für Customer Relationship Management oder die Einführung eines neuen Produkts. Beide Beispiele erfordern ebenfalls ein professionelles Vorgehen. Das lässt sich aber besser strukturieren und der Prozess erreicht klar definierte Endpunkte bzw. Meilensteine. Anders sieht es aus im KAM. Know-how und Services für Schlüsselkunden sind subtil und differenziert. Entsprechend schwierig ist es, sie laufend zu verbessern, die vielen beteiligten Personen einzubeziehen und ihr Verhalten für neue Rollen bei Kunden zu entwickeln. Manche Lösungen werden durch Kunden erschwert

KAM ist keine robuste Strategie

oder durchkreuzt, weil sie sich selbst verändern und neue Entscheidungskriterien berücksichtigen sowie Verhaltensweisen erwerben müssen. Key Account Management als Strategie erfordert einen langen Atem, Konsequenz und viel Energie. Weil Verbesserungen anspruchsvoll sind und Veränderungen oft erst langfristig greifen, gehen viele Wettbewerber in diesem Bereich kaum erfolgreich vor und es lassen sich deshalb nachhaltige Wettbewerbsvorteile erzielen.

Key Account Management ist wichtig. Mit dem St.Galler KAM-Konzept bieten wir einen Bezugsrahmen für die professionelle Entwicklung und Implementierung. Die Vorteile unseres Ansatzes sind:

Vorteile des St.Galler KAM-Konzepts

Integration auf neuem Entwicklungsstand: Dieses Buch integriert die bestehenden Strategien und Werkzeuge und erfasst damit den „State of the Art" in Praxis und Wissenschaft.

Strategisches Key Account Management: Während sich die meisten Veröffentlichungen zum Key Account Management auf den operativen Umgang mit Schlüsselkunden konzentrieren, gewichten wir ebenso die übergreifenden, strategischen Voraussetzungen, die Unternehmen schaffen sollen. Bewusst unterscheiden wir die Perspektiven der Key-Account-Manager und -Teams sowie des Gesamtunternehmens.

Einbezug von neuen Themen: Bisher vernachlässigte Themen, wie z. B. das situative Key Account Management, der Entwicklungspfad für Key Account Management, des Leistungs- und Preismanagements oder des Risikomanagements sind erfasst. Bestehende Ansätze vertiefen wir durch gezielte, neue Erkenntnisse aus Forschung und Praxis.

Verankerung in Forschung und Praxis: Das Institut für Marketing und Handel befasst sich seit über zehn Jahren in Praxisprojekten und Forschungen mit diesem Thema (Arnold 2001, Arnold/Belz/Senn 2000, Belz 1989, Belz/Senn 1997, Mühlmeyer 2001, Müllner 2002, Senn 1997, Zupancic 2001). Wichtige Hinweise liefern auch unsere Ergebnisse zu optimalen Leistungssystemen, die sich oft in erster Linie an Schlüsselkunden richten (Belz 1991, Belz et al. 1997), zum Management von Geschäftsbeziehungen (Belz et al. 1994) und zum Performance Selling (Belz/Bussmann 2002). Die Kundenperspektive berücksichtigten wir bereits im Key Supplier Management (Belz/Mühlmeyer 2001).

Durchgehendes Fallbeispiel: Das Buch enthält zahlreiche Praxisbeispiele. Der Fall Hilti AG (FL-Schaan) prägt die gesamte Veröffentlichung. Einerseits gehört die Hilti AG zu den „Best Practices" in den Lösungen des Key Account Management. Andererseits ist die Herausforderung für die Hilti AG im Bereich des Key Account Management besonders gross.

Als Lieferant von Befestigungstechnik liefert die Hilti AG Produkte und Systeme, die häufig nur einen geringen Teil des Einkaufvolumens seiner Kunden ausmachen. Bestimmte Produkte können – vor allem aus Sicherheitsgründen – eine grosse Bedeutung haben. Dennoch bleibt das Volumen des Gesamtpreises eher gering. So ist das Unternehmen für Schlüsselkunden nicht immer Schlüssellieferant. Vielmehr muss man sich bemühen, mit innovativen Lösungen und Koordinationsleistungen ein umfangreiches Engagement für den Kunden zu erreichen. Zusammen mit exklusiven Servicepaketen gelingt es dem Unternehmen in bestimmten Fällen, eine wichtige Bedeutung zu erlangen und teilweise sogar strategischer Lieferant zu werden.

Fallbeispiel Hilti AG

Unser Konzept des Key Account Management ist umfassend. Es schliesst 20 Felder für Analysen und Entscheidungen ein. Zudem hängen diese Felder gleichzeitig auch zusammen. Ist daher ein solcher Vorschlag zu komplex, um ihn in die Praxis umzusetzen? Wir streben keine vollständigen Lösungen an, da dies nur selten zweckmässig ist. Vielmehr bieten wir eine Orientierung in allen relevanten Facetten des Key Account Management und unterstützen Unternehmen bei der Wahl der richtigen Akzente und Schwerpunkte. Erst mit einem systematischen Konzept, wie dem St.Galler KAM-Konzept, gelingt es:

KAM ist komplex

- verschiedene beteiligte Organisationseinheiten und Spezialisten bei Kunden und im eigenen Unternehmen wirksam zu koordinieren,
- klare Prioritäten zu setzen und dort zu verbessern, "wo es etwas bringt",
- die Zusammenarbeit mit Kunden zu gestalten und zu erneuern und nicht nur passiv auf zusätzliche Anforderungen des Kunden einzugehen.

Spitzenleistungen

Bereits im Titel des Buchs fordern wir Spitzenleistungen. Key Account Management ist die anspruchsvollste Disziplin im Marketing und nur herausragende Leistungen für Key Accounts schaffen auch positive Abhängigkeiten und erwünschte Gegenleistungen des Kunden. Sie öffnen die Spielräume für eine entwicklungsfähige und langfristige Zusammenarbeit. Kurzum: Eine Beziehung, in der Anbieter und Kunden zugleich profitieren. Ähnlich wie der Spitzenden Breitensport fördert, beeinflusst Key Account Management den Fortschritt im Marketing für alle Kunden.

„Spitzenleistungen im Key Account Management" behandelt das systematische Konzept des Key Account Management. Es bildet ein geschlossenes System, das einen gezielten Zugang zu einzelnen Themen erlaubt. Auf dieser Grundlage lassen sich die wichtigen Bausteine bewusst auswählen und selektiv vertiefen. Ein zweiter Band „Spitzenleistungen im Key Account Management II" zeigt erfolgreiche Fälle in der Praxis für alle Bausteine des Modells. Sie werden von den verantwortlichen Führungskräften verfasst (Zupancic/ Bussmann/Belz 2004; in Vorbereitung). Beide Bücher richten sich an drei Gruppen von Lesern: Topmanager, Spartenleiter, Marketingleiter und Vertriebsleiter, die in Unternehmen das Gesamtsystem des Key Account Management gestalten; Key-Account-Manager, die selbst Schlüsselkunden (mit)betreuen; Management- und Marketing-Studierende an Hochschulen und Universitäten und in Weiterbildungsprogrammen.

Wir danken den zahlreichen Unternehmen, die in den vergangenen Jahren die Lösungen im Key Account Management mit uns erprobten und weiter entwickelten. Herzlich danken wir Rupert Hilti und der Hilti AG (FL-Schaan) für die umfassenden Praxisbeiträge. Besonders unterstützten uns Christian Schmitz als wissenschaftlicher Mitarbeiter im Kompetenzzentrum Business-to-Business-Marketing und Nadja Barthel (Verlagsleiterin Thexis), um das Buch fertig zu stellen. Inhaltlich profitierten wir von der offenen Zusammenarbeit am Institut für Marketing und Handel und den Forschungsergebnissen in sämtlichen Kompetenzzentren.

Den Lesern wünschen wir relevante und motivierende Impulse, die sich zu erfolgreichen, eigenen Lösungen entwickeln lassen. Wir freuen uns auf kritische Rückmeldungen.

St. Gallen im März 2004

Prof. Dr. Christian Belz
(christian.belz@unisg.ch)

Dr. oec. Markus Müllner
(markus.muellner@marketing-auditorium.com)

Dr. oec. Dirk Zupancic
(dirk.zupancic@unisg.ch)

2 Status quo des Themas Key Account Management in der Literatur

© Prof. Belz/Dr. Müllner/Dr. Zupancic & Mercuri International 2003

In diesem Kapitel erfahren Sie:

- ... wie sich das Thema Key Account Management (KAM) im Lauf der Jahre entwickelte.
- ... wie und warum das Thema in den 60er-Jahren entstand.
- ... wie sich nationale Account-Management-Programme in den 80er-Jahren entwickelten und erweiterten.
- ... wie die internationale und globale Perspektive seit den 90er-Jahren an Bedeutung gewinnt.
- ... wie Spezialisierungen und Professionalisierungen gegenwärtig realisiert werden.

Key Account Management (KAM) ist ein Konzept, das in der betriebswirtschaftlichen Literatur seit drei Jahrzehnten bekannt ist. In den USA setzten Ende der 60er-Jahre bereits mehr als 250 Unternehmen das „National Account Management" (NAM) für landesweit tätige Kunden ein (Ebert/Lauer 1988, S. 8). Die Mehrzahl der Unternehmen stammte aus dem Investitionsgüterbereich. Zu Beginn der 70er-Jahre kam das Schlüsselkunden-Management nach Europa. Es wurde vor allem bei Konsumgüterunternehmen eingesetzt, die sich bereits zu dieser Zeit einer dynamischen Entwicklung im zunehmend konzentrierten Lebensmittel-Einzelhandel gegenübersahen (Kemna 1979).

Die strategisch wichtigsten Kunden eines Unternehmens wurden aber in der Praxis immer schon anders bearbeitet als die übrigen Kunden. Fast alle Anbieter im Business-to-Business-Geschäft betreiben heute in irgendeiner Form ein Key Account Management (Boles/Pilling/Goodwyn 1994, S. 25). Die Bedeutung der Schlüsselkunden für das Unternehmen ermöglicht eine Konzentration der Kräfte auf diese Kunden und damit kundenorientiertes Handeln des Unternehmens in einer klaren Form. Trotz dieser langen Erfahrung in der Unternehmensrealität und der Begleitung durch die

Entwicklungslinien

Umsetzung

Wissenschaft stehen Unternehmen bei der Umsetzung immer wieder bzw. immer noch vor grossen Herausforderungen (Zupancic 2001, S. 1). Dies liegt zum einen daran, dass die Implementierung von Marketingkonzepten, also z. B. auch die Implementierung eines KAM-Programms, immer eine grosse Herausforderung für Unternehmen darstellt (Belz 1999, S. 566 ff., Backhaus 1997, S. 725 ff., Hilker 1993). Selbst wenn man also bereits alles über das Key Account Management wüsste, hätten Unternehmen wohl dennoch ihre Schwierigkeiten, alles Wichtige umzusetzen.

Wir werden darlegen, dass es zwar bereits viele Erkenntnisse zum KAM gibt, dass sie aber noch nicht vollständig sind. Vor allem geht es jedoch darum, folgendes zu verdeutlichen: Es gilt, vorhandenes Wissen zu nutzen, um im KAM von Unternehmen erfolgreich vorzugehen. Dieses Kapitel bietet somit eine Bestandsaufnahme der vorhandenen Literatur und beschreibt damit die Basis, auf der das St.Galler KAM-Konzept von uns entwickelt wurde.

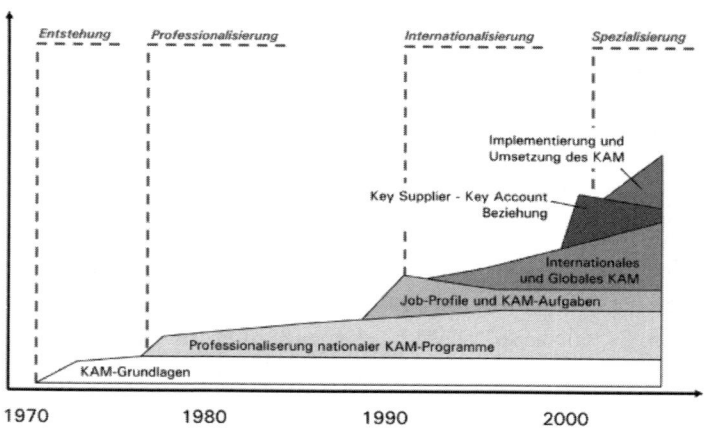

Abbildung 2: Die Entwicklung des Key Account Management

Status quo

Um den Status quo im Key Account Management zu strukturieren, bedienen wir uns einer chronologischen Darstellung ausgewählter wichtiger Arbeiten. Hierbei folgen wir der Argumentation von Jensen, der feststellt, dass sich das KAM aus heutiger Sicht in einer Wachstumsphase befindet (Jensen 2001, S. 26). Interessant ist dies vor allem vor dem Hintergrund der langen Historie des Themas. Abbildung 2 gibt einen Überblick dieser Entwicklungsgeschichte.

2.1 Entstehung des Key Account Management seit den 60er-Jahren

Ein guter und talentierter Verkäufer wird seine wichtigsten Kunden immer schon auf eine andere Art und Weise bearbeitet haben als die übrigen Kunden. Die Grundidee des KAM basiert somit auf einem gesunden Menschenverstand, Intuition und auch Talent. In Unternehmen geht es jedoch darum, diese Dinge zu systematisieren und, was noch wichtiger ist, zu professionalisieren und in der Organisation zu multiplizieren. Exakt hier liegt auch der Hebel für ein Thema wie dem Key Account Management und der Art und Weise, wie wir das Wissen zum KAM erhalten und für die Praxis nutzbar machen.

Verstand, Intuition und Talent

Pegram nahm diese Idee bereits 1972 auf und interviewte 250 Führungskräfte aus Industrie- und Dienstleistungsunternehmen. Er untersuchte, wie man Key Account Management als Teil- und Vollzeitstelle realisieren könnte und gab somit erste Hinweise für die Umsetzung der KAM-Idee. Kemna (1979) knüpfte im deutschsprachigen Raum an den Trend in der Konsumgüterindustrie an, die grossen nationalen Kunden individuell zu bearbeiten und legte hier die erste umfassendere Konzeption eines Key-Account-Management-Programms vor, das funktionale und organisatorische Aspekte beleuchtete.

2.2 Professionalisierung nationaler KAM-Programme seit den 80er-Jahren

In den 80er-Jahren wurde das KAM professionalisiert. Es wurden viele und facettenreiche Publikationen zum KAM veröffentlicht. In dieser Zeit wurde der Nutzen des KAM genauer untersucht (z. B. Stevenson 1981), es wurden erste Aufgabenprofile eines Key- oder National-Account-Managers erstellt (z. B. Platzer 1984) und organisatorische Fragen diskutiert (z. B. Shapiro/Moriarty 1984). Interessante empirische Arbeiten entstanden zuerst in den USA und wurden ab 1990 von deutschsprachigen fundamentalen Beiträgen ergänzt. So wurden verschiedene Strategien mit Schlüsselkunden entwickelt (z. B. Diller 1989, Belz/Senn 1994) und Organisationsvarianten aufgezeigt (z. B. Sidow 1991; Senn 1996; Brielmaier 1998). Ausserdem entstanden konzeptionelle Ansätze, die die strategische, die funktionale und die organisatorische Ebene unterschieden, um

Nutzen

Erfolgsfaktoren

die Thematik zu strukturieren (Senn 1997, S. 27; Rau 1994, S. 13; Diller 1989).

Auch gegenwärtig entstehen immer wieder substanzielle Beiträge zu den KAM-Grundlagen, wie beispielsweise die Untersuchung von Jensen (2001), der die Erfolgsfaktoren von verschiedenen Gestaltungsvarianten eines KAM-Programms aufzeigt. Er empfiehlt die „weichen Faktoren" zu berücksichtigen, Exklusivleistungen für Key Accounts anzubieten, das Top-Management zu integrieren und das KAM nicht übermässig zu formalisieren (Jensen 2001, S. 173). Daneben erscheinen weitere Werke, die das vorhandene Wissen aufbereiten (z. B. Bickelmann 2001; Biesel 2002; Kühn/Schillig/Toscano 2002)

Die 90er-Jahre bilden mit einer Vielzahl von deutschsprachigen und internationalen Publikationen zu diversen Branchenschwerpunkten und verschiedenen Vertiefungsthemen einen ersten Höhepunkt in der Entwicklung des Key Account Management. Einen Schwerpunkt bilden häufig die Aufgaben des Key Accounters (Gaitanides/Diller 1989; Götz 1995; Rieker 1995; Gruner/Garbe/Homburg 1997), die sich beispielsweise in Funktionen wie Koordination, Information, Sach- und Formalplanung und Verkaufsfunktion niederschlugen. In dieser Phase wurden substanzielle Erkenntnisse zum funktionalen Key Account Management, also zum operativen Kundenmanagement, gewonnen.

2.3 Internationales und Globales Key Account Management seit den 90er-Jahren

Global Account Management

Anbieter reagierten seit den 90er-Jahren auf die Bedürfnisse oder Forderungen der internationalen Schlüsselkunden mit einer koordinierten und systematischen Bearbeitung. Hierzu finden sich diverse Bezeichnungen. „Different companies use different terms to refer to this coordination activity, such as ‚parent account management', ‚international account management' or ‚worldwide account management', but the most common denomination for it seems to be ‚global account management'." (Montgomery/Yip/Villalonga 1999, S. 1). Zusätzlich existieren Begriffe, die sich von der geographischen Konzentration des International-Key-Accounts ableiten.

So entwickelte sich z. B. in spezifischen Branchen ein so genanntes Euro-Key-Account-Management (Diller 1992; Brielmaier 1997).

Verra (1994) legte die erste umfassende Untersuchung zum internationalen Key Account Management vor. Er identifizierte die Spezifika und stellte organisatorische Lösungen vor. Das Management von Schlüsselkunden auf internationaler Ebene beruhte zwar auf den Grundprinzipien des Key Account Management, es gibt jedoch eine Reihe von Besonderheiten und Herausforderungen, die im Rahmen verschiedener Werke herausgearbeitet wurden. Hierzu gehört die kulturelle Vielfalt (z. B. bei Millman/Wilson 1999, S. 1), die Virtualität von internationalen Key Accounts (Barth/Lockau 1999, S. 49 f.), ein hoher Koordinationsbedarf (Zupancic 2001, S. 10), kundenindividuelle weltweite Leistungen (Müllner/Zupancic 1999, S. 22) oder ein weltweites Informationsmanagement (Zupancic/Senn 2000; S. 45, Arnold 2002).

KAM versus GAM

Verschiedene Autoren bieten Lösungen an, die bestimmte Facetten in den Mittelpunkt stellen. So fokussierten Montgomery/Yip/Villalonga (1998) und Lockau (2000) auf Global-Account-Management-Strukturen beziehungsweise organisatorische Fragen. Yip/Madsen beschrieben die interne Zusammenarbeit für globale Schlüsselkunden (1996).

Internationale und globale Aspekte diffundieren in das Key Account Management, ohne grundsätzlich einen neuen Ansatz zu begründen. Dies spiegelt sich auch in der Umbenennung der Vereinigung von Key-Account-Management-Interessierten. Lange als NAMA (National Account Management Association) bezeichnet und mit amerikanischen Themen beschäftigt, änderte die namhafteste Interessensvertretung des Key Account Management nicht nur ihre Bezeichnung SAMA (Strategic Account Management Association), sondern befasst sich seitdem verstärkt mit internationalen Themen.

SAMA

2.4 Spezialisierung und Perfektionierung des Key Account Management in der Gegenwart

Wie wir gezeigt haben, hat das Thema Key Account Management eine lange Geschichte und beruht auf vielen grundlegenden Untersuchungen. Es verwundert daher nicht, dass derzeit verschiedene

Spezialthemen bearbeitet werden, um das KAM weiter zu „perfektionieren". Hierzu gehören unter anderem das Thema „Knowledge Management im GAM" (Arnold 2002), „Datenschutz im KAM" (Müller/Zupancic 2003), „Key Account Management und E-Commerce" (Storp 2001) oder „Leistungen für International Key Accounts" (Müllner 2002).

Orientierung

Die Herausforderung besteht nun darin, einen möglichst umfassenden Orientierungsrahmen zu entwickeln, der aufzeigt, welche Elemente zum Thema Key Account Management gehören. Diese Elemente sind zu weiten Teilen vorhanden, aber häufig fehlen die Zusammenhänge. Es geht einerseits darum, die Inhalte vollständig aufzubereiten und zu verbinden. Andererseits gilt es, Erkenntnislücken zu identifizieren und zu schliessen, um Spitzenleistungen für Schlüsselkunden zu erbringen, die auf den in Unternehmen vorhandenen internen Voraussetzungen aufbauen. Dies ist das Ziel des St. Galler KAM-Konzepts und damit dieses Buchs.

3 Das St.Galler Key Account Management-Konzept

© Prof. Belz/Dr. Müllner/Dr. Zupancic & Mercuri International 2003

In diesem Kapitel erfahren Sie:

- ... was der Begriff Key Account Management bedeutet.
- ... welche Elemente ein ganzheitlicher Bezugsrahmen für das Key Account Management umfasst.
- ... wie das St.Galler Key-Account-Management-Konzept aufgebaut ist.
- ... wie die Aufgaben im Key Account Management unterschiedlichen Arbeitsebenen zugeordnet werden.
- ... wie die Aufgaben zwischen Key-Account-Managern und ihren Vorgesetzten sinnvollerweise aufgeteilt werden.

Strategische Kunden geniessen in vielen Unternehmen besondere Aufmerksamkeit. Ohne schlüssige Systematik verpufft jedoch die Wirkung eines Grossteils der Anstrengungen des Schlüsselkunden-Managements. Das St. Galler Key-Account-Management-Konzept weist sowohl Key-Account-Managern als auch denjenigen, die für die Implementierung des Key Account Management verantwortlich sind, einen Weg zum Erfolg (Belz/Müllner/Zupancic 2002).

Key Account Management setzt sowohl auf der Ebene der Geschäftsbeziehung zu einem individuellen Schlüsselkunden als auch auf der Ebene des Gesamtsystems ‚Key Account Management' innerhalb einer strategischen Geschäftseinheit beziehungsweise des Gesamtunternehmens an. Key Account Management bedeutet, aktuell oder potenziell bedeutende Schlüsselkunden des Unternehmens systematisch zu analysieren, auszuwählen und zu bearbeiten sowie die dazu notwendige organisatorische Infrastruktur aufzubauen und zu optimieren. Es unterscheidet sich damit wesentlich vom „klassischen" Verkauf. Abbildung 3 verdeutlicht die Abgrenzung.

Definition „Key Account Management"

Klassischer Verkauf	Key Account Management
• Kunden sind Einkäufer; sie konzentrieren sich auf Materialeinstandspreise, Produktqualität und Lieferpräzision	• Kunden optimieren die Prozesskosten; multiples Kontaktmanagement bei Kunden und Kundenkoordination
• Verkauft werden Produkte und Mengen; Know-how wird vor allem produktbezogen gebraucht; Verkaufsleistung steht im Vordergrund	• Verkauft werden Wirtschaftlichkeit (Prozesskosten), Problemlösung, Erfolgsbeitrag; es werden Know-how über Kundenbranche, Kundenunternehmen und Produkte gebraucht; die integrierte Leistung für Kunden steht im Vordergrund
• Einzelkämpfer im Verkauf „besitzen" ihre Kunden; wichtiger Bezug sind einzelne Geschäftstransaktionen...	• Der Key-Account-Manager wird zur „Spinne im Netz" und koordiniert intern wie beim Kunden
• Arbeitsteilung nach geographischen Gebieten; „Gemischtverkauf" von Generalisten	• Spezialisierung nach Kunden und globale Koordination; präzise Leistung für Kunden
• Umsatzmaximierung	

Abbildung 3: Gegenüberstellung „Klassischer" Verkauf versus Key Account Management

3.1 Schlüssel-Schloss-Analogie

Win-Win

Im Mittelpunkt der Betrachtung stehen die Geschäftsbeziehungen zwischen dem Anbieter und individuell zu bearbeitenden Kunden. Das zentrale Ziel besteht im Schaffen und Erhalten echter Win-Win-Vorteile in einer konkreten Geschäftsbeziehung. Dieses Ziel ist im Key Account Management grundsätzlich zu verfolgen. Dabei spielt es zunächst eine untergeordnete Rolle, ob der Key Account seinerseits bereit ist, in die Beziehung zu investieren. Es gilt, für beide Seiten potenzielle Vorteile einer engen Zusammenarbeit zu identifizieren und zu bewerten (Belz/Senn 1995, S. 46).

4 Aufgabenbereiche

Key-Account-Manager analysieren hierzu die Situation ihres Schlüsselkunden und die Möglichkeiten ihres eigenen Unternehmens (KAM-Analyse). Sie legen die Ziele der Zusammenarbeit fest, planen die erforderlichen Massnahmen und setzen diese um (KAM-Realisierung). Key-Account-Manager stützen sich dabei auf die Kompetenzen und die Unterstützung des Gesamtunternehmens. Der Geschäftsleitung obliegt es, das Key Account Management in die Vertriebsstruktur einzubinden (KAM-Integration) und die erforderliche Infrastruktur für die Key-Account-Manager bereitzustellen (KAM-Fundament).

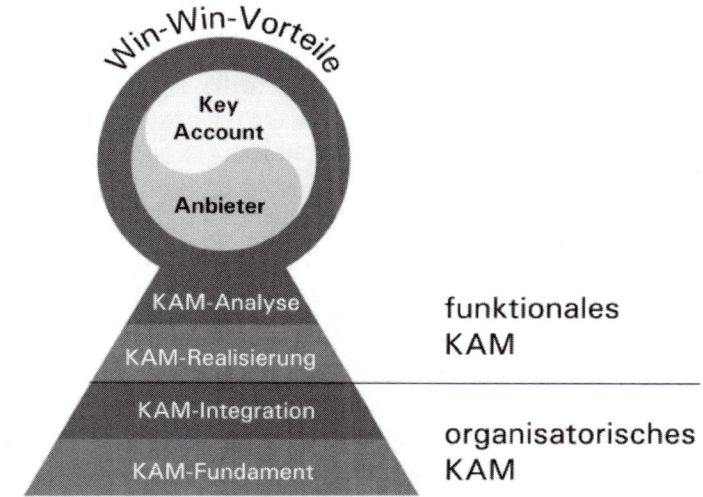

© Prof. Belz/Dr. Müllner/Dr. Zupancic & Mercuri International 2003

Abbildung 4: Schlüssel zum Erfolg im Key Account Management

Das Modell des St. Galler Key-Account-Management-Konzepts baut auf der Analogie von Schlüssel und Schloss auf: Zum Aufschliessen eines Schlosses ist nicht jeder Schlüssel gleichermassen geeignet. Nur wenn die Einkerbungen des Schlüssels dem individuellen Profil des Schlosses entsprechen, lässt es sich öffnen. Ähnlich verhält es sich, wenn Unternehmen ihre Schlüsselkunden bearbeiten. Die Vertriebsaktivitäten des Anbieters müssen zu den Strukturen, Strategien und Prozessen eines Key Accounts passen. Ein strategischer Fit verspricht beiden Parteien Erfolg und führt somit zu einer echten Win-Win-Situation. Die Basiselemente des Konzepts erinnern daher an ein Schloss (siehe Abbildung 4)

Strategischer Fit

3.2 Aufgaben für Key-Account-Manager und die Geschäftsleitung

Die Aufgaben des Key Account Management sind vielfältig. Während sich die Key-Account-Manager als die „Funktionsträger" auf die Bearbeitung der ihnen zugewiesenen Schlüsselkunden konzentrieren, schafft die Geschäfts- bzw. Vertriebsleitung das organisatorische Umfeld, damit sich diese Aufgaben effizient erfüllen lassen.

Zuständigkeiten

2 Ebenen

Nach Aufgabenzuständigkeit unterscheidet das St.Galler-KAM-Konzept daher die funktionale und die organisatorische Ebene des Key Account Management. Der funktionalen Ebene ordnen wir die Aufgaben eines Key-Account-Managers oder der spezifischen Teams für Kunden zu (KAM-Analyse und KAM-Realisierung). Auf organisatorischer Ebene gilt es, die Voraussetzungen für eine erfolgreiche Schlüsselkundenbearbeitung zu schaffen. Das ist die Aufgabe der Geschäfts-, Sparten- und Vertriebsleitung (KAM-Integration und KAM-Fundament).

Strategische Entscheidungen werden dabei sowohl auf funktionaler als auch auf organisatorischer Ebene gefällt. Die strategische Entscheidung der Geschäftsleitung bzw. des Vertriebsmanagements, bestimmte Kunden zu priorisieren und bevorzugt zu behandeln und das Key Account Management im Unternehmen zu implementieren, findet auf organisatorischer Ebene statt. Strategische Überlegungen auf funktionaler Ebene sind dann erforderlich, wenn Key-Account-Manager die langfristigen Ziele der Zusammenarbeit mit individuellen Key Accounts festlegen und daraus ihre Pläne für das weitere Vorgehen ableiten.

3.2.1 Funktionale Ebene des Key Account Management

Analyse

Die Fähigkeiten, die ein Key-Account-Manager sowie die Mitglieder eines Key-Account-Teams benötigen, beziehen sich in erster Linie auf Analyse und Realisierung. Im Rahmen des funktionalen Key Account Management obliegt es dem Schlüsselkunden-Manager die Situation seines Kunden, seiner spezifischen Bedürfnisse und Entscheidungsstrukturen sowie der Leistungen, Kompetenzen und Strukturen des eigenen Unternehmens zu analysieren, um daraus eine kundenindividuelle Schlüsselkunden-Strategie abzuleiten sowie einen Key-Account-Plan zu entwerfen und ihn systematisch umzusetzen. Dabei ist es durchaus denkbar, dass der Key-Account-Manager die in diesem Buch beschriebenen Tools selektiv einsetzt.

Die im Rahmen des funktionellen Key Account Management nötigen Arbeitsschritte und Prozesse müssen einer bestimmten Logik folgen, um ein effizientes Vorgehen zu gewährleisten. Der KAM-Zirkel im St. Galler Key-Account-Management-Konzept systematisiert das Vorgehen, strukturiert die Aufgaben der operativen Key-Account-Bearbeitung und verdeutlicht den kontinuierlichen

Charakter des Prozesses (vgl. Abbildung 5). Der KAM-Zirkel stellt somit einen Bezugsrahmen für die tägliche Arbeit von Key-Account-Managern bzw. Key-Account-Teammitgliedern dar.

Die KAM-Realisierung unterscheidet fünf wesentliche Schritte. Ausgehend von den Analyseergebnissen sind konkrete Strategien und Ziele für einzelne Schlüsselkunden zu entwickeln. Der Key-Account-Manager wählt dabei aus unterschiedlichen Strategievarianten die geeignete Option der Zusammenarbeit aus. Diese gilt es nun mit Leben zu füllen. Dementsprechend müssen die Leistungen für ausgewählte Schlüsselkunden bestimmt werden. Ebenso gilt es, die Gegenleistungen des Key Accounts zu berücksichtigen. Neben dem Preis gehören dazu unter anderem auch die Bereitschaft des Kunden zum Aufbau geeigneter Key-Supplier-Strukturen oder der Wille, sich in gemeinsamen Projekten zu engagieren. Leistungen und Gegenleistungen finden in speziellen Verträgen mit einzelnen Key Accounts ihren Niederschlag.

Realisierung

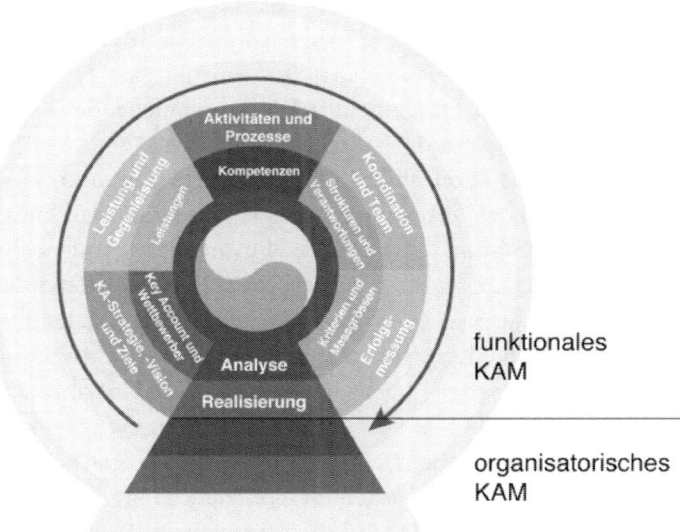

© Prof. Belz/Dr. Müllner/Dr. Zupancic & Mercuri International 2003
Abbildung 5: Der KAM-Zirkel im St.Galler Key-Account-Management-Konzept

Aus den zu erbringenden Leistungen und Gegenleistungen lassen sich daraufhin konkrete Aufgaben und Prozesse ableiten, die es zu koordinieren und zu realisieren gilt. Die Prozesse im KAM unterscheiden sich zum einen in rein interne Prozesse (z. B. Teambuilding, Auftragsabwicklung, Konfliktmanagement) und zum anderen in Prozesse unter Einbeziehung des Key Accounts (z. B. Prozess- und Projektmanagement, Beziehungsmanagement, Verhandlungen). Aufgaben und Prozesse werden von Personen im Anbieterunternehmen und gegebenenfalls auch im Key-Account-Unternehmen koordiniert und erbracht. Der Key-Account-Manager bzw. die Key-Account-Teams spielen daher eine besondere Rolle bei der Realisierung. Die Erfolgsmessung im KAM schliesst den Zirkel und führt wieder zu neuen Verbesserungen in der Zusammenarbeit mit Kunden. Die oben beschriebenen Schritte werden erneut durchlaufen. Die Ansätze zur Erfolgskontrolle im KAM sollten idealerweise zu einem KAM-Cockpit vereinigt werden.

3.2.2 Organisatorische Ebene des Key Account Management

Das Key Account Management für einzelne Kunden darf keine Insellösung bleiben. Vielmehr gilt es, das Konzept in die vorhandene Vertriebs- und Unternehmensstruktur einzubinden („KAM-Integration" und „KAM-Fundament"). Die dabei anfallenden Aufgaben ordnen wir der organisatorischen Ebene des KAM zu.

Integration

Bei der Integration gilt es unter anderem Key-Account-Strategien mit der Unternehmensstrategie abzustimmen, mögliche negative Ausstrahlungseffekte einer Bevorzugung von Schlüsselkunden auf weitere Kunden zu berücksichtigen, Karrierewege für Key-Account-Manager in der Personalentwicklungsstrategie zu integrieren, Entscheidungskompetenzen zwischen Schlüsselkunden- und Produkt-, Sparten- oder Geschäftseinheit-Managern sinnvoll aufzuteilen oder die KAM-Steuerung an vorhandene Controlling-Systeme anzupassen (Belz/Reinhold 1999, S. 154). Darüber hinaus sind die funktions- und spartenübergreifende Zusammenarbeit für Schlüsselkunden zu fördern (z. B. Zentrale und Länderniederlassungen; Technik und Vertrieb).

Fundament

Das Fundament eines erfolgreichen KAM bilden beispielsweise die Grundsatzentscheidung des Topmanagement, auf strategisch wichtige Kunden zu fokussieren, qualitativ hochwertige Grundleistungen für diese Kunden zu erstellen, einen qualifizierten Mitarbeiterstamm zu entwickeln, die Unternehmenskultur zu Gunsten des

KAM zu entwickeln oder professionelle Informations- und Kommunikationssysteme zu implementieren. Das Ziel für Unternehmen mit erfolgreichen Schlüsselkunden zu wachsen, muss entsprechend wichtig und ergiebig sein, um den Anforderungen gerecht zu werden.

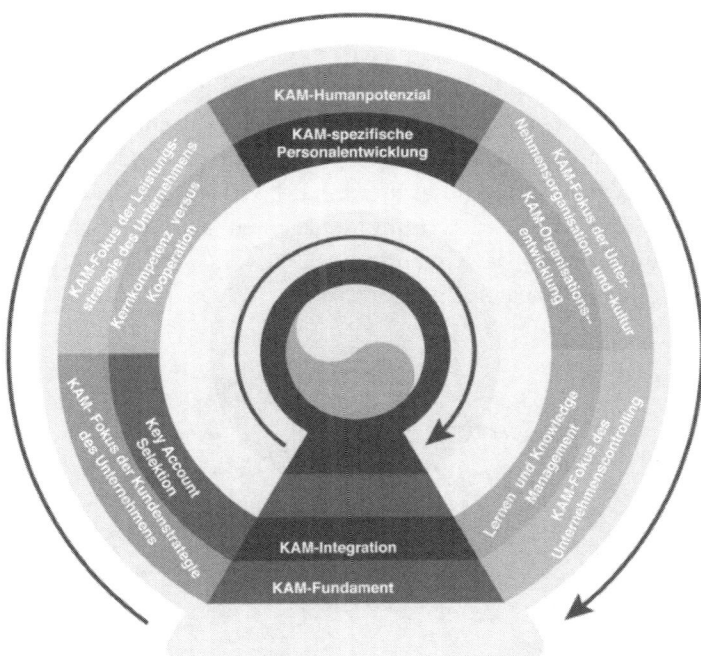

© Prof. Belz/Dr. Müllner/Dr. Zupancic & Mercuri International 2003

Abbildung 6: KAM auf Unternehmensebene: die Support-Elemente

Die Arbeitsschritte und Prozesse, um die organisatorischen Voraussetzungen für ein erfolgreiches Key Account Management zu schaffen, sollten systematisch verfolgt werden. Die Support-Elemente im Modell des St.Galler Key-Account-Management-Konzepts folgen der Struktur des KAM-Zirkels (vgl. Abbildung 5), systematisieren die Arbeitsschritte und strukturieren die kritischen Prozesse und Voraussetzungen eines erfolgreichen Key Account Management (vgl. Abbildung 6). Die Support-Elemente zeigen, wie sich das KAM systematisch im Gesamtunternehmen implementieren lässt.

Support Elemente

Funktionen im Unternehmen

Beide Ebenen des organisatorischen KAM (KAM-Integration und KAM-Fundament) werden in erster Linie durch die Vertriebsleitung und das Topmanagement bestimmt. Darüber hinaus beeinflussen auch kundenferne Unternehmensbereiche, wie das Personalmanagement, der technische Support oder das strategische Controlling das Fundament für eine erfolgreiche Schlüsselkunden-Bearbeitung.

Networking

Key-Account-Manager, die die Mechanismen des Zusammenspiels verschiedener Abteilungen und Schnittstellen verstehen, können durch internes Networking die KAM-Integration und das KAM-Fundament beeinflussen. Daher ist es wichtig, dass Key-Account-Manager nicht nur ihre eigenen Aufgaben und Instrumente beherrschen, sondern darüber hinaus wirken, um die organisatorische Ebene des Key Account Management aktiv mitzugestalten. Abbildung 7 zeigt das Gesamtmodell des St.Galler Key-Account-Management-Konzepts im Überblick.

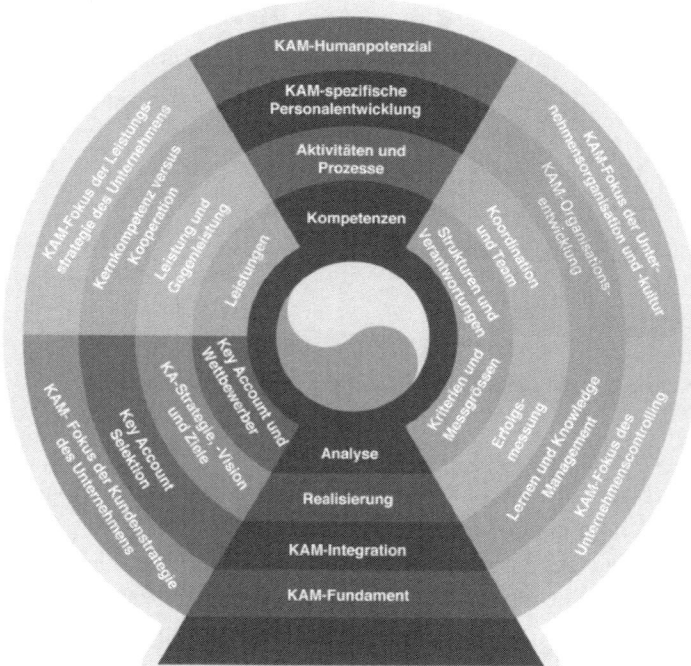

© Prof. Belz/Dr. Müllner/Dr. Zupancic & Mercuri International 2003

Abbildung 7: Das Gesamtmodell im Überblick

Das Modell ist komplex, doch spiegelt es die Herausforderung im Key Account Management wider, das sich stets im Spannungsfeld zwischen der Individualisierung für Schlüsselkunden und der Standardisierung eines professionellen Vorgehens bewegt.

Die Gegenüberstellung in Abbildung 8 gibt die dem St.Galler KAM-Konzept zugrunde liegende Auffassung über das Key Account Management anschaulich wieder.

Stärke im KAM

Stärke im Key Account Management heisst nicht:	Stärke im Key Account Management heisst:
• Nur eine Person besitzt den direkten Kontakt zum Kunden...	• Koordination aller Front-Aktivitäten zur bestmöglichen Positionierung des gesamten Unternehmens
• Nur der persönliche Kontakt zu hochrangigen Mitarbeitern des Kunden ist von Bedeutung...	• Führen eines Key Accounts auf allen Ebenen unter Einbezug der besten Leute, Prozesse und IT-Instrumente
• Alle Divisionen bzw. Geschäftseinheiten müssen die gleiche organisatorische KAM-Struktur haben...	• Errichten einer flexiblen Organisation, die den spezifischen Kundenbedürfnissen angepasst ist
• Maximierung des kurzfristigen Resultats mit bestehenden Hauptkunden...	• Beitragen zum künftigen Erfolg von Kunden mit hohem Entwicklungspotenzial/strategischen Kunden

Abbildung 8: Was Key Account Management ist und was nicht
Quelle: In Anlehnung an Schaumann, ABB Schweiz, Präsentation 2002

3.2.3 Von Tätigkeiten und Voraussetzungen: Fünf „S" im Modell

Das Modell zum St.Galler Key-Account-Management-Konzept lässt sich prozessorientiert, also Kreis für Kreis erschliessen. In Abhängigkeit der Fragestellung erscheint es durchaus sinnvoll, die einzelnen „Fächer" des Modells vollständig zu betrachten (siehe Abbildung 10, S. 45). Ist es beispielsweise das Ziel des Betrachters, den in seinem Unternehmen verfolgten Key-Account-Management-Ansatz mit unserem Konzeptvorschlag zu überprüfen, so erschliessen sich ihm durch die Denkweise in „Fächern" wichtige Einblicke in die Systematik des Key Account Management.

Beschreibt man die fünf Fächer mit den Begriffen „strategy", „solutions", „skills", „structure" und „scorecard", nimmt die Merkfähigkeit

5 Fächer

5 „S" des St.Galler KAM-Konzepts

des Modells zu. Abbildung 9 erleichtert den Zugang zum Modell des St.Galler KAM-Konzepts.

	Funktionales KAM	Organisatorisches KAM
Strategy	• Analyse des Key Accounts • Individuelle Kundenbearbeitungsstrategie	• Schlüsselkunden-Auswahl • Einbettung des KAM in Unternehmensstrategie
Solutions	• Analyse der bislang vom Key Account in Anspruch genommenen Leistungen • Entwicklung schlüsselkunden-spezifischer Leistungspakete	• Interne Zusammenarbeit für Kunden optimieren • Kernkompetenzen und Kooperationen für Key-Account-Leistungen
Skills	• Kompetenzanalyse • Prozesse der Kundenbearbeitung	• Personalentwicklung • Humanpotenzial
Structure	• Strukturanalyse • Koordination der Kontakte und KAM-Teams	• Organisationsentwicklung • Unternehmenskultur
Scorecard	• Analyse vorhandener Kennzahlen • Erfolgsmessung auf individueller Ebene	• Lernprozesse und Wissensmanagement • Unternehmenscontrolling

Abbildung 9: Die fünf „S" des St.Galler KAM-Konzepts

Dem an der Implementierung interessierten Leser verdeutlicht diese Betrachtungsweise, dass sich das Key Account Management nicht auf einer „grünen Wiese" entwickeln und umsetzen lässt. Vielmehr ist das Key Account Management in vorhandene Unternehmensgegebenheiten einzufügen, und tatsächlich ist die Koordination eine der grossen Herausforderungen. Die Fächer verdeutlichen, dass sich Key Account Management und unternehmensspezifische Rahmenbedingungen gegenseitig beeinflussen.

In den Ausführungen wurden verschiedene Modellzugänge gezeigt. Letztlich ist es von der Fragestellung des „Modellverwenders" ab-

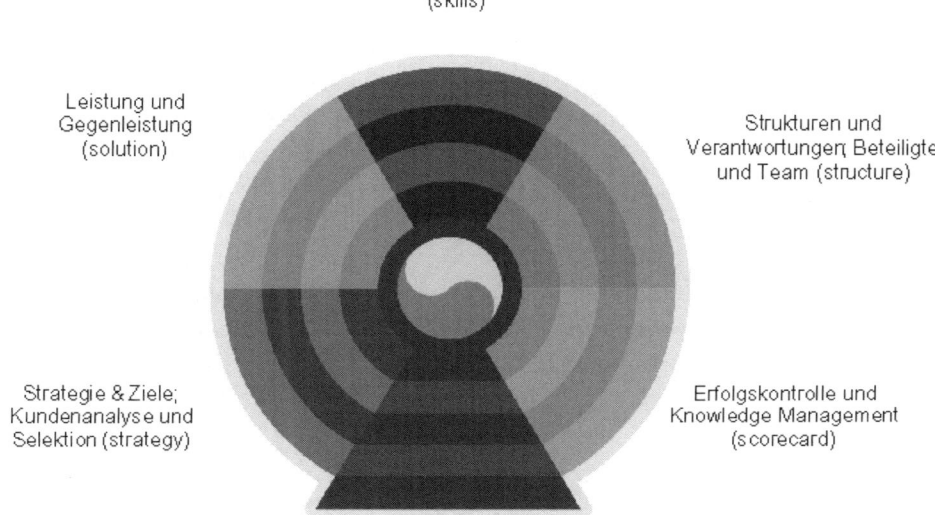

© Prof. Belz/Dr. Müllner/Dr. Zupancic & Mercuri International 2003

Abbildung 10: Die fünf Fächer im Modell zum St. Galler Key-Account-Management-Konzept

hängig, welche Perspektive er wählen sollte. Jeder Zugang birgt gewisse Vorzüge in sich, die für den Leser das komplexe Modell vereinfachen.

Die Ausführungen in diesem Buch schreiten von innen nach aussen voran. Wir setzen direkt an der individuellen Geschäftsbeziehung zwischen Anbieter und Key Account und damit an der konkreten Arbeit des Key-Account-Managers an (siehe Kapitel 5 bis 10).

Arbeits- und Lesehilfe:
- Key-Account-Manager folgen nach den Ausführungen zum Situativen KAM (siehe Kapitel 4) chronologisch den Kapiteln 5 bis 11. Kapitel 12 bis 16 können sie selektiv lesen. In diesen Kapiteln finden sie Argumente, die ihnen helfen dem Key-Account-Management-Gedanken in ihren Unternehmen zum Durchbruch zu verhelfen.
- Führungskräfte, die das KAM in ihren Unternehmen implementieren, fokussieren nach den Ausführungen zum Situativen KAM

Unterschiedliche Zugänge

(siehe Kapitel 4) auf Kapitel 12 bis 16. Auch ist für sie Kapitel 11 interessant. Zeigt es doch, welche Aspekte ein Key-Account-Plan beinhalten sollte. Selektives Lesen der Kapitel 5 bis 10 hilft, die Arbeit (zukünftiger) Key-Account-Manager besser zu verstehen und die richtigen Anforderungen an sie zu stellen.
- Führungskräfte, die das KAM professionalisieren und sich für die Voraussetzungen für ein erfolgreiches KAM interessieren, setzen ihren Fokus auf die Ausführungen zum situativen KAM (Kapitel 4) und die Kapitel 12 bis 16.
- Leser, die sich einen ersten Überblick über das KAM verschaffen möchten, erarbeiten sich die Grundlagen durch selektives Lesen der Kapitel 5 bis 16 und setzen ihr Augenmerk neben Kapitel 4 auf Kapitel 17.

4 Situatives Key Account Management

© Prof. Belz/Dr. Müllner/Dr. Zupancic & Mercuri international 2003

In diesem Kapitel erfahren Sie:

- ... wie sich das Key Account Management von Unternehmen in verschiedenen Situationen unterscheidet.
- ... welche Faktoren für die unterschiedlichen Situationen wichtig sind.
- ... wie Sie Ihre Situation bestimmen und das St.Galler KAM-Konzept daran anpassen können.

Im vorangegangenen Kapitel wurde das St.Galler KAM-Konzept vorgestellt. Es definiert Struktur und Bausteine des KAM. Der Ansatz muss aber für jedes Unternehmen situativ angepasst werden. Grundsätzlich sind dazu drei Teilfragen wichtig:

1. *Situation:* Welche spezifischen Herausforderungen oder Situationen lassen sich je nach Unternehmen, Markt und Schlüsselkunden unterscheiden?
2. *Lösungen:* Welche Ziele gilt es zu setzen, und welche Massnahmen sind für jede Situation und die Zielerreichung richtig?
3. *Erfolg:* Wie erfolgreich werden die realisierten Lösungen sein?

Situation, Lösung und Erfolg

Die Antworten lassen sich nur fallspezifisch bestimmen. Key Account Management wird in sehr verschiedenen Situationen eingesetzt. Typische Situationen, die sich voneinander unterscheiden, sind beispielsweise:

- Pharmakonzerne bearbeiten spezialisierte Spitäler mit weltweitem Ruf für spezifische Operationen und Therapien. Verschiedene Anspruchsgruppen im Gesundheitswesen müssen integriert werden. Zwischen medizinischer und kommerzieller Perspektive gilt es zu vermitteln.
- Nahrungsmittelhersteller optimieren die gesamte Wertschöpfungskette (Efficient Consumer Response) in der Zusammenarbeit mit dem konzentrierten Einzelhandel und bieten Eigenmar-

ken des Handels und eigene Herstellermarken parallel an. In der Beziehung zum Key Account, der Filialkette oder dem Grossverteiler, ergibt sich ein Konfliktpotenzial, das es auszubalancieren gilt. Zunehmend müssen internationale Aktivitäten für globale Handelskunden koordiniert werden.

- Versicherungen engagieren sich für internationale Konzerne und streben ein umfassendes Risikomanagement für diese Kunden an. Globales Management der Sicherheit für den Kunden bildet nicht zuletzt durch unterschiedliche Ländergesetze eine individuelle Herausforderung. Die Zahl der Grosskunden ist im Verhältnis zu anderen Branchen hoch.
- Lieferanten oder Hersteller von Möbeln, Textilien oder Geräten engagieren sich für grosse Objekte und Überbauungen. Viele Querverbindungen mit anderen Objektbeteiligten und Subunternehmern ergeben ein schwierig zu koordinierendes Netzwerk.
- Kleine Zulieferer kooperieren mit der Automobilindustrie oder integrieren sich in einem Anbieternetz für Entwicklung und Produktion von Systemen. Ungleich verteilte Machtverhältnisse beeinflussen unternehmerische Entscheidungen bei den Zulieferern und schränken die Handlungsspielräume im KAM ein. Partner in einer Geschäftsbeziehung sind oft Konkurrenten in anderen Beziehungen.
- Anbieter für Energieinfrastrukturen entwickeln geeignete Anbieter- und Nachfragerkonstellationen für neue Kraftwerke und führen komplexe Grossprojekte. Eine Vielzahl beteiligter Parteien müssen über lange Zeiträume koordiniert werden. Die zeitgenaue Fertigstellung der Werke liegt in der Verantwortung diverser Parteien und ist zugleich erfolgskritisch für das KAM des Koordinators. In Grossprojekten übernehmen Anbieter oft Risiken, die sie erst grob abschätzen können.
- Unternehmen der Mobilkommunikation kämpfen um Konzerne als Kunden und verwirklichen mit ihnen ganzheitliche Informatik- und Kommunikationslösungen, die auch kooperative Lösungen mit weiteren Unternehmen einschliessen. Auch hier entstehen Netzwerke, die im KAM zu koordinieren sind.
- Grössere Druckereien kämpfen um Aufträge von auflagenstarken Medien und Katalogen, sie entwickeln dabei neue Kommunikationslösungen und begleiten den Druck mit zahlreichen

Pre- und Postpress-Leistungen von Konzepten bis zur Logistik und Abonnentenverwaltung. Dabei bewegen sie sich nicht selten auf Gebieten, die von Natur aus nicht unbedingt zu ihren Kernkompetenzen gehören, für das KAM aber erfolgskritisch sein können.
- Anbieter für intelligente Förderanlagen integrieren ihre Anlagen in grossen und komplexen Produktionszentren der internationalen Medienindustrie und übernehmen breite Aufgaben des Servicemanagements. Auch hier begibt man sich in Randgebiete der Kernkompetenzen, verbindet aber das schwankende Anlagengeschäft mit dem kontinuierlichen Servicegeschäft.
- Anbieter von Spezialstahl arbeiten mit der weiterverarbeitenden Industrie zusammen, die die Automobilkonzerne beliefert; dabei gilt es, das Key Account Management für direkte Kunden und nachgelagerte Märkte zu differenzieren und die vertikale Arbeitsteilung zu optimieren.

Die vielfältigen Situationen und Anwendungen zeigen, wie verschieden Key Account Management im spezifischen Fall sein kann. Branchenunterschiede werden nach unserer Erfahrung meist überschätzt. Jede Führungskraft hält ihre Situation für einzigartig. Gutes Marketing wird aber ebenso wie gutes Key Account Management nach den gleichen Kriterien bewertet und ist übergreifend gültig. Dennoch sind die thematischen Schwerpunkte in verschiedenen Situationen wichtig. Jeder Key Account stellt spezifische Anforderungen an seine Lieferanten und lässt sich deshalb nicht ab Stange bedienen. Gleichzeitig unterscheiden sich die Voraussetzungen jedes Anbieters nach mehreren Kriterien.

Branchenunterschiede

Abbildung 11 zeigt wichtige Dimensionen, die Situationen im Key Account Management prägen können (vgl. dazu auch die Ausführungen zur Analyse, Kapitel 5). Leicht liessen sich zusätzliche Aspekte einbeziehen. Bereits die zehn erfassten Dimensionen mit mehreren Ausprägungen ergeben jedoch unzählige Kombinationsmöglichkeiten für Situationen. In der Abbildung wird mit mehr oder weniger dicken Pfeilen angedeutet, dass die Dimensionen nicht alle wichtig sein müssen.

Für jede Dimension erfassen wir Kunden und Lieferanten. Entscheidend ist es, ob die Strategien, Erfolgskriterien oder Organisationen der Partner zusammenpassen. Besondere Chancen aber

Gründe für unterschiedliche Situationen

auch Risiken ergeben sich dann für eine Zusammenarbeit, wenn Lieferanten und Kunden ihre Bedingungen verändern und beispielsweise neue Strategien anstreben oder reorganisieren.

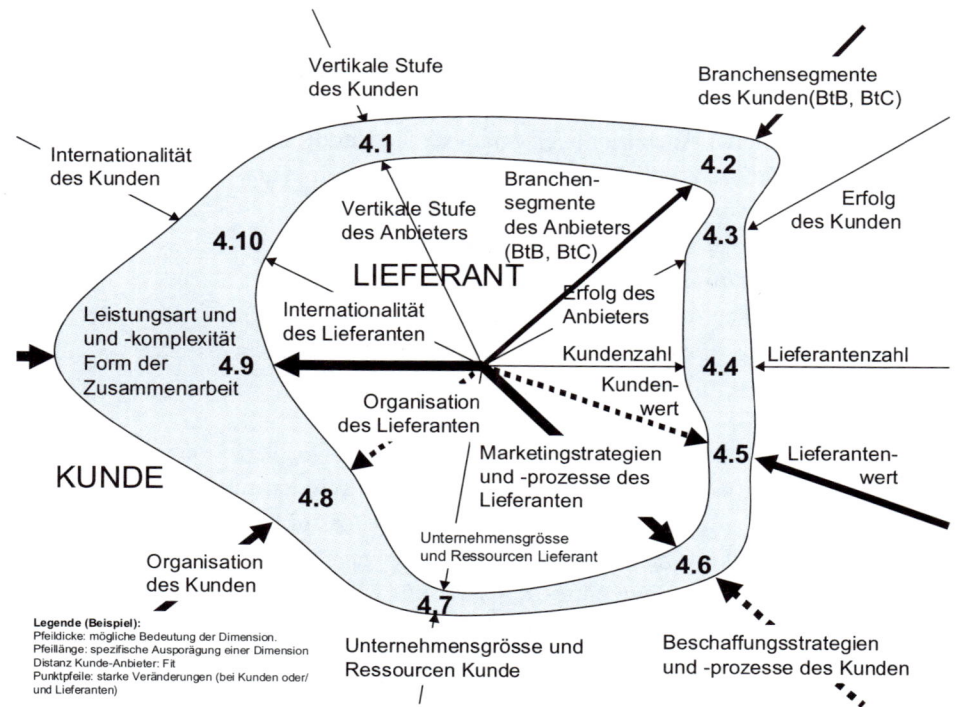

Abbildung 11: Dimensionen für ein situatives Key Account Management

4.1 Vertikale Stufe von Anbieter und Kunde

Anbieter und Kunden können sich in Zulieferung, Herstellung, Gross- und Einzelhandel engagieren. Verschiedene Verknüpfungen sind möglich.

Vertikales Marketing

Typisch ist beispielsweise, dass Zulieferer gleichzeitig mit weiteren Zulieferern oder Herstellern zusammenarbeiten oder Hersteller parallel an Grosshandel und Einzelhandel liefern. Die vertikalen Stufen der Partner beeinflussen zum einen die generelle Aufgabenteilung. Zum anderen stellt sich die kritische Frage, wie weit sich ein Lieferant auf mehreren vertikalen Stufen einsetzen soll. Braucht beispielsweise der Zulieferer von elektronischen Komponenten die zuverlässigen Informationen zu Trends in den Märkten für Laptops und Mobiltelefone und soll er mit seinem Marketing auch Endkunden ansprechen?

Klare Arbeitsteilungen zwischen etablierten, vertikalen Spezialisten lösen sich auf. Trotzdem sind Fragen der Rückwärtsintegration von Kunden und Vorwärtsintegration der Lieferanten besonders in der Zusammenarbeit zwischen wichtigen Partnern (Key Supplier und Key Account) kritisch.

Arbeitsteilungen lösen sich auf

4.2 Branchen des Anbieters und der Kunden: Business-to-Business und Business-to-Consumer

Lieferanten sind meist in den Business-to-Business-Märkten (B-to-B-Märkten) tätig und ihre Kunden bearbeiten B-to-B- und Business-to-Consumer-Märkte (B-to-C-Märkte). Für Lieferanten und Kunden können angesprochene Teilmärkte zahlreich und sehr verschieden sein. Im Marketing für Spitzentechnologien, etwa in der Raumfahrt, spielt zudem das Business-to-Government eine Rolle.

Besonders Anbieter von „Grundgütern", etwa Werkzeugmaschinen, Bauindustrie, Stahlhersteller, Telekommunikation oder Energie sind bei Kunden in sämtlichen Märkten tätig. Auch ihre Kunden agieren oft in vielen nachgelagerten Teilmärkten. Für Lieferanten stellt sich die Frage, ob sie mit ihrem Kundenportfolio indirekt die wichtigen nachgelagerten Märkte erreichen und wie sich dort die Risiken streuen.

Je stärker sich die Abnehmerbranchen von Kunden und Lieferanten unterscheiden, desto anspruchsvoller ist die Zusammenarbeit. Typisch sind die verschiedenen Managementkulturen von Herstellern und Einzelhandel. Verschiedene Märkte kennen häufig so spezifische Spielregeln, dass es schwierig wird, zwischen Anbieter- und Kundenbranchen wirksam zu verbinden. Allerdings erleichtern grosse Unterschiede auch eine klare Arbeitsteilung, weil beide Seiten gerne Aktivitäten für unbekannte Märkte delegieren.

Anspruchsvolle Zusammenarbeit

4.3 Erfolg des Kunden und des Anbieters

Erfolg stärkt die Position

Lieferant und Kunde können erfolgreich oder erfolglos vorgehen. Misserfolg fördert die Abhängigkeit. Erfolg stärkt die Position in einer Zusammenarbeit. Dabei berücksichtigen die Partner auch den zukünftigen möglichen Erfolg. Die positive Fantasie eines Lieferanten über mögliche, zukünftige Umsätze mit einem Kunden fördert beispielsweise seine Bereitschaft für unsichere Investitionen in den Aufbau der Zusammenarbeit.

4.4 Kundenzahl und Lieferantenzahl

Anzahl der Kunden

Das Mengengerüst der Lieferanten und Kunden und ihre Verteilungen (z. B. nach Umsätzen) prägen die Zusammenarbeit mit den eingesetzten Ressourcen. Viele Kunden und viele Lieferanten mindern in der Regel die Chancen für eine individuelle Zusammenarbeit. Mit der Anzahl steigen die Vorgaben und Standardisierungen. Wichtig ist gleichzeitig, wie viele Kunden beispielsweise ein Key-Account-Manager betreut. Je weniger Kunden, desto umfassender und spezifischer lässt sich die Zusammenarbeit gestalten. Die gleichen Zusammenhänge sind für Key-Supply-Manager und ihre Lieferanten gültig.

4.5 Kundenwert und Lieferantenwert sowie Status der Zusammenarbeit

Schlüssellieferant

Anbieter bewerten ihre Kunden und Kunden ihre Lieferanten. Unterschiedliche Gewichtungen der Partnerschaft führen zu spezifischen Konstellationen in der Zusammenarbeit mit den Extremen: A-Kunde und C-Lieferant sowie C-Kunde und A-Lieferant. So kann ein Kunde für den Lieferanten zu den drei Top-Schlüsselkunden gehören, doch ist der Lieferant für den Kunden nur ein Nebenlieferant mit 600 weiteren Anbietern in dieser Kategorie. Diese Kombinationen sind anspruchsvoll (besonders für die C-Position). Unproblematischer sind übereinstimmende A- oder C-Gewichtungen von Kunden und Lieferanten.

4.6 Beschaffungsstrategien und -prozesse des Kunden und Marketingstrategien und -prozesse des Lieferanten

Kunden und Lieferanten in einer B-to-B-Beziehung verfolgen die gleichen Ziele: Wachstum, Innovation, Qualität, Wirtschaftlichkeit, Geschwindigkeit und Flexibilität. Dabei soll die Leistung des Lieferanten helfen, dass der Kunde seine Ziele erreicht. Zwei Partner mit der Strategie einer Kostenführerschaft werden meist einfacher zusammenarbeiten, wenn beispielsweise der Lieferant eine Innovationsstrategie verfolgt und der Kunde den Schwerpunkt auf eine Kostenführerschaft setzt. Die Ziele sollten übereinstimmen oder sich wirksam ergänzen.

Kostenführerschaft

Natürlich sind manche Zielsysteme und Strategien differenziert. Beschaffungs- und Absatzstrategien des gleichen Unternehmens setzen verschiedene Schwerpunkte. Zudem gilt es, für verschiedene Absatz- und Beschaffungssortimente die Ziele anzupassen.

Auch Absatz- und Beschaffungsprozesse können sich mehr oder weniger entsprechen. In einfacher Form lassen sich für Lieferanten und Kunden formale, systematische Entscheidungsabläufe mit mehreren Beteiligten sowie intuitive Entscheidungen mit wenigen Beteiligten differenzieren. So trennt beispielsweise ein Hersteller von Anlagen bei seinen Kunden diese in „Patrons-Unternehmen" und „Management-Unternehmen": Die Marktbearbeitung, Entscheidungskriterien des Kunden und Entscheidungsprozesse sind für manager- und inhabergeführte Abnehmer unterschiedlich.

Manager- oder inhabergeführte Unternehmen

4.7 Unternehmensgrösse und Ressourcen

Lieferanten und Kunden können Kleinbetriebe, Mittelbetriebe oder Konzerne sein. Die Zusammenarbeit zwischen Kleinbetrieben und Konzernen ist dabei besonders kritisch. Liefert beispielsweise ein kleineres Unternehmen an einen Automobilkonzern, so wird der kleine Betrieb häufig überfordert: Will der kleine Lieferant dem Buying Center des Konzerns ein ebenbürtiges Verkaufsteam gegenüberstellen, müsste er den grossen Teil seines Managements und seiner Fachspezialisten im Betrieb abziehen und für einen Kunden einsetzen. Oft verursachen auch formale Zulassungen und

Unterschiedliche Unternehmensgrössen

komplexe Abläufe beim Kunden einen unverhältnismässig hohen Aufwand.

Ressourcen

Die Ressourcen von Anbietern und Kunden beeinflussen die Entscheidungen für Outsourcing, den Mitteleinsatz für gemeinsam definierte Projekte oder die Professionalität der beteiligten Mitarbeiter. Der Partner mit den grösseren Ressourcen kann anstehende Aufgaben in der Zusammenarbeit eher übernehmen. Wie oben angemerkt, führen grosse Ressourcen des einen Partners aber häufig zu mehr Aufwand beim anderen.

4.8 Organisation des Kunden und des Lieferanten

Kunden und Lieferanten können je nach Produkten, Ländern, Kanälen, Branchen oder Kundensegmenten organisiert sein. Deshalb ergeben sich verschiedene Konstellationen für die Zusammenarbeit von Lieferanten und Kunden.

Komplexe Strukturen

Anbieter- und Kundenorganisation sind mehr oder weniger komplex. Komplexe Lieferanten sind beispielsweise geprägt durch organisatorische und kulturelle Vielfalt sowie eine intensive Internationalisierung. Zusätzlich unterscheiden sich in den meisten Unternehmen die Spezialisierungen im Einkauf und Verkauf, strategische Geschäftseinheiten in der Beschaffung und im Marketing sind hingegen verschieden definiert. Daraus ergeben sich interne Herausforderungen bei der Abstimmung mit den Kunden, die sich auch auf Lieferanten auswirken. Es ist wichtig, dass die Organisation des Lieferanten und des Kunden zusammenpassen. So wird der Problemlöser für Kundensegmente immer Schwierigkeiten antreffen, wenn der Einkauf des Kunden nach engen Produktgruppen spezialisiert ist.

Koordination

Es ist nicht möglich, die Organisation nach einzelnen Kunden oder einzelnen Lieferanten auszurichten. Für Kunden und Lieferanten ergeben sich aber je nach Zusammenarbeit sehr anspruchsvolle Koordinationsaufgaben, die es zu lösen gilt. Gelingt es beispielsweise einem Lieferanten nicht, seine verschiedenen Sparten beim Kunden zu integrieren, so ist er nicht nach dem Bedarf und den Entscheidungsprozessen des Kunden organisiert. Die Spartenorganisation lässt sich eventuell mit Teams, übergreifendem Projektmanagement sowie Incentives für Umsätze und Erträge ausserhalb der eigenen Sparte ergänzen, um ein Cross Selling zu fördern. Ähnliche Herausforderungen stellen sich für das Cross Purchasing bei spezialisierten Einkäufern.

4.9 Leistungsart und -komplexität sowie Form und Status der Zusammenarbeit

Diese Dimension unterscheidet sich von den übrigen, weil Leistungen und Zusammenarbeit die Lieferanten und Kunden bereits verbinden, wenn auch beide Partner ebenso in diesem Bereich eine verschiedene Sicht haben können. Grundsätzlich wäre es ja möglich, dass ein Standardprodukt des Lieferanten gleichzeitig ein komplexes Spitzenprodukt für den Kunden darstellt. Im Bereich des Key Account und Key Supply Management ist aber kaum von einer solchen Asymmetrie auszugehen.

Key Supply Management

Ausprägungen in diesem Bereich sind beispielsweise:

- *Leistungsart und -komplexität:* Im B-to-B-Marketing spielen Leistungs- oder Transaktionstypologien eine wichtige Rolle, um differenzierte Lösungen entwickeln zu können. Zusätzlich gilt es zu berücksichtigen, wie stark Know-how und Services die Leistung zu Problemlösungen für Kunden und zu umfassenden Leistungssystemen weiterentwickeln. Komplexere, umfangreiche, neue und teure Leistungen öffnen für das Key Account Management mehr Spielräume. Die Zusammenarbeit ist vielschichtig, geprägt durch manche beteiligten Personen von Anbieter und Kunden und oft projektbezogen.
- *Form der Zusammenarbeit:* Kunden (oder Lieferanten) können neu oder bestehend sein. Im Prozess der Zusammenarbeit für eine Leistung stehen Anbieter und Kunde in einer Vor-Evaluationsphase, in der Entscheidungsphase, in der Installations- und Abwicklungsphase, in der Phase der Nutzung oder vor Erneuerungsinvestitionen. Kunden und Lieferanten können permanent oder projektbezogen zusammenarbeiten und in diese Zusammenarbeit mehr oder weniger investieren. Die Intensität der Zusammenarbeit kann dabei von einer schlanken Transaktion, zur gemeinsamen Problemlösung bis zur langfristigen Partner-

schaft reichen. Auch hier fördern intensive und komplexere Formen der Zusammenarbeit (und das hängt mit den Varianten der Leistung zusammen) mehr Möglichkeiten für ein Key Supplier und Key Account Management.

Ohne Zweifel ist die Leistung und eine entsprechende Zusammenarbeit eine prägende Dimension, die wir in der Folge in verschiedener Form vertiefen.

4.10 Internationalität von Kunde und Anbieter

Internationaler Fit

Kunden und Anbieter können sich in Beschaffung und Absatz mehr oder weniger international ausrichten. Dabei spielen die Anzahl der berücksichtigten und angestrebten Länder und die zentrale oder dezentrale Führung internationaler Einheiten eine wichtige Rolle.

Der Fit zwischen Lieferanten und Kunden ist wichtig: So muss der Lieferant in jenen Ländern präsent sein, in denen auch der Kunde die Leistungen braucht. Dabei ist es für den Lieferanten durchaus risikoreich, den Länderstrategien seiner Kunden einfach zu folgen.

Fordert der Kunde eine weltweit einheitliche Leistungsgestaltung (inklusive Preisen), braucht der Lieferant eine Führung, die diese Einheitlichkeit sichert. Deshalb dürfte ein dezentral geführter Lieferant einige Probleme haben, die Anforderungen einer weltweit koordinierten Beschaffung eines Kunden zu erfüllen.

4.11 Unterschiedliche KAM-Situationen im Überblick

Morphologischer Kasten

Abbildung 12 führt die erwähnten Dimensionen des Key Account Management in einem morphologischen Kasten zusammen. Erstens sollen damit die wichtigen Dimensionen und zweitens die massgebenden Ausprägungen bei Kunden und Anbieter bestimmt werden. Je nach Kunde verändern sich die (relativen) Ausprägungen vom Anbieter zum Kunden.

		Mögliche Ausprägungen					
Vertikale Stufe	Anbieter	Zulieferer	Hersteller	OEM	Grosshandel	Einzelhandel	Endkunde
	Kunde	Zulieferer	Hersteller	OEM	Grosshandel	Einzelhandel	Endkunde
Branchen-Segment	Anbieter	Spezifische Branchen – z. B. Energiewirtschaft, Stahl, Telekommunikation, Druckindustrie, Befestigungstechnik, Maschinenindustrie, Elektronikbauteile usw. (meistens B-to-B)					
	Kunde	Spezifische Branchen – z. B. Automobilbranche, Pharmaindustrie, Medien, Bauwirtschaft u. a. (meistens B-to-B und B-to-C)					
Erfolg	Anbieter	Misserfolg		Durchschnittserfolg		Best Practice/ Erfolg	
	Kunde	Misserfolg		Durchschnittserfolg		Best Practice/ Erfolg	
Kundenzahl	Anbieter	< 25	< 100	< 500	<1'000	<10'000	…
Lieferantenzahl	Kunde	< 25	< 100	< 200	< 400	< 1'000	…
Kundenwert	Anbieter	Klein-Kunde	C-Kunde	B-Kunde	A-Kunde	Strat. Partner	…
Lieferantenwert	Kunde	Neben-Lieferant	C-Lieferant	B-Lieferant	A-Lieferant	Strat. Partner	…
Marketing Anbieter	Zielsetzung: Wachstum, Innovation, Qualität, Wirtschaftlichkeit, Geschwindigkeit und Flexibilität, Kernkompetenzen Anbieter						
Beschaffung Kunde	Zielsetzung: Wachstum, Innovation, Qualität, Wirtschaftlichkeit, Geschwindigkeit und Flexibilität, Kernkompetenzen						
Grösse/ Ressourcen Anbieter	Konzern (grosse Ressourcen)		Grossunternehmen	Mittel-Unternehmen		Kleinunternehmen (kleine Ressourcen)	
Grösse/ Ressourcen Kunde	Konzern		Grossunternehmen	Mittel-Unternehmen		Kleinunternehmen	
Anbieter-Organisation	Leistungen/ Produkte		Länder/ Regionen		Kanäle	Kunden	
Kunden-Organisation	Leistungen/ Produkte		Länder/Regionen		Kanäle	Kunden	
Leistungs-Komplexität	Produkte/ Komponenten	Erstausrüstung	Anlagen		Systeme	Hightech-Leistungen	Leistungssysteme

Zusammen-arbeit	Informa-tion	Evaluation	Selektion	Installation	Nutzung	Erneuerung
	Erste Zusammenarbeit		Periodische Zusammenarbeit		Permanente Zusammenarbeit	
	Umstellungsprojekte			Kontinuierliche Zusammenarbeit		
Partnerschaft (Verkaufsansatz)	Transaktion (transactional selling)		Problemlösung (solution selling)		Partnerschaft (enterprise selling)	
Internationalität Anbieter	Regionaler, internationaler Anbieter/ dezentrales Marketing			Globaler Anbieter/ koordiniertes Marketing		
Internationalität Kunde	Regionaler, internationaler Kunde/ dezentrale Beschaffung			Globaler Kunde/ koordinierte Beschaffung		

Abbildung 12: Morphologie der Situationen im Key Account Management

Faszination

Die Aufgabe des Key Account Management ist so faszinierend, weil für jedes Unternehmen spezifische Lösungen entwickelt werden müssen und können. Die Dynamik der Zusammenarbeit zwischen Anbieter und Key Account verstärkt die Herausforderungen. Innovationen im Key Account Management sind inhaltlich geprägt. Sie integrieren die gesamte Situation mit den besonderen Leistungen, den beteiligten Menschen oder den Arbeitsprozessen.

Der St. Galler Key-Account-Management-Ansatz sucht jedoch nicht zuerst die möglichen Unterschiede, sondern vor allem die Gemeinsamkeiten des Key Account Management in den Unternehmen und Märkten. Das Konzept bewährte sich bereits in verschiedenen Konstellationen.

Der Ansatz soll die Anwender unterstützen, ihre eigenen und kreativen Lösungen zu entwickeln und auf ihrem Fachwissen, ihrer Erfahrung und der Intuition aufzubauen. Kurz: Das Konzept braucht intelligente Anwender, die für die Bereiche wirksame Lösungen entwickeln.

5 Key-Account-Management-Analyse

© Prof. Belz/Dr. Müllner/Dr. Zupancic & Mercuri International 2003

In diesem Kapitel erfahren Sie:

- ... welche Fragen Key-Account-Manager beantworten müssen, um Key Accounts richtig zu verstehen.
- ... welche Methoden geeignet sind, um Schlüsselkunden-Bedürfnisse zu erfassen.
- ... mit welchen Methoden sich die eigenen Stärken und Schwächen in der Bearbeitung von Key Accounts erkennen lassen
- ... wie verschiedene Unternehmen ihre Key Accounts analysieren.
- ... wie Key-Account-Manager vorgehen, um die Stellhebel für operative und strategische Verbesserungen der Zusammenarbeit mit Key Accounts zu bestimmen.

5.1 Schlüsselkunden analysieren

Ein vollständiges Bild über einen Key Account ergibt sich aus der Betrachtung seiner Ziele, Strukturen, Prozesse, Probleme, Bedürfnisse und Erwartungen. Eines ist klar: Eine detaillierte Analyse ist zeitaufwändig und erfordert eine akribische Arbeitsweise. Dies gilt für die erste Analyse erfahrungsgemäss in grösserem Ausmass als für „Update-Arbeiten". Die Frage, wieviel Analyse dafür notwendig sei, ist verständlich, lässt sich aber nicht pauschal sondern nur im Einzelfall beantworten. Hier ist jeder Key-Account-Manager bzw. jedes Team gefordert, selbst das richtige Mass zu bestimmen. Die Vergleiche und der Erfahrungsaustausch zwischen verschiedenen Teams können darüber hinaus als Orientierung dienen. Die Grundfrage bei jeder neuen Information, die es zu sammeln und zu pflegen gilt, lautet: Welche Vorteile kann ich nicht realisieren, wenn diese Informationen fehlen? Mit gesundem Menschenverstand und

Zeitaufwand

Ehrlichkeit gegenüber sich selbst, kommt man zu guten Massstäben.

Wer ist der Kunde?

Kundenstrukturen – Beteiligte: Zunächst gilt es klarzustellen, „wer der Key Account ist." Dies stellt bei strategisch bedeutsamen Konzernen als Kunden häufig eine aufwändige Recherchearbeit dar. Durch Akquisitionen und internationale Verflechtungen verfügen beispielsweise Global Player im Automatisierungs- und Energietechnik-Bereich teilweise über tausend rechtlich selbständige Firmen. Zulieferer der Automobilkonzerne unterscheiden beim gleichen Kunden hunderte von relevanten Ansprechpersonen und noch mehr zusätzliche persönliche Kontakte, die sich durch Reorganisationen und Fluktuationen laufend verändern. Auch bei einem vorwiegend national tätigen Key Account kann die Beantwortung der Frage, wer zum Schlüsselkunden gehört, einige Zeit in Anspruch nehmen. Auch Berater, weitere Lieferanten oder öffentliche Stellen können eine Rolle spielen. Damit hängt auch die Frage zusammen, in welche Richtung sich der Key Account entwickeln wird. Dabei spielt seine strategische Zielsetzung eine wichtige Rolle (Instrument: Strategieanalyse).

Entscheidungen

Kundenstrukturen – Zuständigkeiten: Hat sich der Key-Account-Manager ein Bild über die rechtlichen und wirtschaftlichen Verflechtungen des Schlüsselkunden gemacht, muss er sich mit den Entscheidungsstrukturen des Kunden und dem internen Beziehungsgeflecht beim Key Account auseinander setzen. Dabei ist es für einen Key-Account-Manager meist einfach herauszufinden, „wie der Key Account organisatorisch aufgestellt ist". Organigramme grosser Unternehmen lassen sich häufig aus dem Internet oder den Geschäftsberichten entnehmen. Allerdings ist die Erkenntnis der Entscheidungsstrukturen oft nicht ausreichend, um die Frage zu klären, „wie der Schlüsselkunde zu seinen Einkaufsentscheidungen kommt". Vielmehr handelt es sich nur um einen ersten Hinweis darauf, wie Einkaufsentscheidungen ablaufen können (Instrument: Analyse der Kundenorganigramme).

Beziehungsanalyse: Neben den strukturellen Beziehungen, wie Hierarchien und Verantwortungen einzelner Personen, hängt Richtung und Stärke des Einflusses von einzelnen Personen auf die Einkaufsentscheidung auch eng mit ihrem individuellen Charakter oder generell der persönlichen Verankerung im Unternehmen zusammen. Der Einfluss ist nur teilweise durch hierarchische Stellung und Funktion geprägt. Um die Frage beantworten zu können, wer wessen Entscheidungen beeinflusst, bedarf es bereits erlangter Erfahrungen mit dem Kunden sowie einem gewissen verkäuferischen Instinkt, um die informellen Beziehungsstrukturen beim Key Account zu erfassen (Instrument: Beziehungsdiagramm).

Persönliche Beziehungen

Einfluss auf die Kaufentscheidung nehmen häufig nicht nur Personen, die direkt zum Unternehmen gehören, sondern auch externe Personen. Daher ist es ratsam sich mit denjenigen zu beschäftigen, mit denen der Key Account in Verbindung steht. Das können beispielsweise Lieferanten, Kunden, Vertriebspartner, Verwaltungsräte, Verbände oder Berater sein. Häufig ergibt sich aus der Frage nach den Partnern des Schlüsselkunden erst die Erkenntnis, welche Leads der Key-Account-Manager aktivieren sollte, um die Einkaufsentscheidung des Schlüsselkunden positiv zu beeinflussen und auch Schlüsselpersonen zu unterstützen.

Wertkettenanalyse: Schliesslich sind die Bedürfnisse und Erwartungen des Key Accounts zu analysieren. Hier ist zwischen organisationalen und persönlichen Bedürfnissen zu unterscheiden. „Organisationale Bedürfnisse" äussern sich in Motiven, Erwartungen und Anforderungen des Unternehmens. Dabei handelt es sich meist um wirtschaftliche Erfordernisse, die die Nachfrage nach bestimmten Leistungen und nach einer optimierten Arbeitsteilung prägen (Instrument: Wertkettenanalyse).

Bedürfnisse und Erwartungen

Müllner (2002, S. 31-33) zeigt in seiner Untersuchung, dass Key Accounts neben wirtschaftlichen Bedürfnissen wie Erfolgsbeitrag, Know-how-Transfer oder Reduktion von Risiken vor allem an einer „Feuerwehrfunktion" des Key-Account-Managers bei unerwarteten Problemen interessiert sind. So nehmen Trouble Shooting und umgehende Konfliktlösung die Spitzenplätze in der Rangfolge der wichtigsten Bedürfnisse von Schlüsselkunden ein (Müllner 2002, S. 81). Nach unseren Erkenntnissen gilt dies nicht nur für den Industriegütersektor, sondern für viele Branchen.

Analyse persönlicher Bedürfnisse auf Beschaffungsseite: Persönliche Bedürfnisse des Key Accounts können sich erheblich auf den

Erfolg des Key Account Management auswirken. Daher müssen Charaktereigenschaften, Interessen und Motive der Gegenseite sensibel erfasst und bei vielen Aktivitäten bedacht werden. Im Streben nach Anerkennung und beruflichem Erfolg wird die Entscheidung für oder wider einen bestimmten Anbieter, die Intensität der Zusammenarbeit, aber auch das Verhalten in Verhandlungen massgeblich von dem Wunsch des Schlüsselkunden-Mitarbeiters beeinflusst, sich im eigenen Unternehmen und vor seinen Vorgesetzten zu profilieren (Instrument: Persönlichkeitsanalyse).

Persönlichkeitsanalyse

> **Praxisbeispiel: Schlüsselkunden haben sehr individuelle Bedürfnisse**
> (Quelle: Müllner 2002, S. 75):
>
> Schlüsselkunden stellen oft anspruchsvolle Forderungen. Können „Durchschnittskunden" bis zu einem gewissen Grad mit Standardleistungen bearbeitet werden, nimmt der Individualisierungsgrad des Gesamtangebots mit zunehmender Bedeutung des Kunden für das Anbieterunternehmen zu. Auch unterscheiden sich damit die Bedürfnisse einzelner Schlüsselkunden oft stark voneinander. So sieht sich ein Hersteller von Antriebsriemen zwei völlig unterschiedlichen Bedarfssituationen zweier Key Accounts gegenüber. In seinem Schlüsselkunden-Portfolio befinden sich unter anderem ein weltweit führender Textilmaschinenhersteller und ein international tätiger Zulieferer der Automobilindustrie. Beide Kunden benötigen mit keilförmigen Antriebsriemen das gleiche Kernprodukt.
>
> Der Textilmaschinenhersteller möchte Textilmaschinen erstmals an einen Stoffproduzenten nach Marokko verkaufen. Der Automobilzulieferer benötigt Material an drei verschiedenen Produktionsstätten.
>
> Die beiden Schlüsselkunden stehen offensichtlich vor völlig unterschiedlichen Problemen. Während der Textilmaschinenhersteller dringend Informationen über länderspezifische Spezifikationen und gesetzliche Bestimmungen benötigt, erwartet der Automobilzulieferer einen reibungslosen Bezug der Keilriemen. Beim Textilmaschinenhersteller steht ein Informationsbedürfnis im Vordergrund, beim Automobilzulieferer ein Wirtschaftlichkeitsbedürfnis. Der Schlüssellieferant ist nun gefordert, die situativ unterschiedlichen Bedürfnisse mit entsprechenden Leistungen zu befriedigen, um langfristig den Absatz seiner Keilriemen zu sichern. Dazu kann der Key-Account-Manager beispielsweise mit landesspezifischen Informationen, die er über eigene lokale Vertretungen in Erfahrung bringt, dem Textilmaschinenhersteller dienen, während er zusammen mit den Logistikexperten vor Ort Konsignationslager-Konzepte für den Automobilzulieferer entwickelt.

Strategie der Kunden

5.1.1 Schlüsselkunden-Strategie analysieren

Eine intensive Auseinandersetzung mit der individuellen Strategie einzelner Schlüsselkunden ist notwendig, um die eigene Strategie darauf abzustimmen. Die Marktforschung bietet hierfür eine Vielzahl möglicher Verfahren und Methoden an (beispielsweise

Berekoven/Eckert/Ellenrieder 1996; zu KAM-spezifischen Methoden vgl. Diller 1993, S. 10 f., oder Belz 1993, S. 43). Diese sind in unterschiedlichem Masse geeignet, die spezifischen Bedürfnisse eines Schlüsselkunden zu eruieren. Unternehmen analysieren in erster Linie die Produktnutzung, den Kaufprozess und die Internationalisierungsstrategie der Kunden (Müllner 2002, S. 75). Dabei kommen interne Experten-Meetings, Kundenworkshops und Round-Table-Gespräche zum Einsatz. Teilweise werden auch externe Berater zu Rate gezogen. *Marktforschung*

Ein wichtiges, wenngleich aufwändiges Instrument stellt die Strategieanalyse dar. Dabei wird auf Basis der Auswertung von Geschäftsberichten, Gesprächsprotokollen, Kundenworkshops oder gemeinsamen Strategietreffen versucht, die strategischen Ziele des Key Accounts nachzuvollziehen. Strategische Entscheidungen beziehen sich auf die Produkt-Markt-Kombination, die Qualitätspositionierung, den Innovationsgrad, die Ausweitung der Geschäftsfelder, auf Wachstumsziele und die Art der Zusammenarbeit mit Lieferanten. *Strategieanalyse*

Die Analyse der Strategie eines Schlüsselkunden verdeutlicht zum einen die Affinität zur eigenen Strategie, die für das Ausschöpfen gemeinsamer Synergien entscheidend ist (Zupancic/Müllner 2000a, S. 49). Zum anderen dient sie dazu, wichtige Handlungsmotive des Schlüsselkunden zu erkennen, sich daraus ergebende Bedürfnisse zu antizipieren und Leistungsbündel zusammenzustellen, um Kundenaktivitäten in geeigneter Weise zu unterstützen.

Die Herausforderung besteht darin, die umfangreiche Informationsaufgabe zu bewältigen, indem die Informationen über den Kunden erfasst und richtig verteilt werden. Bei der Erfassung muss das Key Account Management die relevanten Informationen aus zahlreichen Quellen zusammentragen, um sich ein vollständiges Bild über die strategische Ausrichtung eines Schlüsselkunden zu machen. Es kann dabei auf die Erfahrungen aus gemeinsamen Projekten auf Basis von Dokumentationen oder Gesprächsnotizen zurückgreifen. Meist wird es auf die intern vorhandenen Erfahrungen setzen, indem die Strategie des Kunden in regelmässigen internen Workshops zusammen mit Key-Account-Teammitgliedern, lokalen Schlüsselkunden- und Bereichsmanagern sowie weiteren Personen, die über wichtige Erfahrungen im Umgang mit dem Kunden verfügen, gemeinsam analysiert wird. *Informationsmanagement*

Tool: Analyse der Internationalisierungsstrategie des Key Accounts

Die Analyse der Internationalisierungsstrategie erfasst die grundsätzliche Ausrichtung von Schlüsselkunden auf ihren Märkten und den sich daraus ergebenden Handlungsbedarf.
Key Accounts verfolgen unterschiedliche Internationalisierungsstrategien, die mit spezifischen Herausforderungen, Problemen und Bedürfnissen verbunden sind und zu verschiedenen Anforderungen an das Key Account Management eines Unternehmens führen.

Die nachfolgend aufgeführten Fragen helfen, die Internationalisierungsstrategie eines Schlüsselkunden systematisch zu analysieren (in Anlehnung an: Müllner 2002, S. 152f.).

Intensität der Internationalisierung: Welche Internationalisierungsintensität strebt der Schlüsselkunde an (Anzahl Länder, Anzahl Niederlassungen, Anteil Auslandsumsatz, Marktanteile, Wertschöpfungstiefen, Kompetenzverteilung)?

„Innenverhältnis": Wie ist das internationale Geschäft beim Schlüsselkunden organisatorisch verankert (internationale Sparte, globale Organisationsführung etc.)? Welche Mentalität bestimmt die internationalen Aktivitäten des Schlüsselkunden (ethnozentrisches, polyzentrisches, geozentrisches Denken)? Wie verteilt sich das Kräfteverhältnis zwischen Zentrale und Niederlassungen (global versus lokal versus „glokal")?

„Aussenverhältnis": Welche Rolle nimmt der Schlüsselkunde auf ausländischen Märkten wahr beziehungsweise strebt er an (Markt- beziehungsweise Technologieführer, Herausforderer, Nischenanbieter etc.)?

Beschaffungsstrategie: Welche Beschaffungsstrategie verfolgt der Schlüsselkunde, um seine internationale Leistungsfähigkeit zu gewährleisten (Single Sourcing, Global Sourcing, Modular Sourcing etc.)

Partner: Mit welchen Partnern bestreitet der Schlüsselkunde seine Auslands-Aktivitäten? (Niederlassungen, Handelsvertretungen, Distributoren, Lizenznehmer etc.)

Auslandsrisiken: Welche Strategie verfolgt der Schlüsselkunde, um Risiken im Auslandsgeschäft zu reduzieren (Risikobeteiligung der Lieferanten, Joint Ventures, Länderdiversifikation etc.)?

Auslandsmärkte: In welchen Ländern ist der Schlüsselkunde aktiv? Welches sind seine Kernmärkte? Bevorzugt er bestimmte Ländertypen (Triademärkte, Tigerstaaten etc.)? Bevorzugt der Schlüsselkunde homogene Märkte? In welchen Ländern beabsichtigt der Schlüsselkunde sich zukünftig zu engagieren (Standortallokation)?

Eintritt in Auslandsmärkte: Nach welcher Systematik entscheidet sich der Schlüsselkunde für einen Markteintritt (Systematische Bewertung der Länderrisiken, Prognose der wahrscheinlichen Kapitalrendite etc.; Timing: Wasserfall- versus Sprinklerstrategie)?

Art des Markteinstiegs: Welche Markteinstiegsstrategie verfolgt der Schlüsselkunde in unterschiedlichen Ländern (indirekter Export, direkter Export, Lizenzvereinbarungen, Joint Ventures, Konsortien, Direktinvestitionen)?

Marketingprogramm: Inwieweit passt der Schlüsselkunde Problemlösungen, Preise, Vertriebswege und Kommunikation lokalen Gegebenheiten an (Standardisierung versus Differenzierung)?

5.1.2 Unternehmerische Bedürfnisse des Key Accounts analysieren

Bedürfnisse sind Motive, die der Mensch in sein Bewusstsein aufnimmt. Motive lassen sich als Kräfte bezeichnen, die den menschlichen Organismus in eine bestimmte Richtung zu bestimmten Zwecken und Zielen drängen, um einen Spannungszustand zu beseitigen.

Ein prozessorientiertes gedankliches Durchdringen des Key Accounts hilft, die entsprechenden Spannungszustände von Unternehmen zu erkennen. Das Konzept der Wertschöpfungskette (siehe Abbildung 13) dient Schlüsselkunden-Managern hierbei, die Prozesse ihrer Key Accounts zu verstehen und sowohl offene als auch latente Bedürfnisse zu erkennen. Das Key-Account-Unternehmen wird dabei als Kette wertsteigender Aktivitäten aufgefasst. Verschiedene Aktivitäten sind nötig, um einen Output zu generieren. Dabei sind unterschiedliche Schwachpunkte denkbar. So könnte der Kunde Probleme mit der Eingangslogistik haben. Der Key-Account-Manager sollte sich dann überlegen, wie er dieses Problem für seinen Kunden lösen kann. Möglicherweise kann die Übernahme des C-Teile-Management oder der Aufbau schlüsselkunden-individueller Konsignationslager das Kundenbedürfnis befriedigen.

Wertkette

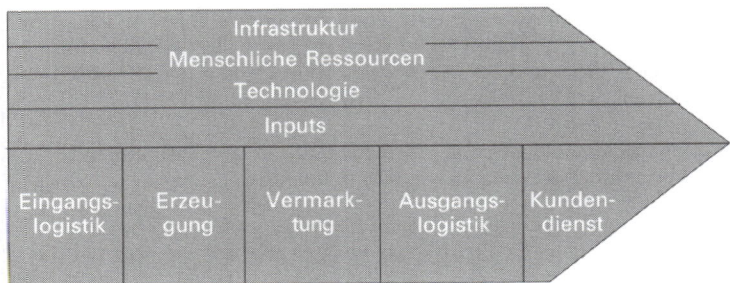

Abbildung 13: Wertkette
Quelle: Porter 1986

Die Analyse der Key-Account-Wertkette lässt sich am schnellsten im Rahmen interner Workshops mit Mitarbeitern durchführen, die mit dem Schlüsselkunden in Kontakt stehen. Gute Informationsquellen stellen bei Industrieunternehmen auch gemeinsame

Interne Workshops

Entwicklungszirkel, bei Dienstleistungsunternehmen gemeinsame Qualitätszirkel oder bei Konsumgüterunternehmen ECR-Projekte mit dem Handel dar. Fokussiert die Analyse auf die Verzahnung der Wertketten von Lieferant und Schlüsselkunde, lassen sich Optimierungspotenziale in der Zusammenarbeit entdecken und darauf aufbauend Kundenvorteile entwickeln.

Tool: Checklist zur Analyse der Wertschöpfungskette von Key Accounts

Die nachfolgend aufgeführten Fragen dienen dem Key Account Management dazu, die Wertketten von Schlüsselkunden systematisch auf Reibungsverluste zu untersuchen, die es dann mit entsprechenden Leistungen überbrücken kann (Müllner 2002, S. 155 f.; Belz et al. 1997, S. 49; Belz et al. 1991, S. 32-35).

Struktur der Wertketten: Welche Wertaktivitäten und Verknüpfungen umfassen die Wertketten des Schlüsselkunden?

Geographische Verteilung: Wie sind die Wertaktivitäten des Schlüsselkunden verteilt (geographisch, organisatorisch etc.)? Wie werden sie aufeinander abgestimmt (systematisch versus intuitiv)? Welche Abteilung stimmt sie ab (Zentraleinkauf, Management etc.)?

Auslagerung: In welchen Wertaktivitäten liegen keine Kernkompetenzen des Schlüsselkunden? Welche Funktionen bieten sich für eine Auslagerung an?

Know-how und Do-how: Bei welchen Wertaktivitäten hat der Schlüsselkunde wenig technisches oder organisatorisches Know-how? Welche Unterstützung benötigt er?

Wirtschaftlichkeit: Welche Wertaktivitäten und Funktionen kann der Schlüsselkunde selbst nicht wirtschaftlich erfüllen (Wissen, Können, Wille)?

Kapitalbindung / Finanzierungsprobleme: In welchen Wertaktivitäten ist leicht abbaubares Kapital gebunden? Wo sind Abschreibungen und Zinsen einsparbar?

Interne Abstimmung: Welche Verknüpfungen zwischen zentralen Abteilungen sind kritisch (unklare Kompetenzen etc.)? Wo treten Reibungsverluste auf? Welche Verknüpfungen zu den Niederlassungen sind kritisch (Länderegoismen, Mentalitätsprobleme etc.)?

Externe Abstimmung: Welche Verknüpfungen zu den Wertketten der Lieferanten beziehungsweise Kunden sind kritisch? Wo treten Reibungsverluste auf (mangelnder Integrationswille, fehlendes Vertrauen etc.)?

Affinität: Bei welchen Wertaktivitäten herrscht hohe Affinität zwischen den Wertketten des Schlüsselkunden und den eigenen (geographisch, funktional etc.)?

Effektivitäts- und Effizienzbeiträge: Mit welchen Leistungen kann der Anbieter die Wirkung einzelner Wertaktivitäten seines Schlüsselkunden erhöhen und Verknüpfungen reibungsloser gestalten?

Entlastung: Wie kann der Key Account umfassend entlastet werden? Lässt sich das eigene Angebot in einen grösseren Zusammenhang bringen?

Workshops mit Key Accounts stellen eine hervorragende Basis dar, den Key Account und seine Bedürfnisse, Strukturen und Erwartungen kennen zu lernen. Siemens hat dies erkannt und regelmässige Treffen mit seinen Key Accounts institutionalisiert.

Kundenworkshops

Praxisbeispiel: Kundenworkshops bei Siemens
(Quelle: Vortrag Schweyer am 10. Februar 2000)

SIEMENS

Die Siemens-Kundenworkshops dienen der Beziehungspflege und der Individualisierung der Leistung für Key Accounts. Gemeinsam diskutieren Siemens-Mitarbeiter unterschiedlicher Hierarchiestufen mit Vertretern des Key Accounts über Herausforderungen, Strategien und gemeinsame Projekte. Dabei wird auch der emotionalen Komponente grosse Bedeutung beigemessen. Ergiebige Kundenworkshops erfordern eine intensive Vorbereitung. Bei Siemens hat sich folgendes Vorgehen als effektiv erwiesen: Die zweitägigen Kundenworkshops sind zweigeteilt. Am ersten Tag findet ein internes Vorbereitungsmeeting derjenigen statt, die sich an der Bearbeitung des Schlüsselkunden beteiligen. Dabei wird unter Moderation des Key-Account-Managers die Situation des Kunden, seine Geschäftsprozesse und die Potenziale für gemeinsame Geschäfte diskutiert. Die dabei auftretenden Informationsdefizite bestimmen ebenso wie die Möglichkeiten, die Siemens als Partner seinem Schlüsselkunden bieten kann, die Aufgaben für den eigentlichen Kundenworkshop am Folgetag.

Am Vormittag des zweiten Tags finden dann Interviews statt, die dazu dienen die Informationsdefizite auszuräumen. Der Nachmittag steht im Zeichen der Ideengenerierung und Konkretisierung zukünftiger gemeinsamer Projekte. An diesen Themen arbeiten die Siemens-Mitarbeiter und die Kunden gemeinsam. Hierzu werden zunächst die Kundeninterviews evaluiert, um darauf aufbauend Geschäftsmöglichkeiten ausarbeiten zu können. Daraus leiten sich die Ziele und Massnahmen für das Siemens Account Team ab. Qualifizierte Kundenfeedbacks dienen der weiteren Konkretisierung einer zukünftigen Zusammenarbeit.

5.1.3 Persönliche Bedürfnisse der Beteiligten analysieren

Unterschiedliche Personen mit eigenen Zielen, Motiven, Charakteren und Mentalitäten wirken auf organisationale Kaufentscheidun-

Rationale und emotionale Bedürfnisse

gen des Key Accounts ein (Backhaus 1999, S. 69-71). Dabei spielen bei der Kaufentscheidung nicht nur rein rationale Gründe eine Rolle, sondern auch emotionale. Key-Account-Manager müssen häufig sowohl emotionale als auch rationale Bedürfnisse befriedigen, um eine Kaufentscheidung zugunsten ihres Unternehmens zu erhalten.

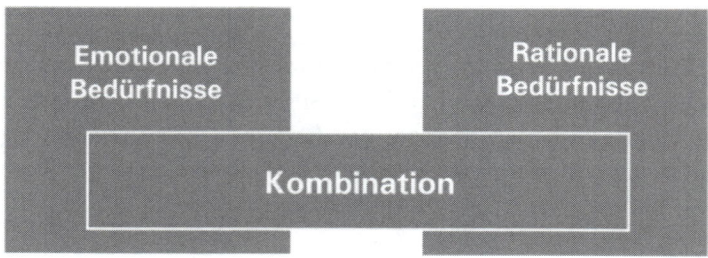

Abbildung 14: Rationale und emotionale Bedürfnisse in Kombination

Persönlichkeitsmerkmale

Emotionale Bedürfnisse hängen oft mit den persönlichen Motiven und Interessen der Beteiligten sowie ihren Charaktermerkmalen zusammen. Ein wichtiges Hilfsmittel bietet die Kategorisierung prägender Persönlichkeitsmerkmale. Dies hilft, den Bearbeitungsstil und gegebenenfalls auch die Zuordnung einzelner Mitglieder des KAM-Teams auf die Mitglieder des Buying Center zu bestimmen. Bearbeiten mehrere Personen des Anbieters den Key Account gemeinsam, stellen einheitliche Begriffe dabei eine wichtige Voraussetzung einer effizienten internen Kommunikation dar.

Buying Center

Oft stehen unterschiedliche Personen des Anbieters mit verschiedenen Mitgliedern eines Buying Centers in Kontakt. Hilfreich ist es, ein einheitliches Verständnis über die beteiligten Personen zu entwickeln und eine einheitliche Typologie zu verwenden. Auf diese Weise ist es beispielsweise möglich, neu ins KAM-Team zugestossene Mitglieder schnell und differenziert über den Kunden und das Verhalten der Mitarbeiter des Key Accounts zu informieren. Zur Typisierung von Individuen haben sich seit der Antike immer wieder neue, im Kern jedoch ähnliche Systematiken entwickelt, mit denen Personen im Hinblick auf ihr Persönlichkeitsprofil kategorisiert werden können. Das Tool : „Persönlichkeitstypologie" zeigt ein einfaches Werkzeug zur Typisierung von Schlüsselkunden-Mitarbeitern.

Key-Account-Management-Analyse 69

Tool: Persönlichkeitstypologie

Verschiedene Unternehmen arbeiten mit Persönlichkeitstypologien, um die gemeinsame Bearbeitung eines Kunden durch mehrere Personen zu erleichtern, den Bearbeitungsstil zu bestimmen und gegebenenfalls auch die Zuordnung einzelner Mitglieder des KAM-Teams auf die Mitglieder des Buying Centers systematisch vorzunehmen.

Abbildung 15 beschreibt vier grundlegend unterschiedliche Stile. Für das Verständnis der unterschiedlichen Einflussnahme verschiedener Personen auf die Kaufentscheidung ist es hilfreich, diese Stile zu unterscheiden. Eine Person mit einem analytischen Stil, wird demnach erst vielfältige Informationen analysieren und verschiedene Angebote prüfen, bevor sie zu einer Entscheidung kommt. Eine Person mit einem „fördernden Stil" wird sich demgegenüber schnell entscheiden. Dabei will sie das Gefühl haben, selbst die Entscheidung getroffen oder zumindest die richtigen Weichen gestellt zu haben.

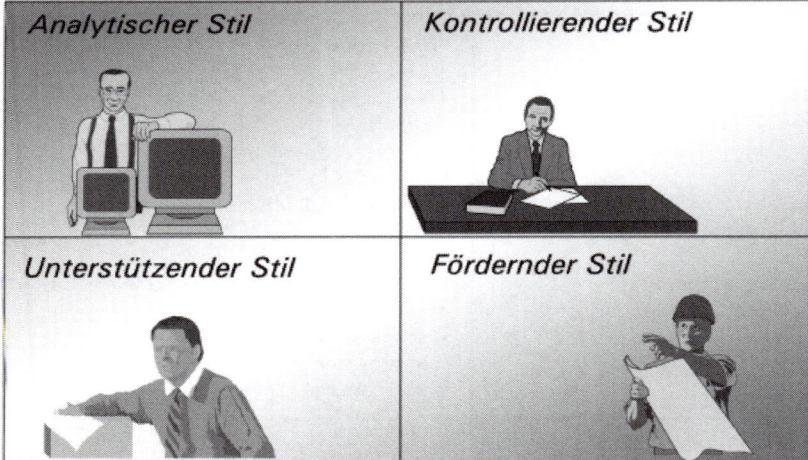

Abbildung 15: Einordnung von 4 verschiedenen Persönlichkeitstypen
Quelle: PerSens AG, St.Gallen 2002.

Die vier Stilrichtungen lassen sich mit Adjektiven und Verhaltensweisen belegen, um die Typen näher zu beschreiben. Mit Hilfe dieser Merkmale sollte es dem Leser leicht fallen, seine Gesprächspartner entsprechend zu identifizieren und sich danach auszurichten.

Analytischer Stil	**Kontrollierender Stil**
• präzise, ordentlich, formell, ausdauernd • rational und zuverlässig • pflichtbewusst und gründlich • häufig wird die Aufgabe wichtiger als die Person • kontrolliert und seriös • motiviert durch Logik und Fakten • keine schnellen Entscheidungen • mag schriftliche Informationen und Details • sucht Sicherheit, Stabilität und Ruhe • ist eher vorsichtig • kritisch, skeptisch und distanziert • strikte Zeitplanung	• eher aufgaben- als menschenorientiert • entscheidungsfreudig, energisch und kraftvoll • emotionslos • setzt auf Effizienz und Effektivität • kontrollierend, leistungsorientiert • hektisch, („Zeit ist Geld") • selbstbewusst • freiheitsliebend • ungeduldig • sucht Herausforderungen • schlechter Zuhörer
Unterstützender Stil	**Fördernder Stil**
• beziehungsorientiert, kümmert sich mehr um andere als um sich selbst • glaubt an das Gute im Menschen • respektvoll, entgegenkommend, freundlich • emotional • herzlich, fürchtet sich davor, andere zu enttäuschen • Teamplayer, scheut Streit • weniger zielorientiert, sehr diplomatisch	• unterhaltsam, fröhlich • kontaktfreudig, schliesst leicht Freundschaften • reagiert schnell und intuitiv • schlagfertig, guter Redner • begeisternd, überzeugend, flexibel • offen, vielseitig informiert • optimistisch, risikofreudig, kreativ • mag Stillstand, Routine und Mittelmass nicht • schnelle Auffassungsgabe, kann gut improvisieren • eher breit als tief interessiert

Abbildung 16: Charakteristika der vier verschiedenen Persönlichkeitstypen

Selbstverständlich handelt es sich bei diesen vier Stilen um Idealtypen. In der Realität treten häufig gewisse Mischungen auf. Nichtsdestotrotz lassen sich Personen grob zuordnen. Dies hilft das Verhalten in bestimmten Situationen zu einem gewissen Grad zu antizipieren.

Typologisierung

Interessante Möglichkeiten zur Typologisierung von Personen bieten auch neurobiologische Erkenntnisse, die am Motivationssystem des Menschen anknüpfen (Häusel 2003, S. 18). Die aus der Motivationsforschung stammende Kategorisierung von Personen richtet sich am limbischen Profil eines Individuums aus. Das limbische

Profil setzt sich aus drei Dimensionen zusammen. Die so genannte „Balance-Instruktion" zielt auf Sicherheit. Unter der „Stimulanz-Instruktion" versteht man das Streben nach Abwechslung und Neuem. Die „Dominanz-Instruktion" wiederum drängt das Individuum nach oben zu streben und besser sein zu wollen als andere.

Durch Kombination unterschiedlicher Ausprägungen dieser Dimensionen lassen sich nun unterschiedliche Typen von Personen bilden. So genannte „Performer" zeichnen sich durch besonders starke Ausprägung der Dominanz-Struktur aus. Bei „Bewahrern" ist die Balance-Instruktion am stärksten ausgeprägt. Sie setzen ihre Kraft in erster Linie dafür ein, das Bestehende zu sichern und Ordnung in Abläufe zu bringen. Als drittes Extrem gilt der „Kreative", bei dem die Stimulanz-Instruktion stark ins Gewicht fällt. Er sprüht vor neuen Ideen und ist entsprechend leicht zu begeistern.

Für die Bearbeitung dieser Typen lassen sich einfache Regeln ableiten: Bewahrer lassen sich durch Argumente überzeugen, die ihnen die Ängste vor Veränderungen durch den Kauf der Anbieterleistung nehmen. Performern wird man verdeutlichen, wie sie sich und ihren Geschäftsbereich voranbringen können. Kreative lassen sich am besten davon überzeugen, dass sie selbst einen grossen Einfluss auf die Leistung des Anbieters nehmen können.

Argumentation

5.1.4 Entscheidungsstrukturen des Key Accounts analysieren

Bei Schlüsselkunden handelt es sich in der Regel um komplexe Organisationen. Die Entscheidung zugunsten eines Anbieters wird häufig multipersonal und funktionsübergreifend getroffen. Die Buying-Center-Analyse dient der Identifikation jener Personen im Kundenunternehmen, die Einfluss auf die Kaufentscheidung nehmen. Sie soll ferner die Entscheidungswege identifizieren und das für die Entscheidung relevante Beziehungsgeflecht aufdecken. Ziel ist es, zu klären, welche Personen auf unterschiedlichen Stufen des Beschaffungsprozesses in welchem Masse die Entscheidung beeinflussen und welche Kriterien sie jeweils anlegen.

Multipersonelle Kaufentscheidungen

Eine systematische Ermittlung der beteiligten Personen, Positionen, Stellen und Niederlassungen der am Beschaffungsprozess Beteiligten dient als erster Schritt. Typische Rollen im Einkaufsprozess sind Benutzer, Beeinflusser, Entscheider, Informationsselektierer, Initiatoren und Einkäufer (Backhaus 1999, S. 69-78; Webster/Wind

1972, S. 12-14). Abbildung 17 beschreibt die Funktionen der einzelnen Rollenträger.

Rolle	Funktion
Benutzer	Wendet das zu beschaffende Gut an, kann die Arbeit mit einem nicht präferierten Gut verweigern
Einkäufer	Wählt Lieferanten aus und verhandelt mit ihnen
Initiator	Initiiert die Kaufentscheidung
Informationsselektierer	Kontrolliert und filtert den Informationsfluss ins Buying-Center
Entscheider	Trifft die endgültige Kaufentscheidung
Beeinflusser	Beeinflusst die Entscheidungskriterien und liefert Informationen zur Bewertung der Alternativen

Abbildung 17: Unterschiedliche Rollen im Beschaffungsprozess
Quelle: Backhaus 2003, S. 76 ff.

Rollen im Entscheidungsprozess

Die einzelnen Rollenträger nehmen in unterschiedlichen Phasen des Entscheidungsprozesses Einfluss. So sind Initiatoren und Informationsselektierer vor allem zu Beginn eines neuen Projekts zwischen Anbieter und Schlüsselkunde involviert, während die eigentlichen Entscheider häufig erst später Einfluss nehmen. Kaufablauf-Diagramme oder die Identifikation typischer Kaufprozess-Phasen helfen die jeweils kritischen Personen zu bestimmen.

Tool: Checkliste zur Analyse des Buying-Centers eines Key Accounts

Folgende Fragen helfen dem Key-Account-Manager, das Buying Center eines Schlüsselkunden zu analysieren (in Anlehnung an Müllner 2002, S. 157).

Beschaffungsprozess beziehungsweise Kaufsituation: Handelt es sich um einen Erst-, modifizierten Wiederholungs- oder reinen Wiederholungskauf? Welche Stufen umfasst der Beschaffungsprozess des Key Accounts? Welche Niederlassungen, Divisionen, Abteilungen oder Stellen sind jeweils beteiligt?

Rollen der Beteiligten: Welche Personen sind wesentlich am Entscheidungsprozess beteiligt? Bei welchen Teilentscheidungen bringen sie ihren Einfluss zur Geltung? Wer übernimmt welche Rolle im Entscheidungsprozess (Anwender, Einflussnehmer, Entscheidungsträger, Genehmigungsinstanz, Einkäufer, Informations- und Kontaktselektierer)? Wer sind die Schlüsselfiguren?

Individuelle Ziele und Verhaltensweisen: Welche Motive und Interessen bewegen die Beteiligten (persönliche Ziele und Karriere, Organisationsziele etc.)? Wer sind die Fach-, wer die Machtpromotoren? Welche Charaktere und kulturellen Mentalitäten beeinflussen die Entscheidung?

Bewertungskriterien: Nach welchen Kriterien bewerten die Beteiligten?

Innenverhältnis: Wie stellt sich die Rollenaufteilung zwischen Zentrale und Niederlassungen dar? Wer beeinflusst wen? Wer dominiert die Initiierungs-, die Such-, die Verhandlungs-, die Evaluations-, die Entscheidungs- sowie die Gewährleistungsphase?

„Beeinflussungsstrategie": Welche Kontakte bestehen zum Schlüsselkunden (zwischen Personen, zwischen Ebenen, zwischen Funktionen, zwischen Niederlassungen)? Bedarf es einer zentralen oder dezentralen Vernetzung oder sind einzelne Schlüsselpersonen entscheidend? Welche Personen schätzen die Entscheider des Schlüsselkunden besonders?

Zugang zum Key Account: Gibt es bislang ungenutzte Zugänge zum Kunden?

Tool: Kaufprozess-Analyse

Ein typischer Kaufablauf lässt sich in Kontakt-, Evaluations-, Kauf- und Nutzungsphase einteilen. Ein differenzierter Prozess könnte folgende Schritte beinhalten:

1. Antizipation oder Wahrnehmung eines Problems (Bedürfnisse) und einer allgemeinen Lösungsmöglichkeit.
2. Bestimmung von Eigenschaften und Menge der benötigten Güter.
3. Beschreibung von Eigenschaften und Menge der zu beschaffenden Produkte.
4. Suche und Einschätzung von potenziellen Lieferanten.
5. Einholen und Analyse von Angeboten.
6. Bewertung der Angebote und Lieferantenauswahl.
7. Verhandlungen mit bevorzugten Lieferanten.
8. Endgültige Entscheidung und Abschluss.

Es gilt, die entscheidenden Personen und Entscheidungskriterien pro Stufe zu identifizieren. Werden den einzelnen Prozessschritten nun die Personen zugeordnet, so ergibt sich ein differenziertes Bild der Entscheidungssituation. Daraus ergeben sich wiederum erste Konsequenzen der Schlüsselkunden-Bearbeitung.

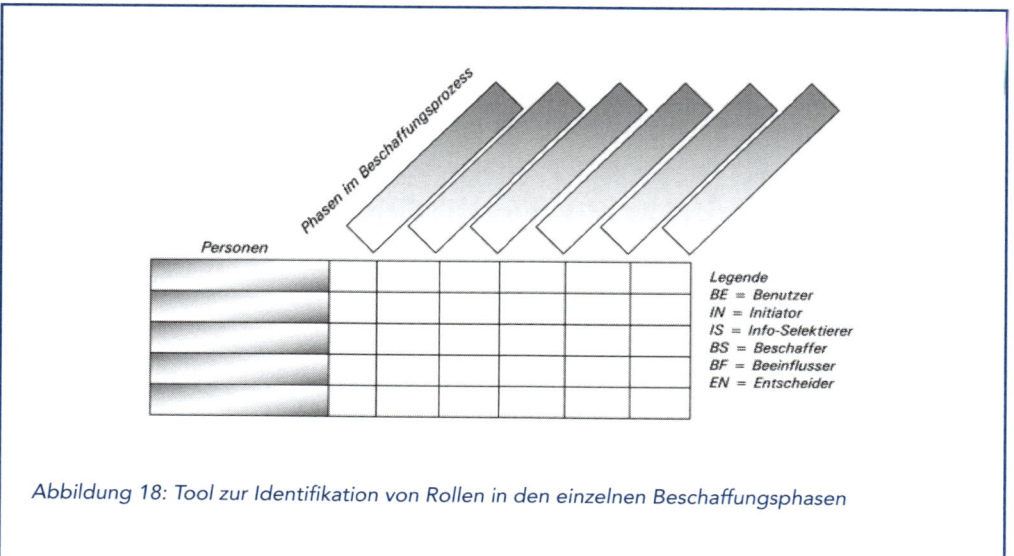

Abbildung 18: Tool zur Identifikation von Rollen in den einzelnen Beschaffungsphasen

Wichtige Fragen für die Kundenanalyse

Folgende Fragen helfen dem Key-Account-Manager, ein aussagekräftiges Bild über den Schlüsselkunden zu erhalten:

- Wer ist der Key Account?
- Wie ist der Kunde organisatorisch aufgestellt?
- Wie kommt der Key Account zu seinen Entscheidungen?
- Wer beeinflusst wen? Wer lässt sich auf welche Weise beeinflussen?
- Mit wem arbeitet der Key Account zusammen? Wer sind seine Partner (und unsere Konkurrenten)? Wer sind seine Konkurrenten?
- Welche Bedürfnisse hat der Key Account?

5.2 Leistungen und Gegenleistungen analysieren

Heterogene Leistungsprogramme

Eines der Hauptprobleme beim Strukturieren von Key-Account-Leistungen sind heterogene Leistungsprogramme (Müllner 2002, S. 40 f.). Historisch gewachsene Leistungskonglomerate sind insbesondere für Key-Account-Manager dezentral strukturierter

Anbieter kaum überschaubar. Bei grösseren Unternehmen – zumal wenn sie international tätig sind – fällt es einem Key-Account-Manager häufig nicht leicht, sich Transparenz über die Fülle von Einzelleistungen zu verschaffen, die der Schlüsselkunde erhält. Diese Transparenz stellt jedoch die Voraussetzung dar, um konkurrenzfähige Leistungspakete für Key Accounts zu schnüren. Neben den Leistungen gilt dies auch für die mit dem Schlüsselkunden erzielten Preise und sonstigen Gegenleistungen sowie für die Kosten, die bei der Bearbeitung des Key Accounts anfallen. Die systematische Dokumentation dient daher als wichtige Voraussetzung, um eine Leistungsanalyse durchführen zu können. *Transparenz*

Die Analyse von Leistungen und Gegenleistungen nimmt damit einen wichtigen Stellenwert im funktionalen Key Account Management ein. In der Ablauflogik des St.Galler KAM-Konzepts folgt sie der Analyse des Key Accounts. Hat der Key-Account-Manager die organisatorischen und persönlichen Bedürfnisse des Key Accounts sondiert, muss er sich Klarheit über die eigenen Möglichkeiten verschaffen, die Key-Account-Bedürfnisse befriedigen zu können.

Zunächst gilt es zu klären, „welche Leistungen der Schlüsselkunde derzeit vom Anbieter erhält". Dabei stehen nicht nur die Kernleistungen im Mittelpunkt, sondern vor allem auch die Leistungen des Anbieters mit denen er sich beim Key Account profiliert und sich gegenüber der Konkurrenz differenziert. Dies sind begleitende Dienst-, Zusatz-, Neben- oder auch emotionale Leistungen. *Aktuelle Leistungen*

Für die *Profilierung beim Schlüsselkunden* ist entscheidend, dass die Leistung bzw. seine Bestandteile dem Key Account auch einen tatsächlichen Nutzen bietet. Der Nutzen einer Leistung, Teilleistung oder eines Leistungspakets ergibt sich aus der „Übereinstimmung mit den Bedürfnissen des Key Accounts" (vgl. Abbildung 19). Alle Leistungsbestandteile, die am Key-Account-Bedürfnis vorbeigehen, stellen lediglich „Blindleistungen" dar. Ein auf den Key Account bezogener Wettbewerbsvorteil entsteht dabei erst, wenn der Schlüsselkunde die Nutzenstiftung im Verhältnis zu den Konkurrenzangeboten auch als Vorteil wahrnimmt. Ziel muss es sein, einzigartige Leistungen zu bieten. Impliziter Bestandteil der Leistungsanalyse ist somit die Analyse von Konkurrenzleistungen. *Profilierung*

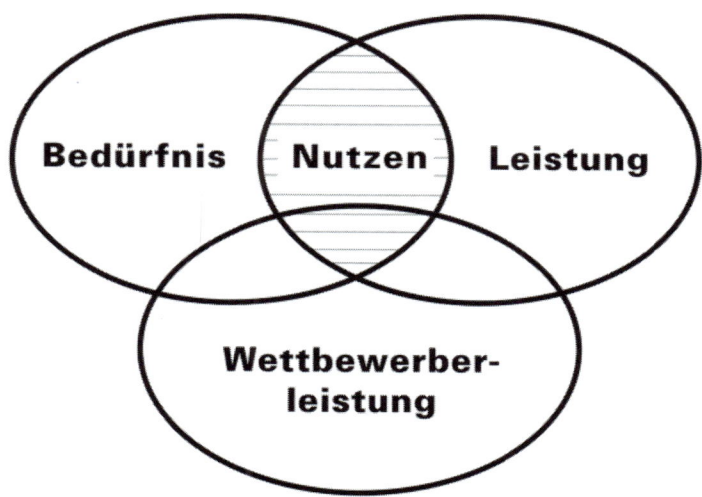

Abbildung 19: Relevanz einer Leistung
Quelle: In Anlehnung an Weinhold 1988, S. 192

Zufriedenheit

Leistungen können auf unterschiedliche Weise auf die Zufriedenheit eines Kunden wirken. Abhängig von der Leistungsart wird sich die Zufriedenheit des Kunden steigern oder seine Unzufriedenheit verringern. Für den Key-Account-Manager gilt es herauszufinden, welche zufriedenheitssteigernden Leistungen er seinem Key Account derzeit bietet und mit welchen Leistungen er lediglich Unzufriedenheit vermeidet.

5.2.1 Bislang erbrachte Leistungen aufführen

Leistungen systematisieren

Es gibt zahlreiche Möglichkeiten, Leistungen zu systematisieren. In Abhängigkeit der Frage und der Adressaten bieten sich unterschiedliche Einteilungen an. Produktmanagement und Serviceabteilungen interessieren sich in erster Linie für den Erfolg der von ihnen erstellten Leistungen. In diesem Fall erscheint eine Einteilung nach Sach- und Dienstleistungen sinnvoll. Die Entwicklungsabteilung möchte Möglichkeiten für innovative Leistungen erkennen. Entsprechend sollten die Leistungsbausteine nach dem Innovationsgrad von Teilleistungen gegliedert sein. Für Key Account und Schlüsselkunden-Management stellt die Exklusivität von Leistungen häufig eine wichtige Voraussetzung einer erfolgreichen Zusammenarbeit dar.

Eine entsprechende Leistungsaufstellung sollte dies entsprechend berücksichtigen und nach obligatorischen und exklusiven Leistungen trennen.

Grundsätzlich dient die systematische Dokumentation als wichtige Voraussetzung, um eine Leistungsanalyse durchführen zu können. Ein Beispiel hierfür bietet das internationale Schlüsselkunden-Management beim französischen Mischkonzern, Group Schneider, das alle Leistungen, die ein Schlüsselkunde nachfragt, im so genannten „Plant-Folder" dokumentiert. Dabei handelt es sich um ein periodisch angepasstes Dokument, das dem Schlüsselkunden-Manager einen Überblick über die weltweiten Kontakte zum Key Account, Referenzprojekte und in der Vergangenheit erbrachte Leistungen bietet. Dem internationalen Schlüsselkunden-Manager obliegt es, mithilfe seiner Kollegen vor Ort das Dokument stets aktuell zu halten.

Leistungsanalyse

Tools: Instrumente der Leistungsanalyse (1) – nach Bezug zum Kerngeschäft

Standardleistungen	Profilierungsleistungen	Zukunftsleistungen

---

5.2.2 Steigern der Zufriedenheit oder Vermeiden von Unzufriedenheit

Aus der Forschung zur Kundenzufriedenheit ist bekannt, dass die Qualitäten von Teilleistungen die Zufriedenheit eines Kunden unterschiedlich beeinflussen. Abhängig von der Leistungsart lässt sich entweder die Zufriedenheit des Kunden steigern oder zumindest seine Unzufriedenheit vermeiden (Schütze 1992). Die terminge-

Zufriedenheit und Unzufriedenheit

rechte Lieferung von Teilen im Rahmen eines Just-in-Time-Projekts durch einen Zulieferer oder die Ausstellung eines Kontoauszugs einer Bank ist ebenso ein Hygienefaktor, wie das Einhalten von Geheimnisvereinbarungen im Rahmen von gemeinsamen Entwicklungsprojekten bei Investitionsgütern. Liefert der Zulieferer fristgerecht, stimmt der Kontoauszug oder hält sich der Vertragspartner an die Verabredungen, so ist das eine Selbstverständlichkeit. Eine verspätete Lieferung, ein falscher Kontoauszug oder das Weitergeben von Geheimnissen wird beim Key Account jedoch Verärgerung und Unzufriedenheit hervorrufen.

Unerwartete Leistungen

Werden Mitarbeiter des Key Accounts zu einem aussergewöhnlichen Kundenevent eingeladen, handelt es sich aus Sicht des Schlüsselkunden oft um eine unerwartete Leistung, die im Regelfall zur Kundenzufriedenheit führt. Für den Key-Account-Manager gilt es herauszufinden, welche zufriedenheitssteigernden Leistungen er seinem Key Account derzeit bietet und mit welchen Leistungen er lediglich Unzufriedenheit vermeidet.

Tools: Instrumente der Leistungsanalyse (2) – nach Einfluss auf die Kundenzufriedenheit

Leistungen, die Zufriedenheit steigern (Motivatoren)	Leistungen, die Unzufriedenheit vermeiden (Hygienefaktoren)

5.2.3 Leistungen im Vergleich zur Konkurrenzleistung sehen

Wettbewerber

Eine wichtige Bezugsgrösse für die Analyse des eigenen Leistungsangebots ist der Grad der Wettbewerbsdifferenzierung einer Leistung. Basiserwartungen sind mit „Standardleistungen" zu erfüllen, um keine Unzufriedenheit beim Schlüsselkunden aufkommen zu lassen. Gehobenere oder spezifische Erwartungen eines Schlüsselkunden erfordern „Profilierungsleistungen", deren Qualität die Kundenzufriedenheit direkt beeinflusst. Sie profilieren den Anbieter gegenüber der Konkurrenz. Bietet das Key Account Management Leistungen an, die derzeit kein Wettbewerber bietet, vom Schlüsselkunden aber sehr geschätzt werden und ausbaufähig sind, so handelt es sich um „Zukunftsleistungen" (Rudolph 1994).

Profilierungsleistungen

Tools: Instrumente der Leistungsanalyse (3) – nach dem Grad der Wettbewerbsdifferenzierung

Standardleistungen	Profilierungsleistungen	Zukunftsleistungen

---

Tool Lead-User-Konzept
(Quelle: Belz 1998, S. 270-272)

Anwender von Leistungen verfügen über wertvolles Know-how. In den Besitz dieses Know-hows zu kommen, ist eine wichtige Voraussetzung, um die Leistungsfähigkeit von Produkten und Dienstleistungen kontinuierlich zu verbessern. Schlüsselkunden nutzen die vom Lieferanten angebotenen Leistungen häufig intensiver als andere Kunden. Sie eignen sich daher als Lead User, in die Projektarbeit für Verbesserungen oder Neuentwicklungen involviert zu werden.

Praxiserfahrungen zeigen, dass es sich hierbei um eine wirtschaftliche Form der Markt- und Kundenerkundung handelt, die zu verkürzten Zeitphasen von Produktidee bis Markteinführung führt. Differenzierte und gründliche Diagnosen und Diskussionen zu Produkten und ihrem Umfeld verbessern nicht nur die Chancen neuer Produkte auf dem Markt, sondern führen auch zu einer besseren Kenntnis des als Lead User ausgewählten Schlüsselkunden. Kritische Prozesse und Probleme lassen sich häufig erst bei Verwendung der gelieferten Leistungen abschätzen und erkennen.

5.2.4 Verrechenbarkeit der Leistungen berücksichtigen

Sonderwünsche

Key Account Management stellt eine Investition dar. Bei der Bearbeitung eines Key Accounts fallen vielfältige Kosten an. Neben den Produktionskosten der Kernleistungen und der obligatorischen Dienstleistungen fallen mit dem Bereitstellen eines Key-Account-Managers und der entsprechenden Infrastruktur aber auch mit dem oft notwendigen Eingehen auf Sonderwünsche des Schlüsselkunden vielfältige Kosten an. Eine wichtige Voraussetzung, um die Bearbeitung eines Schlüsselkunden profitabel zu gestalten ist, sich Kostentransparenz über die individuelle Beziehung zwischen Key Account und Anbieter zu verschaffen. Kostenanalyse erbrachter Leistungen ist somit ein wichtiger Bestandteil des KAM-Controlling. Dabei gilt es zu klären, zu welchen Kosten die Schlüsselkundenleistungen erbracht werden.

Gegenleistungen

Im Rahmen der Leistungsanalyse gilt es demnach auch festzustellen, welche Gegenleistungen der Key Account derzeit bereit ist, zu erbringen. Dabei ist an Preise und Konditionen, aber auch an Informationspflichten, Goodwill-Bezeugungen, Bereitschaft zur strategischen Zusammenarbeit und viele weitere Verpflichtungen des Schlüsselkunden zu denken. Interessant ist in diesem Zusammenhang auch die Frage, welche Leistungen dem Key Account explizit in Rechnung gestellt werden können.

Tools: Instrumente der Leistungsanalyse (4) – nach Verrechenbarkeit

Leistungen, die dem Key Account in Rechnung gestellt werden	Leistungen, die dem Key Account nicht in Rechnung gestellt werden

Wichtige Fragen für die Leistungsanalyse

Zusammenfassend muss der Key-Account-Manager bei der Leistungsanalyse folgende Fragen beantworten:

- Welche Leistungen erhält der Key Account derzeit (Sachleistungen, Dienstleistungen, Nebenleistungen)?
- Profiliert man sich beim Key Account?
- Welche Leistungen entsprechen seinen wirklichen Bedürfnissen?
- Schafft man Zufriedenheit oder vermeidet man lediglich Unzufriedenheit?
- Bietet man ihm einzigartige Leistungen?
- Welche Kosten verursachen Key-Account-Leistungen?
- Welche Leistungen werden ihm explizit in Rechnung gestellt?
- Zu welchen Gegenleistungen ist der Key Account bereit?

5.3 Kompetenzen analysieren

Steht aufgrund von Kunden- und Leistungsanalyse fest, welche Leistungen der Key Account benötigt und welche Leistungen ihm erbracht werden (sollen), gilt es abzuklären, welche Fähigkeiten dafür im Unternehmen vorhanden sein müssen. Der Key-Account-Manager muss die Situation realistisch einschätzen. Bei der Beurteilung von Stärken und Schwächen seines Unternehmens, nimmt er implizit Bezug auf die Konkurrenz, indem er die Fähigkeiten seines Unternehmens mit den Fähigkeiten der Wettbewerber vergleicht, die sein Key Account als potenzieller Anbieter in Betracht zieht.

Eigene Kompetenzen

Die Kompetenzanalyse berücksichtigt Aspekte, die über den direkten Einflussbereich des Key-Account-Managers hinausgehen. Zwar kann er die Qualität der Kernleistung kaum beeinflussen, dennoch hängt der Erfolg seiner Arbeit unmittelbar damit zusammen, wie der Key Account die Qualität der Kernleistung wahrnimmt. Die Ergebnisse der Kompetenzanalyse gibt dem Key-Account-Manager wichtige Argumente für die interne Diskussion mit Produktmanagement, Vertriebsleitung, Forschung und Entwicklung oder Kundenservice. Grundsätzlich gilt es darüber nachzudenken, ob und wie die Schwachstellen behoben werden können.

Interne Diskussionen

Tool: Kompetenzprofil

Das Kompetenzprofil stellt ein Diagnoseinstrument dar, mit dem sich die Fähigkeiten des Unternehmens einschätzen lassen, einen Key Account erfolgreich zu bearbeiten. Hierzu bestimmen Key-Account-Manager bzw. Team zunächst die Bedeutung der einzelnen Dimensionen (Dicke der Pfeile) und schätzen dann die eigenen Qualitäten im Vergleich zu potenziellen Konkurrenten ein (Profile).

Der Profilvergleich in Abbildung 20 zeigt beispielsweise deutliche Unterschiede in der **„Kommunikationskompetenz"** und der **„strukturellen Kompetenz"**. Unternehmen C sollte demzufolge die organisatorische Einordnung des Schlüsselkunden-Managements und die Argumentation bei der Kommunikation des Leistungsprogramms kritisch prüfen.

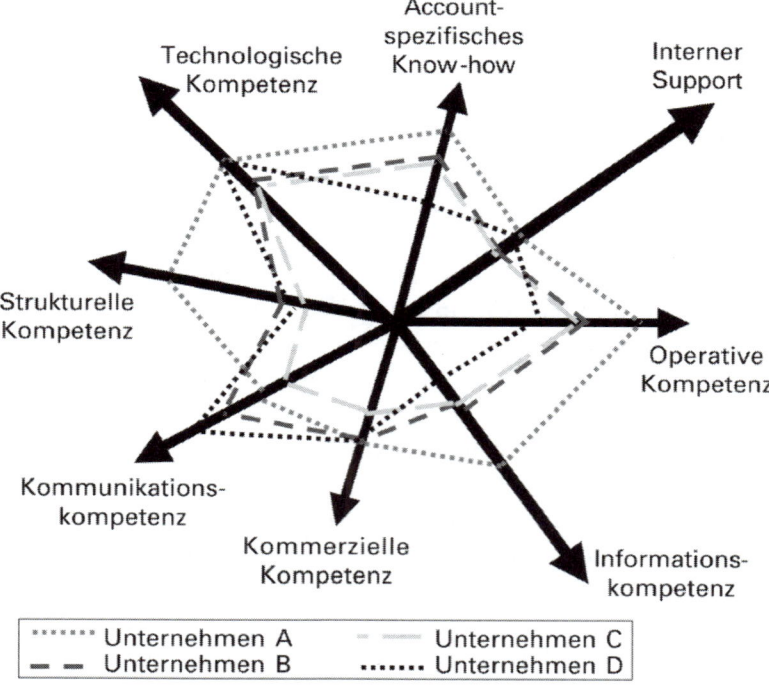

Abbildung 20: Kompetenzprofile zur Überprüfung der Leistungsfähigkeit des Key Account-Management eines Industriegüterunternehmens
Quelle: Müllner 2002, S. 167

5.3.1 Fähigkeiten für eine erfolgreiche Key Account Bearbeitung

Zunächst gilt es festzulegen, über welche Fähigkeiten ein Unternehmen verfügen muss, will es Key Accounts bearbeiten. Diese können sich je nach Branche und Unternehmensprofil unterscheiden.

Grundsätzlich gültige Kompetenzen sind das Wissen über Key Accounts und die damit einhergehende Wissenssammlung, -aufbereitung und -verteilung. Während für Industrieunternehmen die technologische Kompetenz eine wesentliche Voraussetzung für die Zufriedenheit von Schlüsselkunden darstellt, müssen Hotelketten, Beratungen oder Transportunternehmen eine ausgeprägte Dienstleistungskultur aufbauen, um Verlässlichkeit, Einsatzbereitschaft oder Einfühlungsvermögen aller Mitarbeiter zu fördern, die mit dem Schlüsselkunden in Kontakt stehen. Die Festlegung branchenspezifischer Schlüsselkompetenzen dient dann als Grundlage, um über Selbst- und Fremdeinschätzungen ein entsprechendes Kompetenzprofil zu erarbeiten und einen Vergleich mit den relevanten Wettbewerbern anzustellen.

Fähigkeiten

5.3.2 Analyse der Kompetenzen potenzieller Kooperationspartner

Die Konzentration auf Kernkompetenzen vieler Anbieter steht dem Wunsch nach vollumfänglicher Entlastung der Key Accounts häufig entgegen. Um den Key Account zufrieden zu stellen, ist es daher notwendig, das Leistungsangebot um Bestandteile zu ergänzen, die von Dritten bezogen werden. Damit kommt der Qualität und den Fähigkeiten weiterer Unternehmen Bedeutung für das Zufriedenstellen von Key-Account-Bedürfnissen zu. So genannte kooperative Leistungssysteme zielen auf die Effektivitätssteigerung der Schlüsselkundenbearbeitung, indem die Bedürfnisse eines Key Accounts mithilfe komplementärer Leistungen Dritter besser befriedigt werden. Sie führen zu Effizienzsteigerungen der Schlüsselkunden-Bearbeitung, wenn sie als substitutive Leistungen dazu beitragen, die Wertschöpfungstiefe zu reduzieren und dem Anbieter Raum für die Konzentration auf Kernkompetenzen zu bieten.

Folglich gilt es, die Fähigkeiten der Kooperationspartner ebenso zu analysieren wie die eigenen Fähigkeiten. Ein wichtiges Anliegen des Key-Account-Managers muss es sein, die Beziehung zwischen Key Account und Partner zu eruieren. Das Einbeziehen von Dritten

Kooperation

erhöht möglicherweise das Risiko, die Beziehung zum Key Account aus der Hand zu geben oder für Fehler anderer einstehen zu müssen (siehe Risikoanalyse). Der Partnerauswahl kommt dabei eine grosse Bedeutung zu. Ebenso gilt es, verschiedene Unternehmenssparten für Kunden zu koordinieren. Das Vorgehen für interne und externe Kooperationspartner ist gleich (eine Entscheidungscheckliste der Partnerauswahl findet sich beispielsweise bei Müllner 2002, S. 193 oder Belz 1999, S. 7).

Wichtige Fragen für die Kompetenzanalyse
Zusammenfassend muss der Key-Account-Manager bei der Kompetenzanalyse folgende Fragen beantworten:

- Welche Kompetenzen sind für die Kundenbearbeitung notwendig?
- Welche Fähigkeiten sind bei Anbieter, Kunde und potenziellen Partnern vorhanden?
- Welche Kompetenzen sind zentral vorhanden?
- Über welche Fähigkeiten verfügen die Niederlassungen?
- Welche Fähigkeiten müssen entwickelt werden?
- Welche Fähigkeiten besitzen die an der Gesamtleistung beteiligten oder potenziellen Dritten innerhalb und ausserhalb des Unternehmens?
- Welche Risiken ergeben sich mittel- und langfristig, weil notwendige Fähigkeiten nicht genügen oder fehlen?

5.4 Strukturen und Verantwortungen analysieren

Strukturanalyse

Nachdem sich der Key-Account-Manager Klarheit darüber verschafft hat, mit welchen Leistungen die Bedürfnisse des Schlüsselkunden befriedigt werden sollen, und welche Fähigkeiten hierfür nötig sind, gilt es zu klären, wer an der Leistungserstellung beteiligt ist. Mit der Strukturanalyse verschafft er sich einen Überblick über die Personen, die mit dem Key Account in Kontakt stehen und eine Rolle im Leistungserstellungsprozess spielen. Ziel der Strukturanalyse ist es, das oft komplexe Beziehungsgeflecht zwischen dem Key Account und der eigenen Organisation sowie innerhalb der eigenen Organisation zu überblicken.

Ist klar, welche Kollegen an der Leistungserstellung für den Kunden beteiligt sind, so lassen sich Anfragen oder Sonderwünsche des Key Accounts schneller bearbeiten, Krisen schneller bewältigen und Kundennähe besser leben. Dies verbessert die Flexibilität des Anbieters aus Sicht seiner Key Accounts.

Tool: Diagramm interner Beziehungen

Beziehungsdiagramme stellen formale und informelle Beziehungsgeflechte grafisch dar. Sie vertiefen die Leistungserstellungs- und Verantwortungsstrukturen innerhalb der eigenen Organisation. Abbildung 21 zeigt ein Beziehungsdiagramm aus der optischen Industrie. Es verdeutlicht die Beziehungen innerhalb des Anbieterunternehmens sowie zwischen Lieferant, Anbieter und Key Account

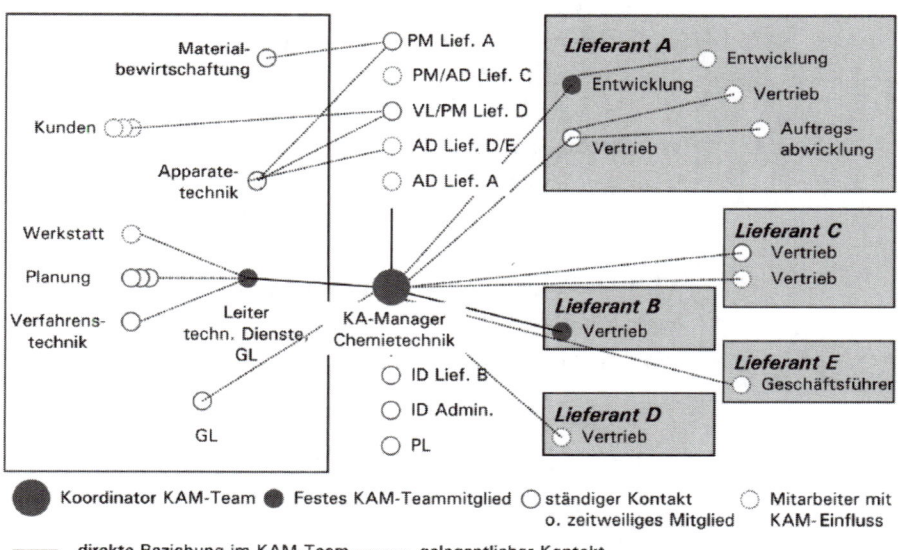

Abbildung 21: Beziehungsdiagramm bei der Bearbeitung eines Key Accounts der chemischen Industrie
Quelle: Schleiffer 1998

Interne Konflikte

Die Strukturanalyse sollte nicht nur verdeutlichen, welche Personen eine Rolle im Leistungserstellungsprozess spielen, sondern auch Hinweise darauf geben, wie die Zusammenarbeit zwischen Abteilungen oder Niederlassungen funktioniert. Dies hilft dem Key-Account-Manager interne Konflikte, die die Leistungen für Key Accounts stören könnten, frühzeitig zu umgehen und Chancen der Zusammenarbeit auszuloten.

In diesem Zusammenhang hilft es, wenn die Strukturanalyse auch die Entscheidungs- und Zusammenarbeitsstrukturen innerhalb des eigenen Unternehmens offen legt. Da sich Key Account Management letztlich immer auf die Zusammenarbeit mehrerer Beteiligter stützt, ist es für eine professionelle Schlüsselkunden-Bearbeitung entscheidend, den Einsatz von Teammitgliedern systematisch zu planen und einen tatsächlichen oder potenziellen Einsatz rechtzeitig mit den vorgesetzten Stellen zu klären. Eine demotivierende Überbelastung einzelner Teammitglieder lässt sich auf diese Weise vermeiden. Die Prioritäten des Arbeitseinsatzes gefragter Spezialisten werden bewusst gesetzt.

Zusätzliche Ressourcen

Schliesslich deckt die Strukturanalyse auch personelle Lücken bei der Bearbeitung eines Key Accounts auf. Die Strukturanalyse macht den Personalmangel transparent und gibt dem Key-Account-Manager wichtige Argumente für die interne Diskussion um zusätzliche personelle Ressourcen an die Hand.

Wichtige Fragen für die Strukturanalyse

Zusammenfassend muss der Key-Account-Manager bei der Strukturanalyse folgende Fragen beantworten:

- Welche Mitarbeiter sind derzeit an der Leistungserstellung für den Kunden beteiligt?
- Wie funktioniert die Zusammenarbeit (Kooperation versus Widerstände)?
- Mit welchen Vorgesetzten ist der Einsatz dieser Mitarbeiter im Unternehmen abzustimmen?
- Werden zusätzliche Mitarbeiter für eine optimale Leistungsrealisierung für den Key Account benötigt?
- Wie lassen sich die knappen Fähigkeiten und Einsätze von besonders qualifizierten Mitarbeitern für die richtigen Kunden nutzen?

5.5 Kriterien und Messgrössen identifizieren

Der letzte Teil der KAM-Analyse beschäftigt sich mit dem Erfolg der Kundenbearbeitung. Erfolg im Key Account Management wird häufig anhand des Umsatzes gemessen, der mit dem Key Account realisiert wird. Beim Umsatz handelt es sich jedoch um eine vergangenheitsorientierte finanzielle Kennzahl, die den Erfolg des Key Account Management allein nur unzureichend widerspiegelt. So kann der Umsatz stetig steigen, weil die Prozesse zwischen Anbieter und Schlüsselkunde problemlos ineinander greifen, ohne dass sich der Key-Account-Manager dafür einsetzt. Andererseits kann in einer rezessiven Phase der Umsatz, der mit dem Kunden realisiert wird, durch Probleme zurückgehen, obschon der Key-Account-Manager bzw. sein Team keinerlei Einfluss darauf haben und die Zusammenarbeit mit dem Kunden verbessert wurde. Um den Erfolg der Schlüsselkunden-Bearbeitung realistisch einzuschätzen, bedarf es folglich valider ökonomischer und vorökonomischer Kontrollgrössen, die Vergangenheit und Zukunftspotenziale berücksichtigen.

Erfolgsindikator „Umsatz"

Wichtige Fragen für die Analyse der eingesetzten Kennzahlen
In dieser Phase der KAM-Analyse sollte der Key-Account-Manager zunächst herausfinden, welche Kennzahlen bislang vorhanden sind, die einen Bezug zum Erfolg der Schlüsselkunden-Bearbeitung ergeben. Dabei gilt es, folgende Fragen zu beantworten:

- Wie wird derzeit der Erfolg der KAM-Aktivitäten gemessen?
- Welche Messgrössen haben sich als geeignet erwiesen?
- Welche Messgrössen sollten zukünftig ermittelt werden?
- Reicht die Unterstützung des Controlling oder anderer Bereiche aus oder benötigt man zukünftig mehr Support?
- Warum reichen finanzielle Kennzahlen für die Erfolgsmessung im KAM nicht aus?
- Welche anderen Messgrössen sollten genutzt werden?
- Wie lassen sich diese Messgrössen zu einem KAM-Cockpit verbinden?

Die Diskussion um Erfolgskennzahlen der Schlüsselkunden-Bearbeitung wird im Rahmen der KAM-Realisierung wieder aufgenommen und vertieft (vgl. Kapitel 10).

Empirische Ergebnisse: Kennzahlen des KAM-Erfolgs in der Praxis

Die Untersuchung von Müllner (2002) verdeutlicht, dass der *„Schlüsselkundenumsatz"* und der *„Share of Wallet"* die am häufigsten eingesetzten quantitativen Kontrollgrössen zur Überprüfung des KAM-Erfolgs sind. Der *„Kundendeckungsbeitrag"*, der den Aufwand der Kundenbearbeitung ins Verhältnis zu dem mit dem Kunden erzielten Ergebnis setzt, ist erst in Ansätzen verbreitet.

Unter den qualitativen Kennzahlen - psychografische Indikatoren, anhand derer sich Veränderungen bemerken lassen, bevor sie sich im Kundenverhalten und damit im Kundenumsatz niederschlagen – wird die Erfolgskennzahl *„Kundenzufriedenheit des Key Accounts"* am häufigsten verwendet. Auch einfach zu erhebende Kennzahlen wie das Erreichen eines *„Vorzugslieferantenstatus"* findet bei der Überprüfung des Erfolgs der Key-Account-Management-Aktivitäten zunehmend Anwendung.

6 Strategie, Vision und Ziele in der Zusammenarbeit mit einem Key Account

© Prof. Belz/Dr. Müllner/Dr. Zupancic & Mercuri International 2003

In diesem Kapitel erfahren Sie...

- ... wie man eine kundenindividuelle Strategie ableitet.
- ... wie man Ziele zum Aufbau einer langfristigen Geschäftsbeziehung entwickelt.
- ... wie man eine Vision für die Bearbeitung eines Schlüsselkunden festlegt.
- ... wie Ziele in der Geschäftsbeziehung geplant werden.

6.1 Strategien mit einem Key Account

Der Strategiebegriff wird heute inflationär genutzt. Jeder Projekt- oder Aktivitätsplan ist eine Strategie, jedes Projekt hat strategische Bedeutung, jede längerfristige Planung hat strategischen Charakter. Im Rahmen dieses Werks wird zwischen Strategie des Gesamtprogramms „Key Account Management" (vgl. Kapitel 12) und der individuellen Strategie mit einzelnen Kunden unterschieden.

Die Key Account Strategie ist die grundsätzliche Umschreibung der Verfahrensweisen mit einem bestimmten Schlüsselkunden, mit der ein Unternehmen Wettbewerbsvorteile gegenüber seinen Konkurrenten erarbeiten und sicherstellen will.

Strategiebegriff

Es geht also zunächst um einen Orientierungsrahmen für die weiteren Aktivitäten. Im Folgenden stellen wir zwei Varianten vor.

6.1.1 Variante A: Integrations- und Synergiepotenziale als Ausgangspunkt für die Strategie

Die Intensität der Zusammenarbeit mit einem Key Account sollte sich an dem Nutzen orientieren, den das Anbieterunternehmen und das Unternehmen des Key Accounts daraus zieht. Belz/Senn entwickelten einen Ansatz mit differenzierten KAM-Strategien in Abhängigkeit des so genannten Integrations- und Synergiepotenzi-

Potenziale auf Anbieterseite

als für den Anbieter und den Key Account (Belz/Senn 1995, S. 45 f.). Auf Anbieterseite kann das Integrations- und Synergiepotenzial als hoch bezeichnet werden, wenn...

- sich die unterschiedlichen Produkte und Dienstleistungen der Firma aus Sicht der Kunden ergänzen;
- sich zwischen den einzelnen Geschäftsbereichen ein hohes Potenzial zum Cross Selling abzeichnet;
- die Geschäftseinheiten miteinander stärker kooperieren sollen;
- unterschiedliche Vertriebs- bzw. Ländereinheiten die gleichen Kunden an unterschiedlichen Orten mit ähnlichen Aktivitäten bearbeiten oder sich gegenseitig Konkurrenz machen.

Potenziale auf Kundenseite

Auf Seiten der Kunden besteht ein hohes Integrations- und Synergiepotenzial, wenn ...

- das Unternehmen in seinen verschiedenen Organisationseinheiten beim gleichen Anbieter einkauft oder sich Beschaffungsaktivitäten überschneiden;
- die vom Unternehmen beschafften Güter strategisch wichtig sind;
- die Entscheidungsprozesse für Investitionen, Produktion und Beschaffung stark zentralisiert werden;
- Anbieter über ausserordentliche Kompetenzen für umfassende Problemlösungen verfügen.

Key Supplier Management

Ansätze für ein Integrations- und Synergiepotenzial des Key Accounts bieten sich überall dort, wo dieser koordinierte Supply-Management-Aktivitäten verfolgt. Key Supplier Management und Key Account Management gilt es zu integrieren (Belz/Mühlmeyer 2001, S. 20). Erst damit können alle Beteiligten in der Wertschöpfungskette erfolgreich vorgehen. Optimieren Lieferant und Key Account bereits ihre eigenen Möglichkeiten und stossen an Grenzen, so ist es folgerichtig, neue Reserven in der Zusammenarbeit auszuschöpfen. Abbildung 22 charakterisiert die beiden Ansätze.

Ansätze des Key Supplier Management	Ansätze des Key Account Management
(Drastische) Senkung der Lieferantenzahl und Steigerung der Lieferantenqualifikation (Audit und Qualifikation von Lieferanten, Forderungen und Projekte); Single Sourcing für eine konzentrierte Zusammenarbeit; Gestaltung des Lieferantenportfolios	Selektion und konzentrierte Bearbeitung von Schlüsselkunden sowie Steigerung der Kundenqualifikation; Gestaltung des Kundenportfolios zwischen Risikoausgleich und konzentrierter Zusammenarbeit
Nutzung des Know-hows und Potenzials für Innovationen von Lieferanten sowie Exklusivitäten; Schutz des eigenen Know-hows	Entwicklungszusammenarbeit mit Key Accounts und breite Nutzung von Innovationen; Schutz des eigenen Know-hows
Global Sourcing zur Nutzung der weltweit besten und günstigsten Beschaffungsquellen	Ausbau der weltweiten Lieferanteile für sämtliche Beschaffungseinheiten des Kunden und globales Wachstum mit Schlüsselkunden
Weltweite Zusammenarbeitsstandards für Lieferanten sowie internationale Preisharmonisierung, orientiert an den günstigsten internationalen Preisen	Internationale Leistungs- und Preisdifferenzierung
Gezielte Zusammenarbeit mit den besten Lieferanten in jedem Leistungsbereich	Cross Selling und Verbreiterung der Zusammenarbeit mit Schlüsselkunden in mehreren Leistungsbereichen und Sparten des Anbieters
Multiple Sourcing zur Vermeidung von Lieferengpässen und Steigerung des Wettbewerbs zwischen Lieferanten	(Teilweise) Kooperation zwischen Lieferanten
Steigerung der Gesamtwirtschaftlichkeit (Angriff auf Gesamtkosten); Steigerung der eigenen Erträge (Zusammenarbeit als Gegenleistung ohne Erfolgsbeteiligung); Reduktion der verrechneten Leistungsbausteine	Leistungssysteme und Wirtschaftlichkeitspakete für Key Accounts; Beteiligung an Umstellungserfolgen der Key Accounts; Steigerung der verrechneten Leistungsbausteine
Modular Sourcing und Outsourcing, Delegation von Innovation, Leistungen, Koordination, Gesamtverantwortung usw. an Lieferanten	Steigerung der Wertschöpfung für Kunden und Integration bisheriger Leistungen des Kunden; Realisierung umfassender Kernkompetenzen

Langfristige Geschäftsbeziehungen und Diskussion der gesamten Geschäftspotenziale (aktuell und zukünftig, Umsätze und Erträge, Referenzwirkungen usw.) für bessere Konditionen; Berücksichtigung maximaler Geschäftspotenziale bei minimalen Verpflichtungen und hoher Kulanz des Lieferanten; teilweise bewusste Verhinderung persönlicher Beziehungen, um Beziehungsnachteile zu vermeiden	Langfristige Geschäftsbeziehungen und verpflichtende, langfristige Verträge (mit klaren Bedingungen für gewährte Preise, Mengen, Leistungen usw.); persönliche Beziehungen für eine vertrauensvolle und effiziente Zusammenarbeit sowie Beziehungsvorteile
Buying Centers mit integrierten Spezialisten von Management, Marketing, Technik, Logistik, Einkauf usw.; funktionale Integration des Einkaufs bei getrennten kommerziellen Verhandlungen (Trennung von Lösung und Konditionen)	Selling Centers mit integrierten Spezialisten von Management, Technik, Logistik, Marketing, Verkauf usw.; funktionale Integration des Verkaufs mit dem Ziel integrierter Verhandlungen für Leistungen und Konditionen mit Kunden.
Integration der operativen Systeme des Lieferanten (Logistik, Informatik (z. B. EDI, E-Business), Total Quality Management, Controlling usw.) in die eigenen Systeme des Unternehmens ohne neue Abhängigkeiten; vom Kunden gesteuerte Lösungen	Integration der operativen Systeme und Kundenbindung; vom Lieferanten gesteuerte Lösungen

Abbildung 22: Key Supplier und Key Account Management
Quelle: Belz/Mühlmeyer 2001, S. 23 f.

Investition in die Kundenbeziehung

Die Zusammenarbeit zwischen Lieferant und Key Account wird in solchen Partnerschaften komplexer. Es geht nicht nur darum, die Produkte, ihre Mengen im Zeitablauf und die Konditionen zu spezifizieren. Leistung und Gegenleistung betreffen ebenso Logistik und Lagerung, Beteiligungen an Misserfolgen und Erfolgen der Zusammenarbeit (z. B. Kosten, Ausschuss usw.), Finanzierungsformen, Jahreskontrakte und langfristige Verpflichtungen, Produktentwicklungen, den Austausch von Informationen und Know-how oder Services (Belz/Mühlmeyer 2001, S. 24). Eine intensive Bearbeitung von Key Accounts ist aufwändig. Sie stellt eine Investition in die Kundenbeziehung dar. Der Aufwand der Bearbeitung muss sich letztlich finanziell lohnen. Dabei kann es sich als schwierig erweisen, die Integrations- und Synergiepotenziale zu ermitteln. Verschiedene Key Accounts sind unterschiedlich attraktiv und die Abschätzung des Integrations- und Synergiepotenzials dient dazu, die möglichen Vorteile einer Zusammenarbeit mit bestimmten Key Accounts auszuloten. Es lassen sich vier Normstrategien identifizieren.

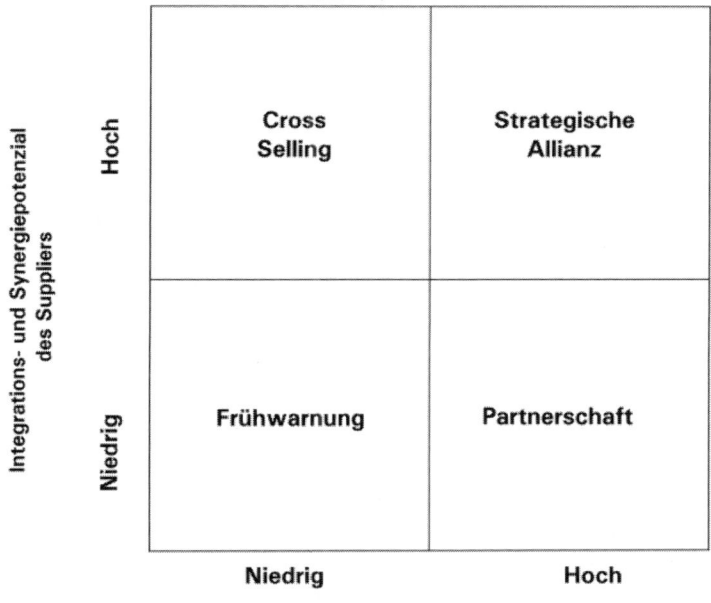

Abbildung 23: Key-Account-Management-Strategien
Quelle: In Anlehnung an Belz/Senn 1995, S. 48

Es ist offensichtlich, dass der Bearbeitungsaufwand bei der Verfolgung unterschiedlicher Strategien stark differiert. Bei der Strategie „Frühwarnung" geht es darum, alle Beteiligten der Kundenbeziehung zu koordinieren und die Verbindungen an den diversen Schnittstellen zum Kunden zu pflegen. Der Key Account verfolgt hier in der Regel (noch) keine explizite zentrale Beschaffungsstrategie und der Anbieter sieht keine Vorteile einer intensiveren Bearbeitung. Sollte sich das Potenzial zur Synergie oder Integration auf einer bzw. beiden Seiten erhöhen, kann ein Anbieterunternehmen jedoch schnell darauf reagieren. Die „Partnerschaft" ist als Zugeständnis oder Entgegenkommen an den Key Account zu sehen, da

Normstrategien

der Anbieter weniger profitiert als der Kunde. Grundsätzlich können alle möglichen Beschaffungsstrategien des Key Accounts, wie z. B. Supply Chain Management, Materialgruppenmanagement oder Single Sourcing, Auslöser eines solchen Entgegenkommens sein. Die Koordinationsleistung des Anbieters wird zu einem Leistungsbestandteil für den Kunden. Anders beim „Cross-Selling". Hier hat der Anbieter den Vorteil, da der Kunde selbst wenig koordiniert ist. Eine „Strategische Allianz" bietet die Möglichkeit zu einer sehr intensiven Zusammenarbeit, die von beiden Seiten getragen wird.

6.1.2 Variante B: Win-Win-Vorteile als Ausgangspunkt für die Strategie

Zuweilen löst die Phrase der „Win-Win-Vorteile" in Unternehmen negative Reaktionen aus. Zu häufig spricht man von Win-Win, ohne dass tatsächlich beide Partner von einer Geschäftsbeziehung profitieren. Hierzu folgende Geschichte (Brankamp/Tobias 2002):

Das Huhn kam zum Schwein und sagte: „Lass uns kooperieren. Wir machen eine strategische Partnerschaft." Das Schwein war von dem Plan sehr beeindruckt. „Prima Idee. An was dachtest Du denn?" „Lass uns gemeinsam Ham and Eggs anbieten, Eier mit Schinken!" „Und wie stellst Du Dir das vor?", fragte das Schwein. Das Huhn antwortete: „Ich liefere die Eier und Du den Schinken." Solche Situationen lassen sich auch im Geschäftsleben finden, z. B. in der Automobilindustrie. Wenn diese Vorgehensweisen mit Win-Win bezeichnet werden, darf man sich über die negativen Assoziationen nicht wundern.

Hier wird ein anderer Fokus verfolgt, der im folgenden Zitat eines Praktikers gut zum Ausdruck kommt:

Win-Win-Partnerschaften

„Unter Win-Win-Partnerschaft verstehen wir die auf Vertrauen aufgebaute Zusammenarbeit mit den Kunden, in der gemeinsam zukunftsorientierte Problemlösungen entwickelt werden und in der beide Partner – Kunde und wir – auch im operativen Geschäft wichtige Produktivitätssteigerungen realisieren, und zwar durch vereinfachte Formen der Zusammenarbeit, Wiederholeffekte sowie beste Kenntnisse der gegenseitigen Stärken und Schwächen."

Win-Win eignet sich dann, wenn es als Ziel verfolgt wird. Es geht darum, dass längerfristig beide Partner, Key Account und Anbieter, profitieren. Grundsätzlich muss es sich hierbei nicht immer um eine intensive Zusammenarbeit handeln. So profitiert der Anbieter bereits, wenn er mit dem Kunden Umsatz macht. Solange er es sich nicht erlauben kann auf diesen Umsatz zu verzichten, hat er einen Vorteil, wenn auch einen begrenzten. Zeigt sich der Kunde jedoch nicht kooperativ, sollte der Anbieter seine Aktivitäten in der Kundenbearbeitung reduzieren und zu einer schlankeren Zusammenarbeit übergehen.

Die strategischen Optionen, von denen hier ausgegangen wird, werden in folgender Abbildung dargestellt:

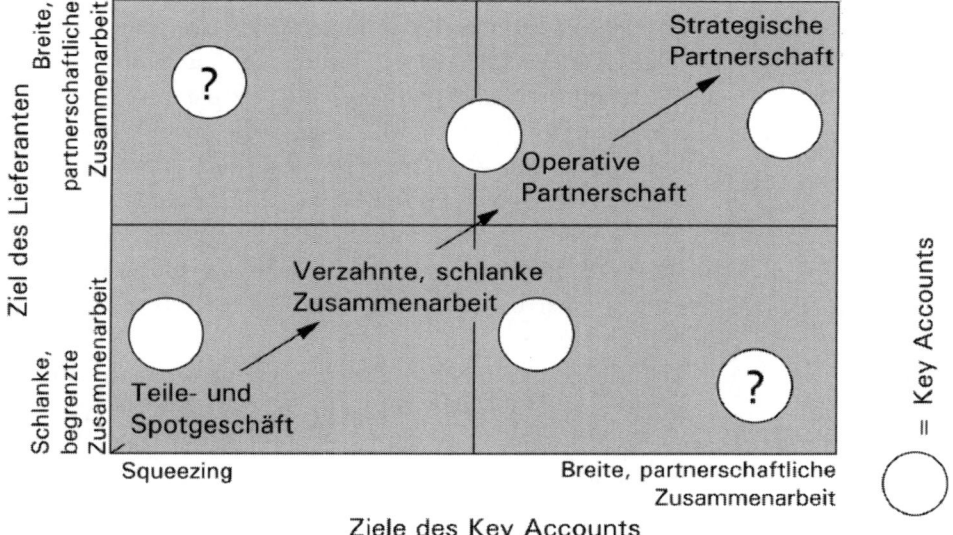

Abbildung 24: Win-Win-Portfolio
Quelle: Belz/Mühlmeyer 2001, S. 25

Unternehmen können die Herausforderung eines Management der Wertschöpfungskette nur dann meistern, wenn das Key Supplier Management der Kunden mit dem Key Account Management der Lieferanten abgestimmt ist (Belz/Mühlmeyer 2001, S. 25). Allerdings ist zu erkennen, dass häufig beide Seiten getrennt voneinander arbeiten. Um das Management der Wertschöpfungskette zu optimieren, ist es notwendig, sowohl die eigenen Strategien als auch die Strategien der Lieferanten in die Entscheidungen einzubeziehen und dann situationsgerecht vorzugehen. Dabei spielt sowohl die in-

Abstimmung der Strategien

terne als auch die unternehmensübergreifende Ebene eine wichtige Rolle.

Allerdings lässt sich die Strategie nicht frei wählen, so unterscheiden sich beispielsweise Komponenten-, Anlagen- oder Systemgeschäft (Backhaus 1999, S. 298 ff.). Auch für Standardkomponenten ist es jedoch möglich, die Zusammenarbeit vom Teileverkauf und von vielen Einzeltransaktionen zu einem umfassenden C-Teile-Management zu entwickeln; wobei der Kunde mehr delegiert und der Lieferant neue Funktionen der Bewirtschaftung, Lagerung und Logistik übernimmt.

Kompatibilität der Ziele

Für eine fruchtbare Zusammenarbeit ist es zentral, dass die Ziele der Kunden und die der Lieferanten kompatibel sind. Will der Lieferant breit und partnerschaftlich zusammenarbeiten, der Kunde konzentriert sich jedoch auf eine enge Zusammenarbeit und Squeezing (vgl. Feld 2), so passen die Ansprüche der Partner nicht zusammen. Der Anbieter verschwendet seine Leistungen und erhält keinen Gegenwert vom Kunden; der Kunde verwendet sogar die unbenötigten Leistungen, um die Preise weiter zu drücken. Im Feld 3 ist die Konstellation umgekehrt: Der Kunde wird vom Lieferanten laufend enttäuscht.

Echte Win-Win-Konstellationen

Natürlich ist es möglich, dass Beschaffungsmanager ihre Lieferanten entwickeln oder Lieferanten ihre Kunden verändern. Grundsätzlich müssen jedoch Beschaffungs- und Marketingstrategie zusammenpassen, wie es bei den Stufen Teile- und Spotgeschäft, operative Partnerschaft mit einer verzahnten und schlanken Zusammenarbeit sowie einer strategischen Partnerschaft der Fall ist.

Teile- und Spotgeschäft: Das Teile- und Spotgeschäft konzentriert sich auf Produkte, Preise und Mengen für einzelne Transaktionen (oder Spots). Verantwortliche in der Beschaffung nutzen einen intensiven Wettbewerb im Teilegeschäft und wechseln ihre Lieferanten recht häufig, um temporäre Vorteile zu erreichen. Verantwortliche im Marketing versuchen, sich durch Preisvorteile und Agilität zu profilieren.

Operative Partnerschaft: Die operative Zusammenarbeit stützt sich auf verzahnte, operative Systeme zwischen Lieferanten und Kunden (E-Business, Informationssysteme, Systeme zur Abstimmung von Bedarf und Kapazitäten, Logistik und Lagerung usw.). Oft ist eine schlanke Zusammenarbeit zwischen Sachbearbeitern bei Kunden und Lieferanten eingespielt, und weder Einkauf noch Verkauf der Partner spielen eine besondere Rolle.

Strategische Partnerschaft: In der strategischen Zusammenarbeit entwickeln sich Lieferanten und ihre Kunden langfristig gemeinsam. Wichtige Bausteine können beispielsweise abgestimmte Geschäftsstrategien, gemeinsame Geschäftsaktivitäten, gemeinsam entwickelte Innovationen, prozessorientierte Wertschöpfungsketten, neue Finanzierungsformen und gegenseitige Erfolgsbeteiligungen (z. B. Performance Contracting) oder Umstellungen der operativen Systeme sein. Eine umfassende Zusammenarbeit hat andere Spielregeln und unterscheidet sich grundsätzlich vom Produkteinkauf oder -verkauf. Es braucht bei Kunden und Anbietern eine neue Kultur und intensive Lernprozesse. Die interne Kooperation zwischen Abteilungen und zwischen Sparten oder Produktionseinheiten ist wichtig.

Umfassende Zusammenarbeit

Die Zusammenarbeit geht von unterschiedlichen Voraussetzungen aus. Sie kann bei einem bewährten Spotgeschäft beginnen und sich zur strategischen Partnerschaft entwickeln. Ebenso ist es aber denkbar, dass mit einem neuen Lieferanten eine strategische Zusammenarbeit aufgebaut werden soll. Nach umfassenden Innovationen lässt sich die strategische Zusammenarbeit dann wieder auf eine operative Partnerschaft und schlanke Zusammenarbeit zurückführen.

Entwicklungen in der Zusammenarbeit

Taktisch mag es manchmal geschickt und schlau sein, in Beschaffung oder Marketing gleichzeitig eine enge und intensive Zusammenarbeit zu kombinieren. So verfolgen Kunden oft in Forschung und Entwicklung, Produktion oder Logistik umfassende Lösungen mit Lieferanten und drücken in einem organisatorisch getrennten Einkauf die Preise für Produkte oder Marketingverantwortliche versprechen mehr, als sie halten. Nachhaltige Partnerschaften beruhen aber auf einer ausgewogenen, professionellen und transparenten Leistung und Gegenleistung der beteiligten Partner.

Die Ziele des Lieferanten sollten sich demnach daran orientieren, was mit einem bestimmten Key Account möglich ist. Möchte der Lieferant partnerschaftlich mit einem Kunden zusammenarbeiten, strebt er z. B. eine strategische oder operative Partnerschaft an. Eine echte Win-Win-Situation entsteht dann, wenn der Key Account sich darauf einlässt. Ist der Kunde dazu nicht bereit, befindet man sich in der Position des Fragezeichens oben links (siehe Abbildung 24),

Strategien auf der Diagonalen

zweifellos keine Win-Win-Situation. Hier sollte auch der Anbieter seine Position verändern und die Zusammenarbeit eher schlank und begrenzt gestalten. Win-Win-Situationen entstehen also immer auf der Diagonalen, weil hier Leistungen und Gegenleistungen der Partner zusammenpassen. Allerdings ist auch eine Dynamik der Zusammenarbeit zu beachten. Vorleistungen eines Partners können Nachleistungen des andern nachziehen.

6.1.3 Schlüsselkunden-Strategie als Investitionsentscheidung

In die Beziehung investieren

Was bedeutet eine schlüsselkunden-spezifische Strategie für die tägliche Arbeit? Aus der Grundüberlegung heraus, dass jede Geschäftsbeziehung mit Transaktionskosten verbunden ist - oder anders ausgedrückt eine Investition darstellt, die zu Erträgen führen soll – muss sich der Key-Account-Manager über die Investitionshöhe intensiv Gedanken machen. Das Fallbeispiel des Druckunternehmens „Ringier Print Adligenswil" veranschaulicht, wie die Bereitschaft des Kunden in die Geschäftsbeziehung zu investieren, die Strategie des Anbieters bestimmt.

Fallbeispiel: Ringier Print Adligenswil

Da die Swisscom Directories als Kunde von Ringier Print Adligenswil an keiner strategischen Zusammenarbeit mit Ringier Print Adligenswil interessiert ist, sondern die Aufträge zum Drucken von Telefonbüchern rein nach Preisüberlegungen vergibt, wäre es wenig sinnvoll, eine strategische Partnerschaft anzustreben, die gemeinsame Entwicklungen, Austausch auf Top-Management-Ebene oder ähnliche Anstrengungen seitens der Ringier Print Adligenswil umfasst.

Stattdessen muss Ringier Print Adligenswil im Rahmen einer schlanken Zusammenarbeit dafür sorgen, die Transaktionskosten für beide Vertragspartner so gering wie möglich zu halten und damit den Bedürfnissen des „Preiskäufers" zu entsprechen.

Der Einzelhandelsriese Migros (bzw. Limmatdruck), der den „Brückenbauer", die auflagenstärkste Kundenzeitschrift in der Schweiz veröffentlicht, ist an einer intensiven Zusammenarbeit interessiert. Spezifische Dienstleistungen, wie die Unterstützung des Versands oder der Abbau von Schnittstellen, der Aufbau eines Kundenclubs oder eine Online-Version der Kundenzeitschrift stellen das Management der Migros vor Herausforderungen, bei denen Ringier Print Adligenswil wertvolle Unterstützung leisten kann. Ringier Print Adligenswil hat die Chance, durch Bündelung seines drucktechnischen Know-hows und Verleger-Know-hows des Mutterkonzerns, des Ringier Verlags, als grösster Zeitungsverlag der Schweiz, dem Schlüsselkunden Migros ein ganzes Leistungspaket zu bieten, das weit über den Druck einer Kundenzeitschrift hinausgeht und den Kunden enger an das Unternehmen bindet. Die schlüs-

> selkunden-spezifische Leistung von Ringier Print Adligenswil setzt damit nicht an einzelnen Transaktionen, – das heisst: Druckaufträgen – an, sondern setzt das gesamte Unternehmen als Dienstleister ein und schafft auf diese Weise einen aussergewöhnlichen Mehrwert für den Schlüsselkunden.

6.2 Visionen formulieren die langfristige Perspektive der Zusammenarbeit mit Key Accounts

Die Vision und die Strategie für einen bestimmten Key Account sind eng verknüpft. Visionen sind vor allem dann nützlich, wenn die Key Accounts durch KAM-Teams bearbeitet werden. Hierbei handelt es sich um so genannte virtuelle Teams, das heisst Mitarbeiter aus verschiedenen Bereichen eines Unternehmens, die räumlich getrennt arbeiten. „Nichts ist für ein virtuelles Team wichtiger als das Gefühl, einen klar definierten Zweck zu haben. Hierarchische Gruppen können auf Gewalt als Autoritätsquelle zurückgreifen. Die Bürokratie kann auf Regeln und Vorschriften zurückgreifen. Virtuelle Teams brauchen noch etwas darüber Hinausgehendes, das ihnen eine Form gibt und sie zusammenhält." (Lipnack/Stamps 1998, S. 99)

Virtuelle Teams

„In der zweckmotivierten Organisation ist die Vision die höchste Quelle der Inspiration; jene Quelle, der der Arbeitsfluss entspringt. Eine optimal formulierte Vision vermittelt ein plastisches Bild einer erreichbaren, höchst wünschenswerten Zukunft." (Lipnack/Stamps 1998, S. 89) „Visionen sind attraktive Zukunftsbilder, die Kräfte für kreative Gegenwartsgestaltung freisetzen. Sie werden auch als „Träume mit Verfallsdatum" bezeichnet." (Wunderer 2000, S. 562) Diese beiden Zitate verdeutlichen, auf welches „weiche" Terrain man sich beim Thema „Vision" begibt. Eine Vision für die Strategie mit einem bestimmten Key Account stellt für viele Unternehmen einen neuen Schritt dar – selbst dann, wenn sie schon länger Key Account Management betreiben.

Begriff „Vision"

Die Akzeptanz einer Key-Account-spezifischen Vision hängt nicht nur von der Art der Visionsfindung und -formulierung, sondern auch von der Charakteristik des Unternehmens, besonders von der Unternehmenskultur, ab. Unternehmen, die stark formalisiert und sachorientiert arbeiten, tun sich häufig schwer, Visionen zu entwickeln und umzusetzen. Die Tatsache, dass dem Thema Vision sowohl in der klassischen Führungslehre (z. B. Wunderer 2000, S. 562; Staehle 1999, S. 931 f.; Scholz 2000, S. 957 f; Hilb 2000) als auch in der Literatur zu neuen, virtuellen Strukturen (z. B. Picot/Reichwald/Wiegand 1996, S. 458; Lipnack/Stamps 1998, S. 89) oder Teams (z. B. Wellins/Byham/Wilson 1991, S. 81 ff.) ein hoher Stellenwert beigemessen wird, deutet auf das grosse Potenzial hin. Für die Entwicklung einer Key-Account-Vision bietet sich eine Orientierung an den Erfahrungen aus anderen Bereichen an, wie sie z. B. von Conger vorgeschlagen wurde (Conger 1989, S. 26 ff.).

Visionen entwickeln

- *Entdecken und Formulieren einer Vision:* Diese Aufgabe obliegt dem Key-Account-Manager und seinem Team. Hierbei könnte es sich als schwierig erweisen, wenn das Team gerade erst mit der Zusammenarbeit begonnen hat. In solchen Fällen sollte die Vision erst später gemeinsam formuliert werden. Bei partnerschaftlichen Geschäftsbeziehungen mit einem Kunden, bietet sich die Formulierung einer gemeinsamen Vision an.
- *Kommunikation der Vision:* Die Vision muss im eigenen Unternehmen und kann gegebenenfalls auch dem Key Account kommuniziert werden. Letzteres könnte vor allem bei der Strategie einer Partnerschaft wichtig sein, da die Koordination der eigenen Aktivitäten vor allem zu Vorteilen für den Key Account führt. Diese Tatsache sollte entsprechend betont werden. Grundsätzlich geht es jedoch darum, verschiedene Kanäle aufzubauen und diese für die Verbreitung der Key-Account-Vision zu nutzen. Hierdurch entsteht ein gewisser Leistungsdruck als Herausforderung für Key-Account-Manager bzw. das KAM-Team, aber auch eine Orientierung.
- *Aufbau von Vertrauen in die Vision:* Visionen müssen realistisch sein, um anerkannt zu werden. Vertrauen in die Vision hängt letztlich eng mit dem Vertrauen innerhalb des KAM-Teams oder in einer strategischen Partnerschaft auch zwischen den Beteiligten beider Seiten zusammen. Alle Beteiligten müssen von der Möglichkeit zur Realisierung überzeugt sein.

- *Wege zur Vision:* Visionen sollten realistisch sein. Dass heisst, sie sollten durch konkrete Massnahmen Wirklichkeit werden können und überprüfbar sein.

6.3 Ziele machen die Strategie fassbar

Eine explizite Zielformulierung wird von vielen Unternehmen zugunsten einer pragmatischen Massnahmenplanung vernachlässigt (Küng/Schilling/Toscano 2002, S. 183).

Während man bei den eher weichen Themen im Management, wie z. B. Visionen, in einigen Unternehmen und speziell bei einigen Mitarbeitern häufig auf Widerstände oder Skepsis stösst, gelten Ziele allgemein als akzeptiert. Dies gilt umso mehr, da der Begriff der Ziele unmittelbar an das Führungsprinzip „Management by Objectives" anknüpft. Führungsprinzipien sollen als Regelsysteme selbständig wirken und die Führungskräfte von Routinearbeiten entlasten und für echte Führungsarbeiten freistellen. Ausserdem sollen sie dem einzelnen Mitarbeiter mehr Selbständigkeit zugestehen und die Anpassungsfähigkeit der Organisation gewährleisten (Wöhe 1990, S. 134). Die Mitglieder im KAM benötigen für die meisten ihrer Aufgaben ein hohes Mass an Selbständigkeit, um den komplexen Ansprüchen eines Key Accounts flexibel gerecht werden zu können. „Management by Objectives" favorisiert keine bestimmten Führungsstile, ist partizipativ (Stähle 1999, S. 854) und daher das geeignete Führungsprinzip für das Key Account Management. Es knüpft darüber hinaus am „inneren" Engagement der Menschen an (Argyris 1998, S. 11).

<small>Management by Objectives (MbO)</small>

Kundenbezogene Ziele leiten sich grundsätzlich aus der kundenspezifischen Bearbeitungsstrategie ab. Sie machen die Strategie fass- und die späteren Erfolge messbar. Je mehr es sich um konkrete Ziele handelt, die den Kunden betreffen, um so mehr müssen die Key-Account-Teammitglieder aktiv in die Zielvereinbarung einbezogen werden. Darüber hinaus gilt: Je intensiver die Zusammenarbeit mit dem Key Account ist, desto wichtiger ist es, dass auch er direkt in die Betrachtung mit einbezogen wird. Das kann sogar so weit gehen, dass die Ziele gemeinsam, z. B. in Workshops bestimmt oder erarbeitet werden.

<small>Kundenbezogene Ziele</small>

Ansprüche an Ziele

Ziele sollten die folgenden Ansprüche erfüllen (Stähle 1999, S. 441):

- *Quantifizierung*, das heisst Ziele sollten messbar sein;
- *Operationalität*, das heisst die Zielerfüllung sollte kontrollierbar und für die betroffenen Personen nachvollziehbar sein;
- *Konsistenz* und *Kompatibilität*, das heisst ein Zielsystem sollte in sich schlüssig sein;
- *Autorisierung*, *Formalisierung* und *Bekanntmachung*, das heisst in der Organisation entsprechend begründet und kommuniziert sein, damit die Ziele durchgesetzt und akzeptiert werden.

Diese Ansprüche sind bei der Bearbeitung internationaler Key Accounts ungleich schwieriger zu erfüllen. Als problematisch erweist sich hier insbesondere, dass die Ziele länder- und bereichsübergreifend gesetzt und akzeptiert werden müssen. Dabei ist die länderübergreifende Koordination bei Kunden und Anbietern anspruchsvoll.

Zielhierarchien

Ziele können in Ober- und Unterziele sowie Haupt- und Nebenziele unterteilt werden (Nieschlag/Dichtl/Hörschgen 1994, S. 881). So könnte z. B. der Umsatz mit einem bestimmten Key Account weltweit das Oberziel sein, das sich auf die entsprechenden Länderumsätze herunterbrechen lässt. Hauptziele könnten entsprechend für das Gesamtteam definiert werden, während Nebenziele bestimmte Kundenansprüche in einzelnen Ländergesellschaften abdecken. Die Unternehmensgrösse prägt massgeblich den Umfang und die Komplexität des Zielsystems, in dem die Ziele einzelner KAM-Teams als Subsystem eingehen. Je grösser ein Unternehmen ist, desto schwieriger wird der weltweite Prozess der Zielbildung und -abstimmung. Realistische Ziele beruhen auf entsprechenden Informationen. Die Informationen müssen zunächst von allen Beteiligten weltweit beigesteuert werden. Ein reiner Top-down-Prozess der Zielvorgabe schliesst sich damit aus. Andererseits zeigt sich in der Praxis, dass die unternehmensweite Durchsetzbarkeit von Zielen massgeblich von der Top-down-Vorgabe und dem Commitment der Unternehmensleitung abhängt. Ziele für KAM-Teams sollten jedoch grundsätzlich im so genannten Gegenstromverfahren (Becker 1992, S. 74), das heisst in einer wechselseitigen Abstimmung zwischen Unternehmensführung und den Teammitgliedern vereinbart werden.

Zielformulierung

 **Casestudy Hilti AG: Mehrwertstrategie**

Der konsequente Aufbau eines Key Account Management erfordert auch bei Hilti entsprechende Ressourcen. Damit entstehen sehr leicht kurzfristige Erwartungen. Umso wichtiger ist deshalb eine in der Gruppe akzeptierte Zielsetzung.

Wie auf nationaler Ebene orientieren sich globale Ziele vorerst an einem rentablen Wachstum. Auf der Basis von ersten Potenzialeinschätzungen im Bereich der Top 50-Kunden entstand das Ziel eines gemessen am Firmenschnitt überproportionalen Umsatzwachstums. Ein weiterer Schwerpunkt liegt in der internationalen Marktdurchdringung im Sinn der Multiplikation von Erfolgen. Diese Ziele werden auf die Ebene der Geschäftsbeziehung zum einzelnen Key Account heruntergebrochen.

Überproportionales Umsatzwachstum

Angestrebt werden:

- Mehrwerte für Kunden auf globaler Basis
- eine weltweit koordinierte Kundenbetreuung
- international konsistente Geschäftsbedingungen
- umfassende Unterstützung der Partner in ihren (Bau-) Projekten von der Planung bis zur Fertigstellung der Objekte.

Da die angebotenen „Produkte" aus der Sicht des Kunden vielfach im so genannten C-Artikel-Bereich liegen, wird ein nachvollziehbarer Mehrwert über umfassende Problemlösungen angeboten. Dies ermöglicht eine Positionierung als Strategischer Lieferant, je nach Definition des Kunden.

Problemlösungen als Mehrwert

Unterstützt wird diese Strategie durch die Verankerung im Firmenleitbild der Hilti-Gruppe, das folgende kundenbezogene Maximen enthält:

- Wir wollen, dass unsere Kunden erfolgreich sind. Deshalb bieten wir Produkte und Dienstleistungen mit überlegenem Wert.

- Wir wollen der beste Partner unserer Kunden sein. Ihre Bedürfnisse bestimmen unser Handeln.

Commitment der Geschäftsleitung

Die Herausforderung liegt demnach in einer lückenlosen Durchsetzung der Absichten in einer internationalen Organisation. Das heisst, klares „Commitment" der Geschäftsleitung und Bereitstellung geeigneter Organisationsstrukturen und Prozesse.

Strategic Orientation

We contribute to our **Global Accounts' productivity** by

- providing exclusive service on a world-wide basis with a complete and customised hard- and software package,
- having a global and co-ordinated multi-level approach,
- securing consistent business conditions,
- co-operating on construction projects from design to completion,

as to become a preferred or approved **global business partner.**

Strategic Objectives of Global Account Management

- To achieve **growth** at a rate above the company average.
- To keep a high account **profitability.**
- To increase our **share of wallet** and international market penetration.
- To reach a high level of **customer satisfaction.**

Handlungsempfehlungen zur Ableitung individueller Key-Account-Strategien

Die folgende Agenda ist eine Unterstützung, um für spezifische Key Accounts eine individuelle Strategie abzuleiten:

- *Synergien:* Welche Synergien können aus der Zusammenarbeit mit dem Key Account entstehen?
- *Vorzüge für den Key Account:* Welche Vorzüge zieht der Key Account aus der Zusammenarbeit?
- *Vorzüge für den Anbieter:* Welche Vorteile hat der Anbieter aus der Zusammenarbeit mit dem Key Account?
- *Langfristigkeit:* Ist der Key Account an einer langfristigen Zusammenarbeit interessiert oder richtet er sich vor allem nach Preisvorteilen und sucht eine schlanke Zusammenarbeit?
- *Investition des Key Accounts:* Ist der Key Account bereit, in die Zusammenarbeit langfristig zu investieren?

7 Leistungen für Key Accounts

© Prof. Belz/Dr. Müllner/Dr. Zupancic & Mercuri International 2003

In diesem Kapitel erfahren Sie:

- ... welche Besonderheiten beim Erbringen von Produkten und Dienstleistungen für Schlüsselkunden zu berücksichtigen sind.
- ... welche leistungsbezogenen Optionen das Key Account Management kennt.
- ... wie Leistungspakete für Key Accounts aussehen.
- ... wie sich Leistungen zu individuellen Paketen schnüren lassen.
- ... welche Gegenleistungen vom Schlüsselkunden zu fordern sind.

7.1 Ausrichtung an den Bedürfnissen der Schlüsselkunden

Die Leistungen einzelner Unternehmen sind in vielen Märkten austauschbar geworden. Langfristig können Unternehmen nur dann erfolgreich sein, wenn sie sich konsequent am Kundennutzen ausrichten. Es gilt, nicht ein Konglomerat von Sach- und Dienstleistungen anzubieten, sondern ein auf individuelle Kunden zugeschnittenes Leistungspaket zu liefern, das es Kunden erleichtert, ihre eigenen Aufgaben und Wertschöpfungsprozesse besser zu erfüllen. Eine Untersuchung im Industriegüterbereich hat gezeigt, dass die professionelle Zusammenstellung schlüsselkunden-spezifischer Leistungspakete direkten Einfluss auf den KAM-Erfolg hat (Müllner 2002, S. 188; siehe auch Belz et al. 1997).

Austauschbare Leistungen

Für das Key Account Management bedeutet das, sich zunächst Klarheit zu verschaffen, wie Schlüsselkunden ein Nutzen gestiftet werden kann und wie sich dies effektiv und effizient erreichen lässt. Was treibt den Kunden? Was motiviert ihn, seine Nachfrage mit dem Angebot eines bestimmten Lieferanten zu befriedigen?

Schlüsselkundenspezifische Leistungen

Key Account Manager als Anwalt und Feuerwehrmann

Schlüsselkunden erwarten von ihren Lieferanten zunächst zwei wesentliche Dinge: Einen „Feuerwehrmann", der auftretende Probleme beim Kunden, wie die Unterbrechung des Produktionsprozesses, schnell und zuverlässig in den Griff bekommt und einen „Anwalt", der auftretende Konflikte mit dem Lieferanten schleunigst und nachhaltig löst (Müllner 2002, S. 81). Neben dem wirtschaftlichen Nutzen, der sich aus ertragssteigernden Aktivitäten wie Management- und Marketing-Support oder Know-how-Transfer und kostensenkenden Beiträgen des Lieferanten beispielsweise durch vereinfachte Bestellvorgänge ergibt, erregen Standardisierungsbemühungen die Gemüter der Kunden intensiv. Insofern verwundert es nicht, dass Lieferanten, die einen Beitrag zur Vereinheitlichung leisten, indem sie beispielsweise ihre Preise und Konditionen harmonisieren, den Vorzug erhalten.

Leistungsmanagement

Das Anknüpfen an den spezifischen Bedürfnissen von Key Accounts und das Zusammenstellen kundenindividueller Leistungspakete bezeichnet man als Leistungsmanagement. Es enthält zwei Facetten: Leistungsgestaltung und Leistungsrealisierung (Müllner 2002, S. 15).

Leistungsgestaltung

Die Leistungsgestaltung nimmt Bezug auf das Leistungsangebot. Dabei gilt es, die Kundenbedürfnisse zu erfassen und die einzelnen Leistungen zu bestimmen sowie die Bedürfnisse von Schlüsselkunden zu befriedigen. Bei der Leistungsgestaltung ist die Frage zu beantworten: Was braucht und bekommt der Kunde? Dem Key Account Management ist die Kernleistung weitgehend vorgegeben. Der Spielraum zur Leistungsgestaltung bezieht sich daher in erster Linie auf die Bestandteile des Leistungsspektrums, die über die Kernleistung hinausgehen.

Leistungsrealisierung

Bei der Leistungsrealisierung geht es um die Frage, wie das Management Leistungen steuert. Hierzu müssen Bedürfnisse sowie Leistungen und Fähigkeiten strukturiert, der Leistungs- und Gegenleistungsumfang festgelegt und verhandelt, Aufgaben verteilt und die Leistungserstellung kontrolliert werden. Zudem ist eine geeignete Infrastruktur bereitzustellen. All diese Aspekte nehmen Bezug zu den vorherigen Kapiteln (vgl. Leistungsanalyse, Kapitel 5.2) bzw. nachfolgenden Kapiteln (vgl. Prozesse, Kapitel 8 und Teams, Kapitel 9 sowie die Support-Elemente, Kapitel 13). Dieser Abschnitt konzentriert sich in erster Linie auf die Leistungs- und Gegenleistungsgestaltung für spezifische Kunden.

7.2 Kundenvorteil als Leitgedanke für schlüsselkunden-spezifische Leistungen

Jeder Wettbewerbsvorteil äussert sich indirekt über die Kunden: Sie erkennen, gewichten und honorieren die Vorteile im Angebot. Wir ziehen den Begriff des Kundenvorteils vor, weil er die Unternehmensstrategien unmittelbar auf die Anforderungen der Kunden fokussiert (Belz 2004). Die Konkurrenz zwischen Anbietern kann sich vom Kundennutzen entfernen oder auf unwichtige Nebenschauplätze verlagern. Die Wettbewerber überbieten sich dann in Leistungen, die für den Kunden nicht relevant sind.

Kundenvorteil

Der Kundenvorteil besteht im wahrgenommenen Nutzen und Mehrnutzen des Kunden in der Zusammenarbeit und für die Leistung eines gewählten Anbieters. Verschiedene Leistungskomponenten sind für ihn dabei unwichtig, wenn sich seine Bedürfnisse und das Angebot nicht vollständig decken.

Nutzen und Mehrwert

Abbildung 25: Kundenvorteile im Key Account Management
Quelle: Belz 2004

Wir gehen davon aus, dass besonders das anspruchsvollere Angebot für den Kunden mit zahlreichen Vor- und Nachteilen verbunden ist. Nachteile sind beispielsweise ein aufwändiger Informations- und Beschaffungsprozess, Risiken der Kaufentscheidung, unbenötigte und fehlende oder falsche Produktmerkmale sowie ein hoher Preis. Die Vorteile sind beispielsweise die gezielte Beratung des Kunden,

Vor- und Nachteile

Beziehungen

eine gute Funktionalität und Langlebigkeit eines Produkts sowie eine besonders wirtschaftliche Leistung. Im Key Account Management gilt es, mit den Vor- und Nachteilen spezifisch umzugehen, denn der Schlüsselkunde erlebt ihre Qualität unterschiedlich. Abbildung 25 zeigt mögliche Kundenvorteile im Überblick.

So umfasst beispielsweise der Beziehungsvorteil (2.) die erfreulichen persönlichen Beziehungen des Kunden mit dem Key-Account-Manager und seine Vorteile der Verbundenheit. Gleichzeitig spielen aber auch negative Beziehungen und die erlebte Gebundenheit oder Abhängigkeit des Kunden für eine Gesamtbewertung eine Rolle (Eggert 1999, S. 133 ff.). Bei (4.) kann der Vorteil des Kunden darin liegen, dass er gezielt bearbeitet und die Lösung individuell auf seine Bedürfnisse angepasst wird. Negativ fällt der eigene Aufwand des Kunden für die Individualisierung ins Gewicht. Oder bei (8.) gilt es, nicht nur die Einkaufspreise des Kunden zu beachten, sondern seine Wirtschaftlichkeit im gesamten Evaluations-, Entscheidungs- und Nutzungsprozess bis zur Entsorgung von Leistungen zu optimieren. Auch hier ist der Aufwand des Kunden für entsprechende Lösungen recht hoch.

Kundenvorteile	Kundennachteile und -risiken
• Problembezogene Zusammenarbeit und Kommunikation • Mehrwert und Systemlösungen ohne Schnittstellenprobleme • Umfassende Dienstleistungen • Differenzierte und massgeschneiderte Zusammenarbeit • Qualitätssteigerung und erhöhte Wirtschaftlichkeit • Entlastung (Outsourcing), weniger mühsame Abstimmung interner und externer Abläufe • Know-how-Gewinn durch professionelle Lieferanten • Beschränkung auf Systemlieferanten und intensive Zusammenarbeit	• Investition in die Lernprozesse des Lieferanten • „Überleistungen": Bezahlung wenig relevanter Zusatzleistungen • indirekte Mitfinanzierung von Dienstleistungen, die andere Abnehmer (Konkurrenten) beanspruchen und der Kunde nicht • Intransparenz von Leistungen und Preisen • höhere Preise, Konkurrenzierung interner Arbeitsplätze des Kunden • Abstimmungsaufwand und -probleme mit Lieferanten, Diskrepanz von Leistungsvorgabe und -einlösung • Know-how-Abfluss an den Lieferanten und indirekt an Konkurrenten • Abhängigkeit von Lieferanten, geschlossene Systeme und vertragliche Bindungen

Abbildung 26: Mögliche Vorteile und Risiken von Schlüsselkunden bei der Zusammenarbeit mit Lieferanten

Für Anbieter ist es bedeutend, relevante Vorteile zu gewichten; im gesamten Marketingauftritt ebenso wie in der konkreten Verhandlung mit einzelnen Schlüsselkunden. Vorteile für durchschnittliche Kunden lassen sich meist nicht erzielen. Wichtig ist es, zu differenzieren und zu selektionieren oder besser den Kunden wählen zu lassen, welche Form einer schlanken bis intensiven Zusammenarbeit er beanspruchen will. Unternehmen realisieren eine umfassende Zusammenarbeit nicht flächendeckend, sondern oft mit ganz wenigen Key Accounts. Erstens passt die umfassende Zusammenarbeit nicht für alle und zweitens verfügen Anbieter oft über sehr begrenzte Ressourcen.

Kunden wählen lassen

Das nachfolgende Fallbeispiel zeigt, wie die Continental AG seinen Key Accounts einen Kundenvorteil bietet, der sich unter Punkt (9. Koordination) in Abbildung 25 subsumieren lässt.

Fallbeispiel: Preisharmonisierungsprojekt bei der Continental AG
(Informationen stammen aus Müllner 2002, S. 124f.)

Der Autoreifen- und Bremsenhersteller Continental ist mit über 60.000 Mitarbeitern und einer Produktpalette von 10.000 Artikeln in 150 Ländern tätig. Zu seinen Key Accounts zählen alle bedeutenden Automobilhersteller, die für rund die Hälfte des Umsatzes verantwortlich sind.

Die zunehmende Preistransparenz internationaler Schlüsselkunden antizipierend, wurden bereits 1996 mit intensiven Preisanalysen und der Implementierung eines so genannten European Pricing Teams die ersten Schritte zur Preisharmonisierung unternommen. Zunächst vermied die Einführung eines Preisfreigabesystems eine weitere unkontrollierte Ausdehnung des Preiskorridors. 1998 wurde eine einheitliche europäische Preisstruktur eingeführt. Zwar blieben das Niveau der Preislisten und die Konditionsstruktur noch länderspezifisch, doch trug die einheitliche Struktur dazu bei, die Auswirkung von Preisänderungen einfacher zu simulieren und über Veränderungs- und Harmonisierungswünsche internationaler Schlüsselkunden schneller zu entscheiden. 1999 wurde schliesslich eine Europa-Preisliste eingeführt, die als weltweite Referenz-Preisliste gilt.

Der Preiskorridor hatte sich in drei Jahren von circa 40 Prozent auf unter 15 Prozent reduziert und versetzt Continental in die Lage, internationalen Schlüsselkunden globale Angebote zu unterbreiten. Der International Key-Account-Manager legt hierzu einen Preisrahmen für seinen Schlüsselkunden fest, sichert seine Einhaltung und koordiniert lokale Preisaktivitäten. Durch die Vereinfachung der administrativen Prozesse ist es Continental weitgehend gelungen, die in Folge erhöhter Preistransparenz internationaler Schlüsselkunden leicht gesunkenen Preise zu kompensieren.

7.3 Die kundenindividuelle Strategie bestimmt die Ausgestaltung des Leistungspakets

Abgeleitet von den Zielen im Key Account Management muss der Key-Account-Manager Ziele für die Leistungspolitik ableiten. Eine systematische Leistungspolitik im Schlüsselkunden-Management verfolgt grundsätzlich drei Ziele (Müllner 2002, S. 86):

Ziele im Leistungsmanagement

- Schlüsselkunden-spezifische Leistungen sollen dazu dienen, den Absatz des Kernprodukts zu steigern, indem die Bedürfnisse des Schlüsselkunden besser befriedigt werden. Zusatzleistungen sorgen dabei für eine tiefere Kundendurchdringung, die sich in einem höheren „Share of Wallet" auswirkt.
- Schlüsselkunden-spezifische Leistungen sollen über entsprechende Margen den Profit auf direktem Weg steigern. Klassische Ansatzpunkte für ein lukratives Geschäft schlüsselkunden-spezifischer Leistungen stellt beispielsweise die Übernahme ausgelagerter Funktionen dar.
- Schlüsselkunden-spezifische Leistungen können das Vertrauen des Schlüsselkunden in die Kompetenz des Schlüssellieferanten stärken und damit den Goodwill des Schlüsselkunden steigern. Dies stellt eine wichtige Voraussetzung dar, um die Geschäftsbeziehung zu vertiefen und Synergien auszuschöpfen.

Anreicherung versus Rationalisierung

Im Key Account Management lassen sich mit der Anreicherungs- und der Rationalisierungsposition zwei grundsätzliche strategische Grundpositionen unterscheiden (Belz et al. 1997). Trägt der Anbieter zur Leistungssteigerung über Beratung, Schulung oder Management-Support bei, steigert er die Effektivität seines Key Accounts. Übernimmt er im Rahmen von Outsourcing-Leistungen Funktionen seines Key Accounts oder unterstützt ihn bei der Reduktion von Prozesskosten, steigert er die Effizienz des Schlüsselkunden. In beiden Fällen schafft der Anbieter dem Schlüsselkunden einen Mehrwert, indem er die Grundleistung um weitere Leistungen anreichert.

> **Praxisbeispiel: Kunden-individuelle Strategien bei Ringier Print Adligenswil**
>
> In Kapitel 6 wurde das Beispiel Ringier Print Adligenswil und seine zwei Strategien mit der Swisscom Directories und mit der Migros beschrieben. Diese beiden Strategien gilt es nun, leistungsseitig mit „Leben zu füllen". Die Option „Strategische Partnerschaft" muss hier durch eine Anreicherungsstrategie, die „Schlanke Zusammenarbeit" durch eine Rationalisierungsstrategie realisiert werden. Während bei der Anreicherungsstrategie Kundennutzen durch zusätzliche Leistungen entsteht, wird der Kundennutzen bei der Rationalisierungsstrategie durch „Weglassen" erreicht. Eine Leistung nicht zu erbringen kann im Key Account Management somit genauso wichtig sein, wie eine Leistung zu erbringen.

Entscheidend für die Wahl der kundenindividuellen Leistungsstrategie ist die strategische Zielpositionierung in der Zusammenarbeit mit dem Key Account. Aus der Grundüberlegung heraus, dass jede Geschäftsbeziehung mit Transaktionskosten verbunden ist oder anders ausgedrückt, eine Investition darstellt, die zu Erträgen führen soll, muss sich das Key Account Management über die Investitionshöhe intensiv Gedanken machen. Für die Bearbeitung von Schlüsselkunden gilt es, die richtige „Investitionshöhe" zur Aufrechterhaltung der Kundenbeziehung zu bestimmen. Wird zu viel investiert, werden Ressourcen verschwendet. Investiert man nicht genug, läuft

Investitionshöhe

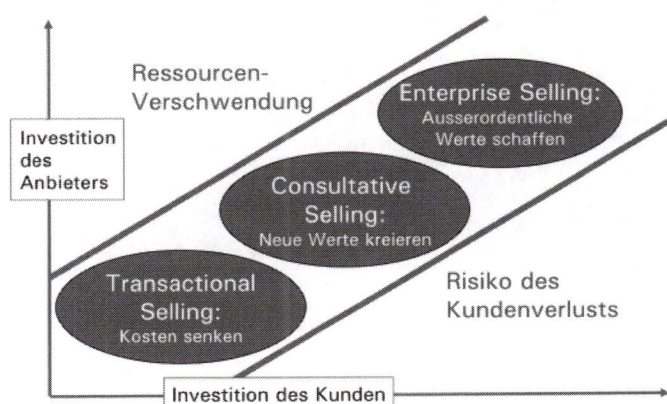

Abbildung 27: Festlegen des geeigneten Leistungsumfangs
Quelle: Rackham/DeVincentis 1999

man Gefahr, den Schlüsselkunden zu verlieren. Abbildung 27 zeigt das Konzept von Rackham und DeVincentis, die mit dem „Transactional Selling", dem „Consultative Selling" und dem „Enterprise Selling" drei Arten der Zusammenarbeit mit Kunden unterscheiden (1999). Der Automatisierungs- und Energietechnikkonzern ABB (Schweiz) AG überträgt mit seinen drei Geschäftstypen diesen Gedanken in die Praxis.

Praxisbeispiel:
Drei Typen der Leistungsstrategie bei der ABB (Schweiz) AG

Die ABB (Schweiz) AG, hat die Idee einer auf individuelle Kunden angepassten Strategie, wie in Abbildung 28 dargestellt, umgesetzt.[1] Typ A entspricht dabei dem Transactional Selling; Typ B dem Consultative Selling; und Typ C dem Enterprise Selling.

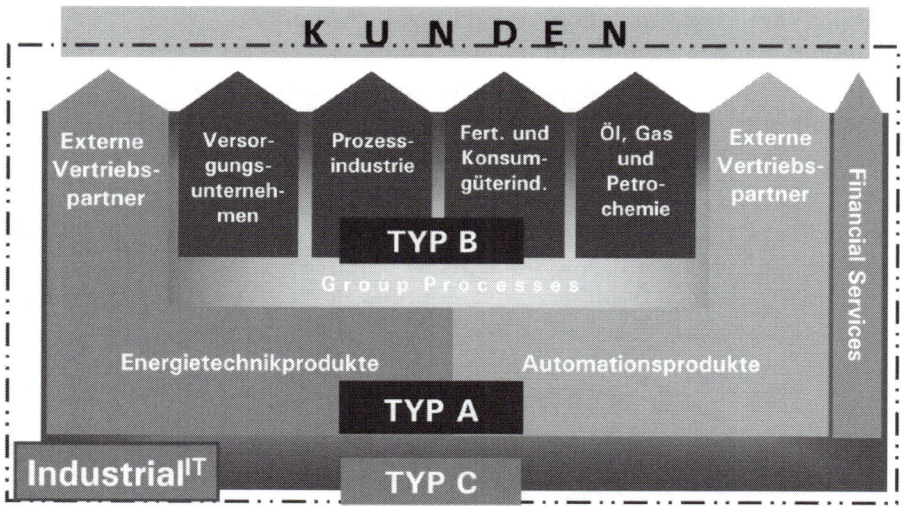

Abbildung 28: Unterschiedliche Leistungsstrategien bei einem Unternehmen der Automatisierung und Energietechnik
Quelle: Schaumann 2002

---

[1] Das Beispiel entspricht durch die zwischenzeitlich vorgenommene Veräusserung einiger Unternehmensbereiche nicht mehr der Realität. Aus didaktischen Gründen ist es jedoch an der Stelle geeignet.

> Einem Typ A-Kunden werden einzelne Produkte - quasi im Spotgeschäft - über externe Vertriebspartner verkauft. Das für den Kunden entscheidende Kaufkriterium ist der Preis. Für Typ B-Kunden wird aus dem riesigen Sortiment an Energie- und Automatisierungslösungen eine den Bedürfnissen des Schlüsselkunden entsprechende kundenindividuelle Lösung zusammengestellt.
>
> Für Typ C-Kunden werden die gesamten Produktionsprozesse beim Kunden über eine Datenverknüpfung kontrolliert und gesteuert (Industrial IT). Ausfälle oder auftretende Probleme können so von der ABB (Schweiz) AG durch Präventivwartung und elektronische Frühwarnsysteme behoben werden, noch bevor sie der Kunde überhaupt erkennt.

Von der Strategie zur Leistung

Diesem Gedanken folgend, lassen sich zwei Normstrategien erkennen. Abbildung 29 verdeutlicht die beiden strategischen Stossrichtungen der schlüsselkunden-spezifischen Leistungspolitik. Investiert der Anbieter mehr in die Geschäftsbeziehung zum Schlüsselkunden als dieser zurückzugeben bereit ist, so steht der Key-Account-Manager vor der Entscheidung, entweder seine Anstrengungen zu verringern und eine schlankere Art der Zusammenarbeit anzustreben, (1) oder aber über ein entsprechendes Leistungspaket Mehrwerte für den Kunden zu schaffen und die Zusammenarbeit in Richtung einer strategischen Partnerschaft zu entwickeln (2).

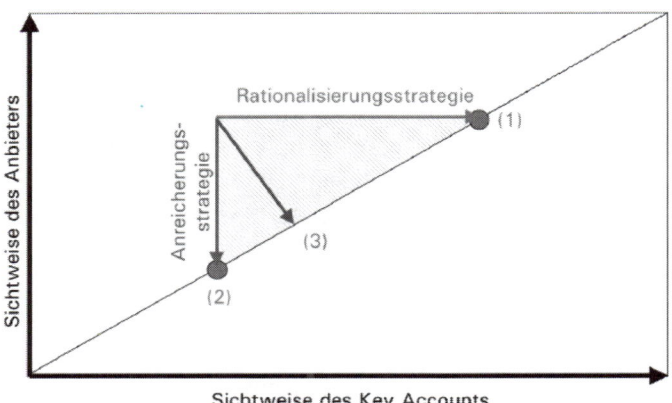

Abbildung 29: Normstrategien des Leistungsmanagements für Key Accounts

Die beiden Grundpositionen schliessen sich nicht zwangsläufig gegenseitig aus. So nimmt ein Anbieter zum Aufbau einer Geschäftsbeziehung zu seinem Schlüsselkunden häufig eine Anreicherungsposition ein. Wenn die Geschäftsprozesse in fortgeschrittenem Stadium der Beziehung aufeinander eingespielt sind, werden häufig zwischenzeitlich überflüssig gewordene Zusatzleistungen gestrichen und durch effizienzsteigernde Leistungen ersetzt. Zudem sind oft kombinierte Vorgehensweisen sinnvoll (3).

7.4 Das leistungspolitische Spielfeld des KAM

Leistungssystem

Das leistungspolitische Spielfeld des Key Account Management lässt sich anhand des Leistungssystemansatzes veranschaulichen (Belz 1991). Ausgehend von der Überzeugung, dass die simple Aneinanderreihung einzelner Teilleistungen zu einem Paket weder den individuellen Kundenanforderungen noch den Zielen des Anbieters gerecht wird, bietet das Konzept des Leistungssystems ein zielgerichtetes, systematisches Vorgehen.

7.4.1 Leistungssysteme als systematische Problemlösungspakete

Differenzierung vom Wettbewerb

Die Grundidee des Leistungssystems besteht darin, Querbezüge zwischen verschiedenen Leistungen zu fördern, um bisher getrennte Teilleistungen so zusammenzufassen, dass sie für Kunden und Anbieter Vorteile schaffen. Ihre spezifische Konfiguration ermöglicht eine Differenzierung gegenüber Konkurrenzangeboten. Der Kunde lenkt seine Aufmerksamkeit stärker auf die Leistung und den dadurch vermittelten Nutzen. Der Preisdruck soll gemindert werden (Belz 1991, S. 5).

Die Systematik von Leistungssystemen lässt sich anhand eines Schalenmodells darstellen. Wie aus Abbildung 30 ersichtlich, werden um das Kernprodukt herum unterschiedliche Arten von Leistungen angeordnet (Belz et al. 1997, S. 29)

Vom Kernprodukt zum Leistungssystem

Beim „Kernprodukt" handelt es sich in der Regel um ein Sachgut oder einen Kernprozess. Bei einem Anbieter von Kombikraftwerken sind das beispielsweise Gasturbinen, Dampfturbinen, Generatoren, Bauten oder Lager- und Fördersysteme (Zoller 1997, S. 162-165). Das „Produktsystem" enthält Leistungen, die in einem Einkaufs-

oder Verwendungsverbund zum Kernprodukt stehen. Im Fall des Kraftwerkproduzenten gehören hierzu Modulsysteme für Erweiterungen wie beispielsweise für eine gestufte Verbrennung oder die vorweggenommene Installation für Ausbauten. Unter dem „Sortiment" sind Zusatzprodukte zu verstehen, die sich klar vom Hauptprodukt trennen lassen. Am Beispiel des Kraftwerks sind das Brennstoffübertragungs- und -aufbereitungsanlagen, Hochspannungsschaltstationen, Stromübertragungsleitungen oder Vorrichtungen für die Elektrizitätsverteilung.

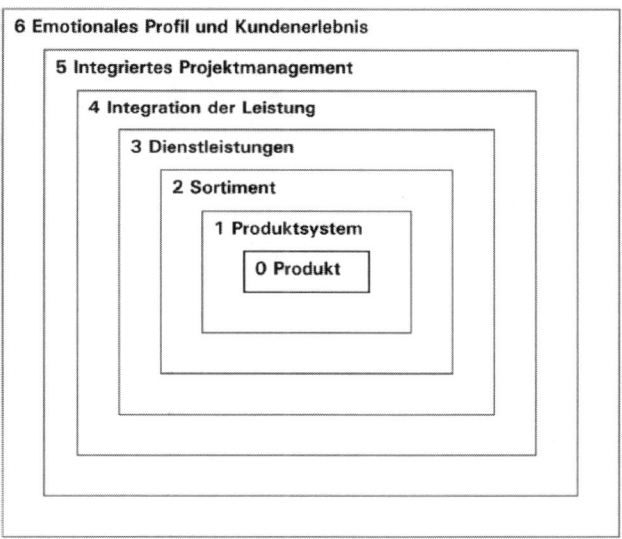

Abbildung 30: Schalenmodell eines Leistungssystems
Quelle: Belz et al. 1997, S. 29

Unter „Dienstleistungen" fallen immaterielle Zusatzleistungen, die der Anbieter bereits in der Vorkaufphase erbringt oder zur späteren Realisierung anbietet, um die Nutzung der Kernleistung zu unterstützen. Bedarfsanalysen, Finanzierungskonzepte, Vorfinanzierung, Machbarkeitsstudien, Transporte, Bau, Montage, Betriebsanleitungen, Schulung, Wartung und Reparatur sind typische Dienstleistungen eines Kraftwerkherstellers. Unter „Integration der Leistung" sind gemeinsame Prozesse zu verstehen, die Dienstleistungs-

Integration oder Leistungen

charakter besitzen. Im Fall des Kraftwerkherstellers ist hierbei an die Partizipation des Kunden am Engineeringprozess, an Lead-User-Konzepte oder gemeinsame Investitionen zu denken. Unter das „integrierte Projektmanagement" fallen Dienstleistungen, durch die das Leistungspotenzial der Primärleistung nutzbar gemacht wird. Bei Herstellern von Kraftwerken nehmen Engineeringleistungen, Qualitätssicherung, Projektmanagement, Risikoentlastung durch Garantien, Generalunternehmertum oder Betrieb und Unterhalt diese Funktion wahr.

Innovative Zusammenarbeit

Unter „innovativer Zusammenarbeit" mit Kunden fallen Dienstleistungen, die sich nicht direkt durch die Charakteristika des Kernprodukts ergeben, sondern vielmehr spezifische Kundenwünsche und Forderungen des Abnehmers abdecken. Für einen Kraftwerkbauer fallen darunter der Know-how-Transfer in Form von Schulungen, Lizenzvergaben beziehungsweise Joint Ventures, die wirtschaftliche Förderung des Abnehmerlands in Form von Local-Content-Anteilen oder die Übernahme von Kompensationsgeschäften. Der äussersten Schale, die mit „Emotionales Profil und Kundenerlebnis" bezeichnet ist, werden schliesslich image- und vertrauensbildende Massnahmen wie beispielsweise das Herkunftsland, Referenzen, Qualitätszertifikate, die systematische Bearbeitung von Beschwerden oder Kundenveranstaltungen zugewiesen. Dieser Ansatz hat eine übergreifende Sonderstellung, weil auch die inneren Schalen durch emotionale Vorteile für Kunden geprägt werden können.

Emotionen

Aus Anbietersicht ist entscheidend, dass umfassendere Problemlösungen wirtschaftlich sinnvoll sein müssen. Der in vielen Unternehmen um sich greifenden Dienstleistungsexplosion soll ein Riegel vorgeschoben werden. Die Abgabe von Gratisleistungen oder unwirtschaftlichen Dienstleistungen gilt es, so weit wie möglich zu vermeiden.

Wirtschaftlichkeit

Die Stärke von Leistungssystemen besteht in ihrer Modularität. Dadurch ist es möglich, einzelne Leistungsbausteine zu Modulen individuell für spezifische Kunden oder Kundengruppen zusammenzusetzen. Das Zusammenstellen der Module nach individuellen Bedürfnissen erhöht den Kundennutzen. Gleichzeitig bieten sie auch dem Anbieter Vorteile. So können Module der besseren Verrechenbarkeit dienen, wenn der Anbieter Paketpreise verlangt, anstatt jede Teilleistung einzeln in Rechnung zu stellen. Zudem lässt sich der Nutzen strukturierter Pakete besser kommunizieren. Schliesslich können Kostensenkungspotenziale erschlossen werden, indem unwirtschaftliche Dienstleistungen entweder selektioniert oder in wirtschaftliche Gesamtpakete verschnürt, sowie Module optimiert und wirtschaftlicher erstellt werden. Das Fallbeispiel „Hilti" nimmt auf die Modularität explizit Bezug.

Nutzenkommunikation

7.4.2 Leistungspakete für Key Accounts beinhalten Vertrauens-, Koordinations- und Rationalisierungsleistungen

Die Systematik des Leistungssystem-Ansatzes lässt sich auf das Key Account Management übertragen, wenn sich Leistungssysteme mit Kundensystemen verbinden. Dazu bedarf es der systematischen Kombination von Kernprodukten und schlüsselkunden-spezifischen Leistungen, die individuelle Bedürfnisse von Schlüsselkunden befriedigen. Dabei nehmen Vertrauens-, Koordinations- und Rationalisierungsleistungen eine Schlüsselfunktion ein, wenn Leistungssysteme auf die Bedürfnisse von Schlüsselkunden zugeschnitten werden.

Leistungen, die das Risiko und die Unsicherheit reduzieren und Vertrauen schaffen, werden als „Vertrauensleistungen" bezeichnet (Müllner 2002, S. 98). Sie sprechen das Sicherheits- und Informationsbedürfnis an und spielen vor allem in Phasen der Geschäftsintensivierung eine tragende Rolle (Zupancic/Müllner 2000a, S. 52). Da es sich beim Vertrauen um ein asymmetrisches Phänomen handelt, das sich nur langfristig aufbauen, jedoch schnell zerstören lässt, dürfen Vertrauensleistungen allerdings zu keinem Zeitpunkt der Geschäftsbeziehung völlig ausser Acht gelassen werden. Unter Vertrauensleistungen fallen schlüsselkunden-spezifische Leistungen wie beispielsweise erstklassige Beratung, Garantieübernahme, Risikobeteiligung, Vorfinanzierung, weltweit gültige Ersatzteilverträge, 24-Stunden-Erreichbarkeit, Spezialentwicklungen, Inzahlungnahme von Occasionsmaschinen, Monteureinsatz rund um die Uhr oder die Dokumentation von Referenzprojekten beziehungsweise -kunden. Vertrauen schafft zudem die Marke oder das Image des Anbieters aber auch Beiträge in Fachzeitschriften oder Vorträge auf Fachtagungen, die in erster Linie die Leistungskompetenz des Anbieters belegen sollen und als kernprodukt-begleitende Leistung aufzufassen sind.

Vertrauensleistungen

Ein gelungenes Praxisbeispiel für eine Vertrauensleistung stellt die eigens für einen Schlüsselkunden aufgelegte Partnerschaftsbroschüre von Hilti dar.

Fallbeispiel:
Partnerschaftsbroschüre als schlüsselkunden-spezifische Leistung

Die Broschüre dokumentiert die partnerschaftliche Zusammenarbeit der Hilti AG mit dem Unternehmen ABB. Anlass für die Erstellung der Broschüre war der Start einer globalen Zusammenarbeit der beiden Unternehmen. Das Ziel einer gedruckten Dokumentation bestand darin, die Kooperation in der Organisation des Kunden – vom Management bis zu den Mitarbeitern auf der Baustelle – bekannt zu machen. Die Broschüre wurde hierzu immer persönlich durch die Hilti-Mitarbeiter übergeben. Hilti positionierte sich so als globaler Partner und die Broschüre visualisiert eine echte Win-Win-Beziehung. Auf Basis von realen Bedürfnissen, die von der ABB geäussert wurden, wird erklärt, welchen Beitrag Hilti zu deren Befriedigung liefert. Viele Beispiele und Referenzprojekte belegen die Partnerschaft und die Zufriedenheit der ABB-Mitarbeiter in Wort und Bild.

Leistungen für Key Accounts

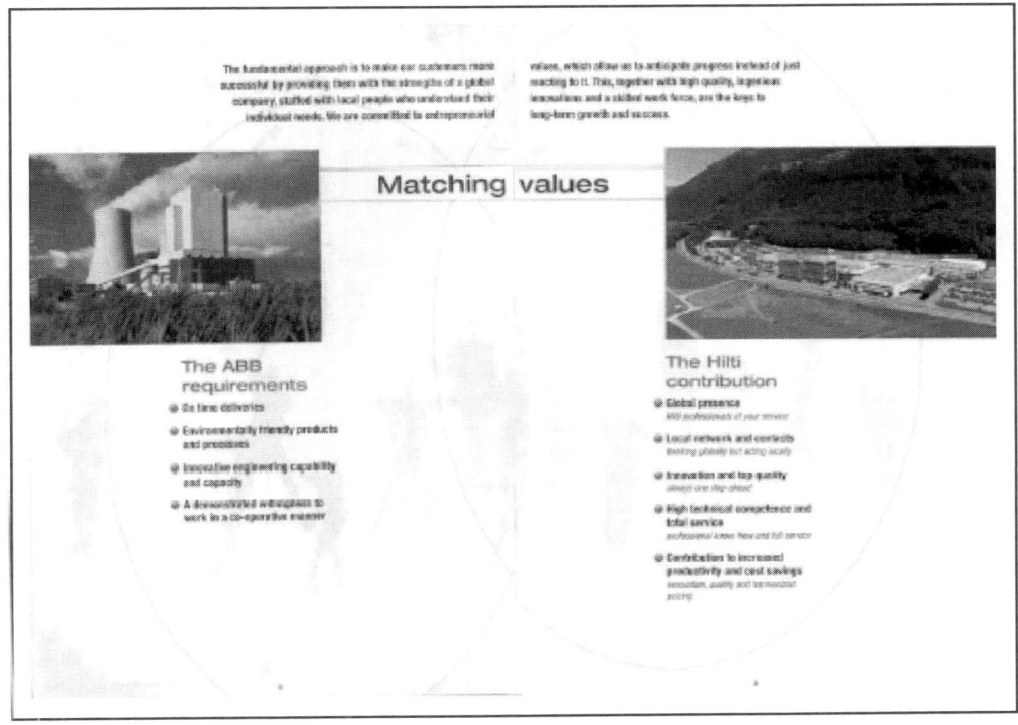

"Koordinationsleistungen" des Anbieters tragen zur Effektivitätssteigerung eines Schlüsselkunden bei, indem sie die Qualität seiner Entscheidungen verbessern und dafür sorgen, die Zusammenarbeit einzelner Funktionen und Abteilungen zu optimieren. Neben dem Bedürfnis nach Transparenz wird vor allem das Wirtschaftlichkeitsbedürfnis des Key Accounts mithilfe von Koordinationsleistungen befriedigt. Zu den Koordinationsleistungen zählen beispielsweise Angebotsauswertungen, Anpassung an bestehende Anlagen und länderspezifische Standards, länderspezifische Bedienerschulung, weltweite Personalvermittlung, Einkaufshilfen, Konsignationslager, Inbetriebnahme, Managementverträge, Local-Content-Anteile, Projektierung, Entscheiderschulung, internationale Gebrauchtmaschinenvermittlung, Übersetzung von Betriebsanleitungen, Transportorganisation und -versicherung oder das Zur-Verfügung-Stellen von technischem Personal. Die Zuweisung eines Key-Account-Managers lässt sich ebenfalls als Koordinationsleistung interpretieren.

Koordinationsleistungen

Rationalisierungs-
leistungen

Rationalisierungsleistungen dienen dazu, die Rationalisierungsposition umzusetzen. Im Gegensatz zu den Koordinationsleistungen steigern sie in erster Linie die Effizienz des Schlüsselkunden. Mit dem Bereitstellen von Rationalisierungsleistungen spricht ein Unternehmen in erster Linie das Wirtschaftlichkeitsbedürfnis seines Key Accounts an. Unter Rationalisierungsleistungen lassen sich beispielsweise die Übernahme ausgelagerter Funktionen, einsatz- beziehungsweise fertigungssynchrone, weltweite Belieferung, Bestellvereinfachung, Betriebsmittelberatung, elektronische Ersatzteillisten, Zeitstudien, Online-Ersatzteilservice, Produktionsoptimierung, Prozessberatung, Telefon-Hotline, telefonische Verknüpfung oder präventive Wartung subsumieren.

Vertrauensleistungen	Koordinationsleistungen	Rationalisierungsleistungen
• Ankündigungspolitik • Beziehungsmarketing • Dokumentation von Referenzprojekten bzw. -kunden • Fachbeiträge in Zeitschriften • Garantieübernahme/-leistungen • Gemeinsame Qualitätszirkel • Inzahlungnahme von Occasionsmaschinen • Joint Ventures • Kosten-Nutzen-Analysen • Kreditierung • Local-Content-Anteile • Machbarkeitsstudien • Meinungsaustausch auf Top-Management-Ebene • Monteureinsatz rund um die Uhr • Präsentationen • Preisgarantien • Referenzen • Risikobeteiligung/-übernahme • Spezialentwicklungen • 24-Stunden-Erreichbarkeit • Vorfinanzierung • Vorkauf-Beratung • Vorträge auf Fachtagungen • Weltweit gültige Ersatzteilverträge • Zuordnung eines zentralen Ansprechpartners auf mittlerer Führungsebene	• Angebotsauswertungen • Anpassung an bestehende Anlagen und länderspezifische Standards • Desaster-Planning • Einkaufshilfen • Engineering • Entscheiderschulung • Entwicklungspartnerschaft • Finanzierung • Hilfe bei Kompensationsgeschäften • Internationale Gebrauchtmaschinenvermittlung • Länderspezifische Bedienerschulung • Managementverträge • Marketing-/Management-Support • Marktprognosen • Programmierung • Projektierung • Prozessanpassungen • Spezialentwicklungen • Transportorganisation und -versicherung • Turnkey-Projekte/Generalunternehmertum • Übersetzung von Betriebsanleitungen • Verbrauchsprognosen • Weltweite Personalvermittlung • Zugewiesener International Key Account-Manager • Zur-Verfügung-Stellen von technischem Personal	• Abfall- und Recycling-Management • Bestellvereinfachung • Betriebsmittelberatung • elektronische Ersatzteillisten • Einsatz- bzw. fertigungssynchrone, weltweite Belieferung • Ersatzteilgeschäft • Elektronische Bestellung • Extranet/Online Support • Facility-Management • Fakturakonsolidierung • Fertigungspartnerschaften • Funktionsübernahme • KANBAN • Konsignationslager • Kundendienst • Inventory Management Programme • Just-in-Time • Leasing/Lease-Back-Konzepte • Online-Diagnose • Online-Ersatzteilservice • Präventive Wartung • Produktionsoptimierung • Prozessberatung • Rückwärtsintegration (TQM, ...) • Telefon-Hotline • Telefonische Verknüpfung • Logistikpartnerschaften • Warehouse-Management • Zeitstudien

Abbildung 31: Leistungen für industrielle Key Accounts
Quelle: Müllner 2002, S. 100

Das Praxisbeispiel Fleet Management zeigt, wie die Hilti AG ein Koordinations- und Rationalisierungsleistungspaket für Schlüsselkunden schnürt.

**Praxisbeispiel
Hilti Fleet Management**

(Quelle: Belz 2004, gestützt auf Präsentationen und Gesprächen mit Dr. Michael Baumbach)

Hilti Fleet Management ist ein innovativer Service, der das gesamte Management der Flotte von Befestigungsgeräten der Kunden umfassen kann. Der Name betont die Analogie zu anderen Flottenlösungen, die sich beispielsweise für Fahrzeuge von Unternehmen schon früher durchsetzten.

Grössere und internationale Kunden setzen auf den Baustellen ihrer Kunden oft mehrere Tausend Geräte ein. Die Aufgabe für Management und Koordination ist anspruchsvoll. Ziel ist es, die totalen Kosten der Geräteflotte für Kunden zu senken, indem die Struktur der Geräte optimiert und die Geräte sinnvoll unterhalten sowie ausgewechselt werden.

Spezifische Kundenvorteile sind je nach Ausbaustufe der Zusammenarbeit: Transparenz über die eingesetzten Geräte, höhere Produktivität, vereinfachte Administration, wegfallende Reparaturkosten, transparente Preise mit planbaren Flottenkosten, moderne Geräte (mit motivierender Wirkung auf Mitarbeiter), attraktive Möglichkeiten der Flottenmodernisierung, Leasing statt Investition mit attraktiven Konditionen, Auszeichnung der Geräte mit dem eigenen Logo, Versicherungslösungen etc. Zudem kann sich der Kunde von diesen Aufgaben, die nicht seine Kernkompetenz betreffen, durch einen weltweiten Spezialisten entlasten. Das System ist konsequent auf Kundensicht und Kundenvorteile ausgerichtet.
Die Leistungen können folgende Stufen umfassen (Kundendokumentation Hilti Fleet Management):

- *Fleet Management Basic:* Customer-specific fleet analysis, fleet consulting, individual trade-in offers
- *Fleet Management Medium:* Full Service extension, clear calculations, detailed aggregate cost statement
- *Fleet Management Classic:* Active Fleet Management by Hilti, replacement of defective and worn out tools in good time, allowance made for residual value of replaced tools
- *Fleet Management Classic plus:* Leasing
- *Fleet Management Premium:* Optional tool labels, theft insurance, loan tools during downtime, rental tools to cover peak requirements and special applications

Teilweise sind die Optionen für Premium auch in den Stufen Medium bis Classic plus für den Kunden wählbar.

Der Erfolg dieser Lösung von Hilti ist eindrücklich. Die Kundenanzahl, der Umsatz und Ertrag verlaufen sehr positiv. Ein Mengeneffekt ergibt sich durch eine starke Steigerung des Hilti-Anteils an der Geräteflotte des Kunden und eine raschere und für den Kunden wirtschaftliche Erneuerung der Geräte. Herausfordernd ist es, diese Lösungen im Vertrieb zu integrieren.

> Zudem konkurrenzieren neuere Geräte im Einsatz den bestehenden Geräteservice, allerdings im Interesse des Kunden.
>
> Der Ansatz ist durch Wettbewerber nicht leicht nachzuahmen. Voraussetzungen sind beispielsweise: Klares Commitment des Management mit Business-Plänen in diesem Bereich, direkte und tragfähige Geschäftsbeziehungen zu Endkunden (ohne Zwischenhandel) mit der Unterstützung durch Hilti-Leute vor Ort, überzeugende Teilpakete und Wahlalternativen für Kunden (auch für den zeitlichen Übergang), organisatorische Verankerung, hohe Kompetenz, geeignetes Sortiment, Finanzierungspotenzial und Informationssystem sind nötig. Die Optimierung für Kunden ist möglich, weil Hilti die Informationen über jedes Gerät im Lebenseinsatz beim Kunden erfasst. Kurz: Das gesamte Geschäftsmodell ist neu gestaltet.

Obligatorische Leistungen

Abbildung 32 zeigt das Leistungssystem für Key Accounts. Je weiter eine Schale vom Modellkern entfernt liegt, desto geringer ist der direkte Zusammenhang der schlüsselkunden-spezifischen Leistungen mit der Kernleistung des Anbieters. Die Schalen sind mit unterschiedlichen Grautönen gekennzeichnet. Die hellere Farbe des erweiterten Modellkerns weist darauf hin, dass es sich bei der Kernleistung in erster Linie um Leistungsbestandteile handelt, die durch das Key Account Management relativ wenig beeinflussbar sind. Produkt und Produktsystem werden Schlüsselkunden und Durchschnittskunden in der Regel gleichermassen angeboten. Ähnliches gilt für das Sortiment. Zwar kann es vorkommen, dass bestimmte Sortimentsbestandteile den Schlüsselkunden exklusiv angeboten werden, doch stellt dies eine Ausnahme dar. Obligatorische Dienstleistungen sind intangible Leistungen, die für die Verwendung der Kernleistung unablässig sind wie beispielsweise Montage, Installation, Wartung oder Gebrauchsanleitung beim Kauf einer Maschine. Auch sie unterscheiden sich hinsichtlich der Kundengruppe kaum.

KAM-spezifische Leistungen

Bei den äusseren vier Schalen des Leistungssystems verhält es sich jedoch etwas anders. Zwar ist es nicht aussergewöhnlich, dass sich auch darin Leistungsbestandteile befinden, die verschiedenen Kundengruppen parallel angeboten werden, doch nimmt die Spezifität der Leistung für Kunden nach aussen hin zu. Insofern stellen die mit einem dunkleren Grauton gekennzeichneten äusseren Leistungsschalen das spezifische "Spielfeld des Key Account Management" dar. In diesen Schalen befinden sich viele schlüsselkunden-spezifischen Leistungen, die sich in ihrer Aufmachung, ihrer Art, ihrer Qualität oder ihrem Preis von denen, die Durchschnittskunden angeboten werden, unterscheiden.

Abbildung 32: Modell des Leistungssystems für Key Accounts
Quelle: in Anlehnung an Müllner 2002, S. 100

Aufgabe des Key-Account-Managers ist es, die Leistungsbestandteile, die das Unternehmen zur Verfügung stellt (siehe Kapitel 13), zu einem kundenindividuellen Leistungspaket zu bündeln, das seinem Key Account Kundenvorteile bietet. Von der Geschäftsart, der Branche, der Grösse des Anbieters, der Phase im Beziehungslebenszyklus und weiterer situativer Faktoren hängt die konkrete Ausgestaltung account-spezifischer Leistungssysteme ab.

Im Projektgeschäft dominieren Koordinationsleistungen, während im Zuliefergeschäft Rationalisierungsleistungen eine wichtige Rolle einnehmen (Willée 1990; Kramer 1995; Müllner 2002, 110 f.). In der Konsumgüterindustrie bilden abhängig von der kundenindividuellen strategischen Ausrichtung entweder Rationalisierungsleistungen (z. B. Werbekostenzuschüsse und effiziente Belieferungskonzepte) oder Koordinationsleistungen (z. B. Special Make-Ups in der Sportartikelindustrie oder der Aufbau eines Ca-

Leistungen in verschiedenen Situationen

tegory-Management-Konzepts in der Lebensmittelindustrie) den Schwerpunkt eines Leistungssystems für Key Accounts. Bei kleineren Anbietern und bei Dienstleistern nehmen Vertrauensleistungen ein Schwergewicht in account-spezifischen Leistungssystemen ein (Müllner 2002, S. 112 f.).

Phasen der Zusammenarbeit

In frühen Phasen der Zusammenarbeit oder nach Krisen kommt erfahrungsgemäss Vertrauensleistungen ein besonderer Stellenwert zu. Steht die Zusammenarbeit auf festen Füssen und verfügen beide Partner über ausreichende Erfahrung in der Zusammenarbeit, dann übernehmen Koordinations- und Rationalisierungsleistungen einen wichtigeren Part (Müllner/Zupancic 2001, S. 51).

7.5 „Schnüren" von Key-Account-spezifischen Leistungspaketen

„Rosenpicken"

Um einem „Rosinenpicken" des Key Accounts vorzubeugen, sind einzelne Leistungsbestandteile zu Leistungspaketen zu „schnüren". Dabei kommt Key-Account-Verträgen eine wichtige Bedeutung zu. Sie können sehr unterschiedliche Formen annehmen. So sind Gentlemen's Agreements, bei denen sich der Schlüsselkunde eher vage zu einer partnerschaftlichen Zusammenarbeit verpflichtet, ebenso zu beobachten, wie juristisch detailliert ausgearbeitete Kontrakte. Die Branche, das Verhältnis zwischen Anbieter und Schlüsselkunde, und die Erfahrung der Partner im Umgang mit Zusammenarbeitsverträgen beeinflussen Ausgestaltung und Form.

Risikoreduktion

Grundsätzlich vermitteln Key-Account-Verträge beiden Partnern eine gewisse Sicherheit. Schlüsselkunden streben danach, das Risiko zu mindern, das ihnen aus der Fokussierung auf wenige Anbieter erwächst. Anbieter wollen ihr Absatzrisiko verringern. Der Vertrag hält einerseits den Anbieter an, einen bestimmten Leistungsumfang und eine spezifizierte Leistungsqualität zu gewährleisten. Er schafft Transparenz über Leistung und Gegenleistung, „diszipliniert" den Anbieter und regelt die Nutzung gemeinsamer Synergien. Andererseits ermöglicht ein Key-Account-Vertrag den Schlüsselkunden, sich vertraglich an den Anbieter zu binden und Eintrittsbarrieren gegen Wettbewerber aufzubauen.

Neben Preisen, Produkt-, Dienstleistungs-, Liefer-, Zahlungs- und Haftungs- beziehungsweise Gewährleistungsbedingungen regeln Key-Account-Verträge oft auch Informationspflichten und -kanäle. Darüber hinaus dokumentieren sie Abmachungen über das Einsetzen gemeinsamer Gremien wie beispielsweise Total Quality Circles. Neben der Gültigkeitsdauer finden sich häufig auch Bedingungen zur Vertragsbeendigung sowie bestimmte Vertragsstrafen oder Aussagen des strategischen Fits von Geschäftspartnern. Professionelle Key-Account-Verträge beinhalten des Weiteren Aussagen zum Leistungserfolg. So finden sich in der Halbleiterindustrie Angaben zu den Total Costs of Ownership. Verträge im Industriebereich enthalten zudem häufig Aussagen, die sich auf die Rentabilität einer Leistung beziehen (Müllner 2002, S. 181). Vereinzelt finden sich auch Vereinbarungen, in denen sich ein Anbieter verpflichtet, Einkaufspreise und Kostenstrukturen offen zu legen und realisierte Kosteneinsparungen zwischen Anbieter und Schlüsselkunde zu splitten. Die Checkliste in Abbildung 33 verdeutlicht die Entscheidungsfelder beim Abschluss eines Key-Account-Vertrags aus der Anbieterperspektive (Müllner 2002, S. 182).

Verträge und Gremien

Key-Account Vertrag

Formalisierungsgrad	Schriftlich versus mündlich; Einbezug juristischer Abteilungen versus „Gentlemen's Agreement"
Konkretisierungsgrad	Aufführung von Einzelleistungen und -aktivitäten versus eher vage „strategische Zusammenarbeit"; Volume Purchase Agreements versus Generalverträge
Gegenleistung	Aufnahme konkreter Pflichten (und Vertragsstrafen) versus unverbindliche Absichtserklärung
Reichweite	Globale Gültigkeit (Global Purchase Agreements) versus regionale Gültigkeit
Laufzeit	Feste Gültigkeitsdauer versus Open-End; jährliche Verlängerung vorgesehen versus langjährige Vereinbarung; Ausstiegsklauseln

Abbildung 33: Entscheidungsfelder beim Abschluss eines Key-Account-Vertrags
Quelle: Müllner 2002, S. 182

Schwierigkeiten bei Verträgen

Die Einhaltung von Key-Account-Verträgen unterliegt gewissen Gefahren. Aus Sicht des Key-Account-Managers gilt es, beide Vertragsseiten von der Notwendigkeit zur Vertragseinhaltung zu überzeugen. Schwierigkeiten können sowohl auf Kundenseite als auch auf Seiten des eigenen Unternehmens auftreten (vgl. Abbildung 34).

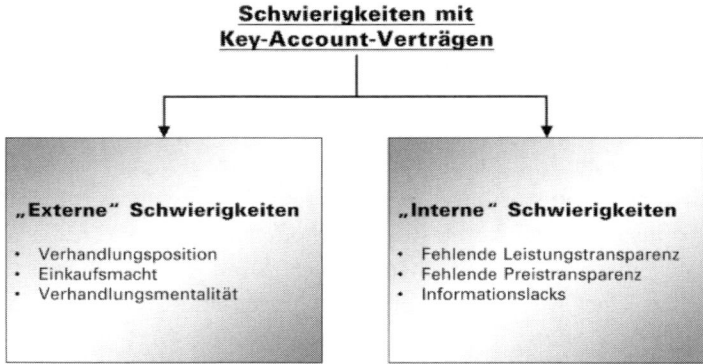

Abbildung 34: Problemquellen bei der Einhaltung von Key-Account-Verträgen
Quelle: Müllner 2002, S. 172

Externe Schwierigkeiten

„Externe Schwierigkeiten" können sich im Umgang mit dem Key Account ergeben. Abhängig von der Verhandlungsposition, der Einkaufsmacht des Kunden und seiner Verhandlungsmentalität kann er mehr oder weniger starken Druck auf den Anbieter ausüben. Dieser Druck schlägt sich in Forderungen hinsichtlich der Leistung, des Preises und weiterer Gegenleistungen während des Verhandlungsprozesses und im Verhandlungsergebnis nieder.

Interne Schwierigkeiten

„Interne Schwierigkeiten" können bei der Verhandlungsvorbereitung und bei der Vertragsdurchsetzung auftreten. Fehlende, interne Leistungs- und Preistransparenz erschweren vor allem das Vorbereiten und Zusammenstellen globaler Angebote. Mangelnde Entscheidungskompetenz beeinträchtigt die Verhandlungsführung. Werden die Verhandlungsergebnisse den relevanten Abteilungen und Niederlassungen nicht transparent kommuniziert, oder verfügt das Key Account Management nicht über die notwendige Weisungsbefugnis, so wächst die Gefahr, dass vertragliche Abmachungen nicht eingehalten werden.

Entscheidend ist, Gegenleistungen systematisch zu sichern und für die Einhaltung von Zusagen zu sorgen. Diesen Aufgaben des Key-Account-Managers widmet sich der nachfolgende Abschnitt.

7.6 Gegenleistungen des Key Accounts sichern

Leistungen, die einem Schlüsselkunden zugute kommen, müssen Gegenleistungen des Schlüsselkunden bewirken. Neben den ausgehandelten Preisen fallen im Key Account Management eine Reihe weiterer Gegenleistungen an. Aufgabe des Key-Account-Managers ist es, Gegenleistungen zu bestimmen, zu verhandeln und durchzusetzen.

Preise

7.6.1 Gegenleistungen bestimmen

Leistungen für Key Accounts sind für das gesamte Unternehmen herausfordernd. Um die Geschäftsbeziehung auf lange Frist zu sichern, müssen Anbieter und Schlüsselkunde von der Zusammenarbeit profitieren (Win-Win-Beziehung). Daher kommt einem systematischen Management von Gegenleistungen entscheidende Bedeutung zu. Gegenleistungen, die ein Anbieter von seinen Key Accounts fordert, stellen für den Key Account Verpflichtungen dar. Diese können situativ variieren. Wünschbar ist, wenn sich der Schlüsselkunde beispielsweise dazu bereit erklärt, die vereinbarten Preise zu bezahlen, die Zahlungskonditionen einzuhalten, den Produkten des Lieferanten Regalplatz einzuräumen, ihm Exklusivität zuzusichern, Informationen zu liefern, einen zentralen Ansprechpartner bereitzustellen, Referenzen zugunsten des Lieferanten abzugeben, einen „Paten" für die Lieferantenbeziehung zu benennen, Prototypen zu testen, sich aktiv in Projekten zu beteiligen, gemeinsame Entwicklungs- oder Qualitätszirkel zu besetzen oder auch einfach nur Kontakte zu Niederlassungen oder zum Top Management herzustellen. Abbildung 35 strukturiert die acht Facetten der Gegenleistung.

Management von Gegenleistungen

Abbildung 35: Gegenleistungen im Key Account Management

Gegenleistungspakete

In der Praxis variieren Gegenleistungspakete, zu denen sich Key Accounts verpflichten. Im unverbindlichsten Fall besteht die eingegangene Verpflichtung des Schlüsselkunden neben der Bezahlung in Rechnung gestellter Leistungen (1. und 2. in Abbildung 35) in der Absichtserklärung, den Anbieter als Vorzugslieferanten zu betrachten und den eigenen Abteilungen oder Niederlassungen gegenüber eine Empfehlung zugunsten des Vertragspartners auszusprechen (4. in Abbildung 35). So wirbt ein deutscher Baukonzern in der internen Unternehmenszeitschrift für die Zusammenarbeit mit bestimmten Lieferanten. Wird dem Anbieter hingegen ein Vorzugslieferanten-Status vertraglich eingeräumt, so untersagt das zentrale Einkaufsmanagement lokalen Niederlassungen mitunter, den Anbieter ohne Rücksprache aus der lokalen Lieferantenliste zu streichen (Müllner 2002, S. 182).

7.6.2 Leistungen und Gegenleistungen aushandeln

Verhandlungsmanagement

Um die geschilderten Schwierigkeiten zu umgehen, sollten Leistungen und Gegenleistungen zwischen Anbieter und Key Account systematisch verhandelt werden. Ein einfaches dreiphasiges Modell verdeutlicht die einzelnen Phasen des Verhandlungsmanagements mit Key Accounts (vgl. Abbildung 36).

Verhandlungen vorbereiten

Im Vorfeld der Verhandlung (Phase I) gilt es, sich mit der Leistungs- und Gegenleistungsseite intensiv auseinander zu setzen. Dies setzt voraus, Kenntnis über die Preis- und Leistungsstruktur der Konkurrenz zu erlangen, sich über die Kundenhistorie zu informie-

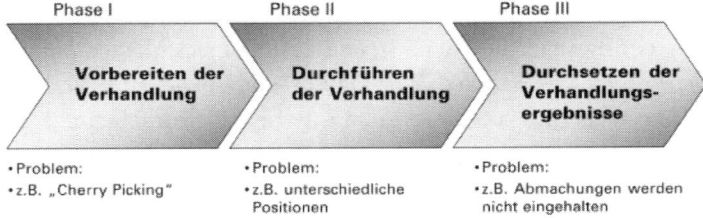

Abbildung 36: Dreiphasenmodell des Verhandlungsmanagements
Quelle: Müllner 2002, S. 174

ren und mögliche Alternativen und Kompromisse im Vorfeld der Verhandlung zu bedenken. Die Ergebnisse der KAM-Analyse (siehe Kapitel 5) sind hierfür hilfreich. Die Kalkulation von Verhandlungsspielräumen und -grenzen wird durch elektronische Tools für Buchung, Rechnungsstellung und Preisfindung vereinfacht. Ist die Preiskoordination klar geregelt, so kann die Verhandlungsvorbereitung auf einem festen Fundament aufbauen. Elektronische Preisinformationssysteme bieten zentrale Einsicht in den Ist-Zustand der

- ☑ Transparenz schaffen (Leistungen, Preise, Kosten)
- ☑ Kalkulieren von Verhandlungsspielräumen
- ☑ Elektronische Tools (für Buchung, Rechnungsstellung, Preisfindung) zu Hilfe nehmen
- ☑ elektronische Preisinformationssysteme einsetzen
- ☑ Nutzenerwartungen analysieren und intern diskutieren (nutzenorientierte Preisbestimmung)
- ☑ Potenzielle Einwände bedenken
- ☑ nicht erfüllbare Ansprüche des Key Accounts antizipieren
- ☑ Verhandlungsstrategie und -taktik mit Key Account Plan abstimmen
- ☑ Gesamtpaket-Angebote entwickeln (Folgekosten berücksichtigen)
- ☑ klare Regelungen über interne Verrechnung schaffen (Book and Bill)

Abbildung 37: Erfolgsfaktoren der Vorbereitung von Verhandlungen mit Key Accounts

aktuellen Preisgestaltung. Ein wichtiger Aspekt der Verhandlungsvorbereitung stellt die Fokussierung auf die tatsächlichen Nutzenerwartungen des Kunden dar. Darauf aufbauend sind Verhandlungsstrategie und -taktik mit den internen Zielvorgaben aus dem Key-Account-Plan abzustimmen. Mögliche Einwendungen müssen im Vorfeld bedacht und nicht erfüllbare Kundenansprüche antizipiert werden. Abbildung 37 fasst die genannten Punkte zusammen.

Verhandlungen durchführen

In Phase II gilt es, logische Zusammenhänge des Leistungsangebots aufzuzeigen, den Nutzen spezifischer Schlüsselkunden-Leistungen zu kommunizieren und Kontaktkanäle und Abläufe so exakt wie möglich festzulegen. Detailwissen hilft, Kundeneinwände zu entkräften. Ist der Key-Account-Manager als Verhandlungsführer mit der eigenen Preisstruktur und der Höhe kritischer Limite vertraut, ist eine zielgerichtete Verhandlung möglich. Ausreichende Entscheidungskompetenzen ermöglichen zudem eine gewisse Flexibilität während der Verhandlung und gewähren die Durchsetzung von Verhandlungsergebnissen. Andererseits erweisen sich Unsicherheiten und Kompetenzgrenzen häufig als Misserfolgsfaktoren (Müllner 2002, S. 177). Abhängig von der Komplexität der Problemlösung sind Forschungs- und Entwicklungs- oder Produktionsexperten in die Verhandlungsdelegation einzubeziehen. Der

☑ Logische Zusammenhänge des Leistungsangebots aufzeigen

☑ Nutzenspezifische Schlüsselkunden-Leistungen kommunizieren

☑ Kontaktkanäle und Abläufe exakt festlegen

☑ mit Detailwissen Kundeneinwände entkräften

☑ eigene Preisstruktur und kritische Limite parat haben

☑ über ausreichende Entscheidungskompetenz verfügen

☑ ggfs. Einsatz von Verhandlungsdelegation (F&E, Produktion, Marktorganisation)

☑ Kompensationsforderungen bedenken

☑ regionalspezifische Besonderheiten berücksichtigen

Abbildung 38: Erfolgsfaktoren der Durchführung von Verhandlungen mit Key Accounts

Key-Account-Manager beziehungsweise Teamleiter fungiert dabei oft mehr als Koordinator und weniger als eigentlicher Verhandlungsführer. Abbildung 38 gibt einen zusammenfassenden Überblick über die Erfolgsfaktoren der Verhandlungsführung.

Die Durchsetzung des Verhandlungsergebnisses (Phase III) hängt mit der Verbindlichkeit der Abmachungen und der internen Kommunikation der Verhandlungsergebnisse zusammen. Verbindliche Abmachungen, die beispielsweise in einen Key-Account-Vertrag einfliessen, erhöhen die Planungssicherheit beider Partner. Die Fähigkeit, abgeschlossene Vereinbarungen einzuhalten, ergibt sich aus der Durchsetzungsfähigkeit des Key-Account-Managers innerhalb der eigenen Organisation. Sie beruht auf zwei unterschiedlichen Fundamenten. Zum einen kann sie durch den hierarchischen Zugriff erfolgen. Zum anderen ist sie von der Fähigkeit des Schlüsselkunden-Managements abhängig, die beteiligten Einheiten zum Einhalten der Abmachungen zu motivieren. Beide Aspekte können sich auch ergänzen.

Durchsetzung der Ergebnisse

Die Transparenz des Verhandlungsergebnisses dient als wichtige Voraussetzung, um die Unterstützung der beteiligten Funktionen zu gewinnen. Um Zuverlässigkeit zu gewährleisten, ist es daher notwendig, die betroffenen Abteilungen über das Verhandlungser-

- ☑ Transparenz des Verhandlungsergebnisses (Intranet, Vertragsdatenbank)
- ☑ Abmachungen nachvollziehbar kommunizieren
- ☑ Einhaltung von Abmachungen kontrollieren (keine internen „Disziplinlosigkeiten" zulassen)
- ☑ Feedbackgespräche mit dem Key Account in festgelegtem Turnus führen
- ☑ Bonusregelungen für Einhaltung zentraler Verträge schaffen
- ☑ interne Kompensationen sicherstellen
- ☑ Durchsetzungsfähigkeit als kritischer Faktor
- ☑ hierarchischer Zugriff des Key-Account-Managers
- ☑ Motivationsfähigkeit des Key-Account-Managers

Abbildung 39: Erfolgsfaktoren der Durchsetzung von Verhandlungsergebnissen

gebnis zu informieren. Als besonders komfortabel erweist es sich, wichtige Verhandlungsergebnisse über ein Intranet-System zugänglich zu machen. Entscheidend ist, Abmachungen nachvollziehbar zu kommunizieren und ihre Einhaltung zu kontrollieren. Daher sollte das Schlüsselkunden-Management Feedback-Gespräche im festgelegten Turnus durchführen, um Fehlerquellen rechtzeitig zu erkennen und zu beheben. Die Erfolgsfaktoren gibt die Übersicht in Abbildung 39 zusammengefasst wieder.

Feedbackgespräche

Steht das schlüsselkunden-spezifische Leistungsangebot fest, muss der Key-Account-Manager sich mit den Prozessen der Leistungserstellung (Kapitel 8) und der Frage der Koordination der an der Leistungserstellung Beteiligten (Kapitel 9) auseinander setzen.

Handlungsempfehlungen für das Management von Key-Account-Leistungen

Folgende Agenda ist eine Unterstützung, um den Key Accounts erfolgsversprechende Leistungspakete bieten zu können.

- *In welcher Phase befindet sich die Geschäftsbeziehung zum Key Account?* In frühen Phasen der Geschäftsbeziehung oder während und unmittelbar nach Krisen sind vertrauensschaffende Leistungen wichtig. Mit zunehmender Vertrautheit geht es vor allem um effizienzsteigernde Leistungen.
- *Welche schlüsselkunden-individuelle Strategie wird verfolgt?* Leistungsstrategie und Leistungspakete müssen sich aus den Zielen der Zusammenarbeit ergeben.
- *Wie werden key-account-spezifische Leistungspakete verschnürt?* Welche Leistungsbestandteile sind erfolgskritisch, welche sind innovativ, welche sind überflüssig?
- *Zu welchen Gegenleistungen ist der Schlüsselkunde bereit?* Wird die Bereitschaft des Schlüsselkunden zu Gegenleistungen ausgeschöpft?
- *Welche preispolitischen Überlegungen müssen angestellt werden?* Welche Leistungen lassen sich explizit, welche implizit verrechnen? Wird die Leistung dem Key Account verständlich kommuniziert und damit seine Zahlungsbereitschaft erhöht?

8 Prozesse und Aktivitäten im Key Account Management

© Prof. Belz/Dr. Müllner/Dr. Zupancic & Mercuri International 2003	In diesem Kapitel erfahren Sie: • ... warum die funktionsorientierte Unternehmensorganisation die Anforderungen an ein kundenorientiertes Unternehmen häufig nicht erfüllen kann. • ... was man unter Prozessen im Key Account Management versteht. • ... inwieweit Prozessmanagement hilft, die Aktivitäten im Key Account Management zu bestimmen. • ... welche Aktivitäten im Key Account Management verfolgt werden. • ... wie man Key-Account-Management-Prozesse konkret identifiziert. • ... wie Key-Account-Management-Prozesse gestaltet werden können.

8.1 Aktivitäten zur Befriedigung von Kundenbedürfnissen

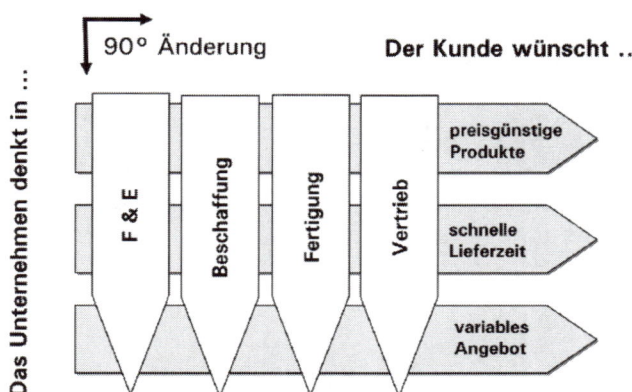

Abbildung 40: Kundenbedürfnisse und Art der Bedürfnisbefriedigung in der Praxis
Quelle: in Anlehnung an Backhaus 2000, S. 34

Interne Konflikte

In den meisten Geschäftsbeziehungen stehen sich Kundenbedürfnisse und die Art und Weise, wie diese bearbeitet werden, diametral entgegen (siehe Abbildung 40).

Unternehmen arbeiten und denken in Abteilungen. Alle Versuche, die Konflikte dieser Organisationsform endgültig zu lösen, waren bis jetzt zum Scheitern verurteilt. Nach dem jetzigen Stand der Erkenntnisse gehören Abstimmungsprobleme und Konflikte zur gemeinsamen Arbeit in Unternehmen. Die folgende Grafik zeigt das recht anschaulich. Jeder Praktiker kennt diese Probleme aus eigener Erfahrung.

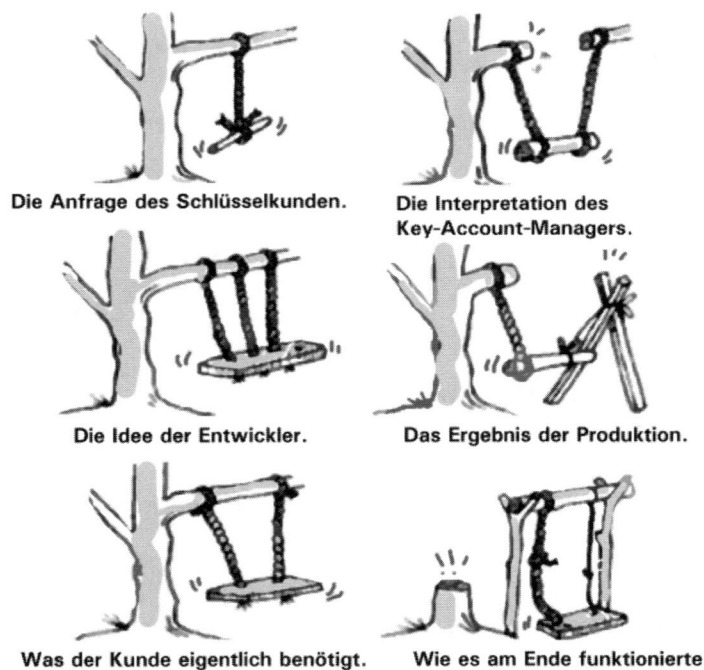

Abbildung 41: Die Zusammenarbeit in Unternehmen

Unternehmen müssen Ansätze finden, diese Probleme zu lösen. Die herkömmliche Funktionsorientierung bringt Probleme mit sich, da Mauern zwischen den Abteilungen aufgebaut werden. Ansatzpunkt für die Lösung dieser Probleme bildet die Auseinandersetzung mit den Aufgaben, die das Key Account Management erfüllen muss.

Welche Aufgaben müssen erfüllt werden, um einem Key Account die unter Kapitel 7 spezifizierten Leistungspakete bieten zu können? Das Fallbeispiel SAP vermittelt einen Eindruck von der Komplexität der zu erbringenden Aufgaben bei der Schlüsselkunden-Bearbeitung und den dabei zu beachtenden Interdependenzen.

Aufgaben

> **Fallbeispiel:**
> **Programmierungen bei der SAP AG**
>
> (Quelle: Zupancic 2001, S. 96)
>
> Die SAP AG bearbeitet einen Medienkonzern als internationalen Key Account. Anpassungen der Software für die besonderen Bedürfnisse des Key Accounts haben einen entsprechend grossen Umfang. Demzufolge sind die Aktivitäten, die im Key Account Management zu erbringen sind, komplex und vielschichtig So sind neben zentralen Systemelementen dezentrale Hard- und Softwarelösungen für die lokalen Standorte, die weltweit verteilt sind, zu schaffen. Die vermeintliche Standardsoftware muss hierzu durch aufwändige Programmierungen angepasst werden.
>
> Weltweit verteilte Programmierteams arbeiten hierzu in unterschiedlichen Zeitzonen, sodass die europäischen Programmierer ihre Arbeitszeit beenden, wenn die Teams in Indien gerade beginnen. Die Arbeitspakete werden ausgetauscht, sodass an ihnen rund um die Uhr gearbeitet werden kann. Auf diese Weise entsteht ein effizientes System für die Bewältigung der umfangreichen Aktivitäten. Zugleich entsteht aber auch ein hoher Koordinationsbedarf.

Wenn wir versuchen diese Aktivitäten, an der in der Regel mehrere Funktionen und Abteilungen beteiligt sind, in einem Workflow zu betrachten, lassen sich die Prozesse des Key Account Management erkennen. Prozesse der Kundenbearbeitung sind dabei ebenso zu beachten, wie die notwendigen internen Prozesse, die die Voraussetzung für das Erbringen und Aufrechterhalten der Kundenbearbeitungsprozesse bedingen.

8.2 Prozessmanagement als konzeptionelles Hilfsmittel

Zur Erreichung der Ziele im Key Account Management muss das Unternehmen die Arbeitsabläufe gestalten, lenken und verbessern.

Prozessorganisation

Das Prozessmanagement sorgt dafür, dass Aufgaben von Abteilung zu Abteilung und von Mitarbeiter zu Mitarbeiter ohne Reibungsverluste weiterlaufen (Kotler/Bliemel 1995, S. 90).

Diese Organisation orientiert sich nicht an Unternehmensfunktionen, Produkten oder Gebieten, sondern stellt den Prozess in den Vordergrund der Betrachtung. Man spricht in diesem Zusammenhang von der „Prozessorganisation". „Prozesse werden als komplexe Aufgabenbündel aufgefasst, deren organisatorische Zusammenfassung durch die optimale Erreichung von Kundenwünschen gesteuert wird" (Staehle 1999, S. 752; Klumpp 2000, S. 57). Neben der Kundenorientierung bietet die Prozessorganisation ein grosses Potenzial zur Integration des Kunden in die Wertschöpfungsprozesse (Boutellier/Schuh/Seghezzi 1997, S. 48 ff.).

Primär- und Sekundärorganisation

Die Prozessorganisation kann prinzipiell als Primär- oder als Sekundärorganisation realisiert werden (Scholz 1993, S. 162 ff.). Damit wird bereits die grundsätzliche Eignung der Prozessorientierung für das Key Account Management deutlich. Die Prozessorganisation schafft Transparenz, da Informations-, Waren- und Geldflüsse gut nachvollziehbar sind (Belz/Reinhold 1999, S. 116). Dies ist ein Vorteil, der insbesondere vor dem Hintergrund der bereichsübergreifenden Zusammenarbeit ein besonderes Gewicht erhält.

8.3 Ein prozessorientierter Ansatz für das Key Account Management

Aufgabenorientierter Ansatz

Versteht man Key Account Management als individuelles Marketing für einzelne Kunden, so muss der Ansatz zur Strukturierung der Key-Account-Management-Prozesse der Idee des Prozessmanagements folgen. Zudem müssen die Strategien im Key Account Management durch die Prozesse zu realisieren sein. Die Beschäftigung mit einer kundenorientierten Marketingorganisation setzt an den Aufgaben an, die zu erledigen sind. Tomczak/Reinecke haben hierzu einen Ansatz im Marketing entwickelt, der genau diesen Punkt aufgreift: „Im Mittelpunkt des Interesses stehen Aufgaben, die es zu erledigen gilt, nicht Instrumente, Massnahmen und Methoden, die zur Erledigung herangezogen werden" (Tomczak/Reinecke 1999, S. 315). Die folgende Abbildung zeigt die Grundstruktur des Ansatzes.

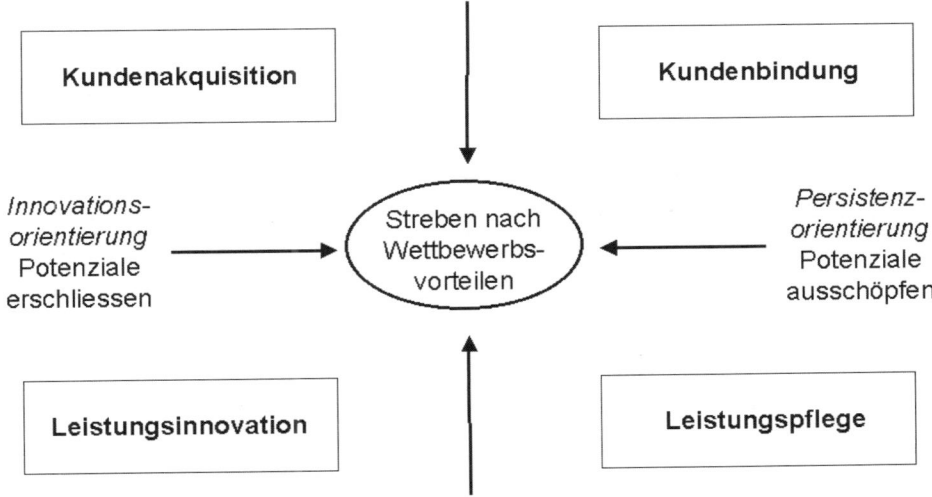

Abbildung 42: Basisorientierung und Kernaufgaben im Marketing
Quelle: Tomczak/Reinecke 1999, S. 308

Die Basisorientierungen des „Aufgabenorientierten Ansatzes" (Kunden-, Innovations-, Persistenz- und Ressourcenorientierung) erweisen sich als zielkonform mit denen des Key Account Management. Damit ist es zugleich möglich, die marktbezogenen Kernprozesse des gesamten Unternehmens mit denen des Key Account Management zu verknüpfen. Die zentrale These des aufgabenorientierten Ansatzes lautet: Um strategische Wettbewerbsvorteile auf- und ausbauen zu können, muss die Geschäftsleitung ihr Handeln an den vier Basisorientierungen integriert ausrichten. Der Aufgabenorientierte Ansatz integriert darüber hinaus neben dem Produktlebenszyklus (Leistungsinnovation und Leistungspflege) auch den Buying Cycle des Kunden (Kundenakquisition und Kundenbindung).

Kernaufgaben

Dieser muss ebenfalls in die Kundenbearbeitungsstrategie des Key Accounts einbezogen werden. Damit eignet sich dieser Ansatz zur Verknüpfung von Unternehmens- und KAM-Prozessen.

Alle vier Kernaufgaben gehören demzufolge zum Zielsystem im Key Account Management. Eine internationale Befragung bestätigt die Eignung der vier Kernaufgaben als Orientierung für das Key Account Management: Von den Befragten gaben 97 Prozent an, Kundenbindung sei ein Ziel. 81 Prozent bestätigten die Bedeutung der Leistungspflege, 79 Prozent der Leistungsinnovation und 78 Prozent der Kundenakquisition (Zupancic 2001, S. 113). Darüber hinaus stellt die Orientierung am Aufgabenorientierten Ansatz eine breite Basis für die Ableitung geeigneter Teilprozesse sicher. Im Folgenden werden die vier Kernaufgaben, wie sie von Tomczak/ Reinecke definiert werden, näher betrachtet und auf die besondere Situation des Key Account Management übertragen:

Kundenakquisition

- Unter „Kundenakquisition" werden sämtliche Massnahmen verstanden, die dazu führen, dass ein Kunde erstmalig bei einem Anbieter kauft. Diese Kernaufgabe ist auch für das Key Account Management von Bedeutung, da seine Aufgabe grundsätzlich darin bestehen kann, potenzielle Key Accounts zu akquirieren. Dies gilt für Konsumgüterunternehmen ebenso wie für Investitionsgüterunternehmen oder Dienstleister. Ein interessantes Industriegüter-Beispiel bietet die Vermarktung von Kraftwerken. Aufträge dieser Art werden über Ausschreibungen vergeben. Selbst wenn es sich um einen weiteren Auftrag desselben Kunden handelt, hat das Verfahren doch eher den Charakter einer Neuakquisition, bei dem sich ein Anbieter immer wieder neu profilieren muss, um den Zuschlag zu erhalten. Der Fokus liegt dabei vornehmlich auf der Akquisition von Aufträgen. Die Kernaufgabe Kundenakquisition spielt demzufolge eine wichtige Rolle, wenngleich „Kunden-/Auftragsakquisition" die geeignetere Bezeichnung im Zusammenhang mit dem Key Account Management darstellt.

Kundenbindung

- Unter „Kundenbindung" versteht man sämtliche Massnahmen, die zu kontinuierlichen oder vermehrten Wieder- und Folgekäufen führen bzw. verhindern, dass Kunden abwandern. Diese Kernaufgabe kann ohne weiteres auf das Key Account Management übertragen werden. Um an das obige Beispiel der

Kraftwerksvermarktung anzuknüpfen, sei darauf verwiesen, dass selbst die Anbieterunternehmen dieses Felds Massnahmen ergreifen werden, um die Kunden an sich zu binden und sich so einen gewissen Vorteil bei der Vergabe von Aufträgen im Rahmen neuer Ausschreibungen zu verschaffen.

- „Leistungsinnovation" bezeichnet sämtliche Massnahmen, die dazu dienen, neue Angebote zu kreieren und im Markt durchzusetzen. Auch diese Kernaufgabe lässt sich leicht auf die besondere Situation im Key Account Management übertragen. Es geht weniger um eine Durchsetzung im Markt, sondern um die Durchsetzung bei einem Key Account. Wichtige Kunden sind nicht selten Lead User neuer Produkte und Leistungen. Sie sind teilweise sogar in gemeinsame Entwicklungsprozesse mit dem Anbieter eingebunden.   *Leistungsinnovation*

- Als vierte Kernaufgabe kennzeichnet die „Leistungspflege" alle Massnahmen, die zu einer möglichst andauernden Marktpräsenz eines Angebots führen. Wiederum geht es im Key Account Management um die Präsenz eines Produkts beim Key Account. Zu berücksichtigen ist allerdings, dass für viele Dienstleister oder Investitionsgüterhersteller der Vertragsabschluss keinen Endpunkt darstellt. Vielmehr nimmt die Realisierung, z. B. die Betreuung einer Projektfinanzierung oder die Installation grösserer Anlagen, viel Zeit in Anspruch. Hinzu kommt, dass dieser Aspekt sowohl mit Blick auf die Leistung als auch mit Blick auf den Kunden als kritisch gilt. Die Leistungspflege wird wie die Kundenakquisition für das Key Account Management sprachlich angepasst, indem wir von der „Leistungsrealisierung und -pflege" sprechen.   *Leistungspflege*

8.4 Drei Prozessschritte bei der Schlüsselkunden-Bearbeitung

Wie wird nun aber das Key Account Management mit den vier Kernaufgaben umgehen? In Abhängigkeit der Branche und der spezifischen Anbietersituation werden sie unterschiedlich gewichtet. Entsprechend den Urhebern des aufgabenorientierten Ansatzes bieten sich folgende Schritte an (Tomczak/Reinecke, 1996, S. 8):

Fokussierung
- *Schwerpunkte bestimmen (Fokussierung):* Das Key Account Management legt kundenspezifisch fest, auf welche Kernaufgabe es den Schwerpunkt legt. Hier ist eine enge Anbindung an die kundenindividuelle Strategie sicherzustellen, die gewissermassen den Rahmen für die Prozesse vorgibt. So eignet sich ein Kunde, der die Zusammenarbeit eher schlank und effizient gestalten möchte, weniger für partnerschaftliche Leistungsinnovationen, sondern eher für die Leistungspflege. Je nach Geschäftstyp können die kundenbezogenen Prozesse eher in der Kunden-/Auftragsakquisition oder in der Kundenbindung liegen. Zur Fokussierung müssen jedoch klare Schwerpunkte gesetzt werden. Ein Key-Account-Manager beziehungsweise ein KAM-Team, das für einen Kunden die Strategie einer strategischen Allianz (vgl. Kapitel 6) verfolgt und gerade in der Auftragsakquisition involviert ist, kann sich selten in gleichem Masse einer Leistungsinnovation widmen. Hier besteht die Möglichkeit, Subteams zu konfigurieren. Beispiel: Ein Auftrag im Bereich „Chemical and Pharmaceutical Industries" der ABB wird nach der erfolgreichen Akquisition durch die Account-Teams in Projekte aufgeteilt und an so genannte „Capture Teams" weitergegeben, die die technische Realisierung übernehmen (Fritschi 1999, S. 28). Ähnlich verfährt man auch im Account-Programm von AT&T: „Once a sale is made, the sales manager provides only a limited amount of account services and support. The actual management of an account is handled by another party which is exclusively devoted to service." (Yip/Madsen 1996, S. 33)

Optimierung
- *Optimierung jeder einzelnen Kernaufgabe:* Die Prozesse innerhalb der Kernaufgaben müssen optimiert werden. Hilfreich ist es hierzu den Key-Account-Management-Prozess in Subprozesse zu untergliedern und einem internen Benchmarking zu unterziehen. Der gesamte Key-Account-Management-Prozess bei ABB ist in Subprozesse, wie z. B. Key-Account-Analyse, Teamselektion und -building, SWOT-Analyse usw., unterteilt. Diese Subprozesse gilt es über das KAM-Team zu verbessern.

Integration
- *Abstimmung der Massnahmen (Integration):* Haupt- und Subprozesse innerhalb der Kernaufgaben müssen zueinander passen und abgestimmt sein. Die Grenzen werden durch die Basisorientierungen und durch die key-account-individuellen Strategien gelegt. Es können nur so viele Kernaufgaben im Fo-

kus stehen, wie der Kunde benötigt (Kundenorientierung) und wie der Anbieter zu realisieren im Stande ist (Ressourcenorientierung).

8.5 Identifikation konkreter Prozesse für das Key Account Management

Zupancic (2001, S. 112 f.) hat gezeigt, dass sich der Aufgabenorientierte Ansatz zur Strukturierung der Prozesse im Key Account Management als geeignet erweist und dies durch einige konkrete Prozesse veranschaulicht. Zwar unterscheiden sich diese Prozesse in verschiedenen Branchen und Unternehmen, jedoch dienen die nachfolgend aufgeführten Kernprozesse als erste, allgemeingültige Orientierung.

Kernprozesse

8.5.1 Kundenbearbeitungsprozess im Rahmen der Kernaufgabe „Kunden-/ Auftragsakquisition"

- *Analyseprozess des Key Accounts:* Die Analyse eines Key Accounts erweist sich bei Neukunden als besonders aufwändig. Häufig gibt es bereits erste Kontakte und Anknüpfungspunkte. In jedem Fall gilt es, über einen Key Account alle relevanten (weltweit) verfügbaren Informationen zusammenzutragen. Hierzu müssen in der Regel diverse Abteilungen (oder Länderniederlassungen) mit eingebunden werden. Das vorhandene Leistungsspektrum dient dabei als Hauptfokus. Mögliche neue Leistungen dürfen jedoch ebenfalls nicht ausser Acht gelassen werden.

Analyseprozess

- *Prozess der Konkretisierung von Kundenbedürfnissen und Kundenstruktur:* Nach den ersten Informationen erfolgt eine Konkretisierung in persönlichen Gesprächen. Erst hier lassen sich in der Regel konkrete Ansatzpunkte zur Identifikation des Buying-Centers auf Kundenseite erkennen. Dies ist bei einem dezentralen Kunden ungleich schwieriger als bei einem Key Account, der sein Supply Management zentralisiert hat. Das gleiche gilt für die Kundenbedürfnisse. Je dezentraler der Kunde aufgestellt ist, desto dezentraler müssen die Aufgaben verteilt sein.

Konkretisierung

- *Konfigurationsprozess eines bedürfnisadäquaten Leistungssystems und Angebotsformulierung:* Erst wenn die Bedürfnisse und die Entscheidungsstruktur beim Key Account klar erkannt sind,

Konfiguration

kann ein Leistungssystem konfiguriert werden, das Grundlage eines chancenreichen Angebots ist. Je komplexer die vom Anbieter angebotenen Produkte sind, desto mehr betriebliche Funktionen müssen sich am Kundenbearbeitungsprozess beteiligen, um das entsprechende Fachwissen zur Verfügung zu stellen. Auch hier dürfen mögliche neue Leistungen nicht ganz vernachlässigt werden. Die Formulierung des Angebots und gegebenfalls notwendige Präsentationen schliessen diesen Subprozess ab.

Angebotstracking
- *Prozess des Angebotstracking:* Aufwändige Ausschreibungen aber auch individuelle Angebotssituationen (zum Teil in unmittelbarer Konkurrenz) verlaufen in mehreren Schritten. Nachträgliche Veränderungen durch die Anbieter sind teilweise zulässig. Ein abgegebenes Angebot muss daher verfolgt werden. Anpassungen sind schnell umzusetzen und das eigene Unternehmen des Anbieters muss sich auf mögliche Aufträge entsprechend einstellen. Die Faktoren haben unmittelbaren Einfluss auf die KAM-Teams.

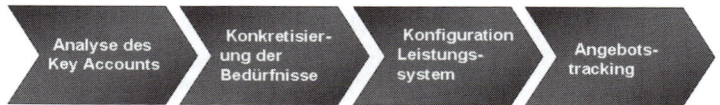

Abbildung 43: Subprozesse der Kernaufgabe „Kunden-/Auftragsakquisition"

8.5.2 Kundenbearbeitungsprozess im Rahmen der Kernaufgabe „Kundenbindung"

Aktualisierungsprozess
- *Erweiterung/Aktualisierungsprozess der Datenbasis über den Key Account:* Dieser Aspekt ist eine Grundvoraussetzung für eine kontinuierliche Geschäftsbeziehung und damit ein permanenter Prozess, den das Key Account Management bei etablierten Key Accounts durchführen muss.

Qualifizierung als strategischer Partner
- *Qualifizierungsprozess als weltweiter, strategischer Partner:* Viele Kunden bewerten ihre Lieferanten in Form von Ratings (z. B. Grieco/Cooper 1995, S. 106; Bhote 1989, S. 106 ff.). Nicht immer werden die Ergebnisse den Anbietern zugänglich gemacht. In einer offenen Beziehung wird jedoch in aller Regel darüber

gesprochen. Es kann ein probates Ziel für einen Anbieter werden, sich als weltweiter, strategischer Lieferant zu qualifizieren. Da es in aller Regel auf Kundenseite bestimmte Kriterien dazu gibt, stehen zumeist auch schon die Anforderungen fest, die es nun durch das Key Account Management umzusetzen gilt.
- *Planungsprozess konkreter Anlässe im Beziehungsmanagement:* Auf verschiedene Weise lassen sich Anlässe zur Festigung der Kundenbeziehung durchführen. Hierbei kann es sich um rein fachliche Treffen handeln, aber auch um Events zum Aufbau und zur Stabilisierung persönlicher Beziehungen. Ziel dieses kontinuierlichen Beziehungsmanagements ist darüber hinaus die Identifizierung und Realisierung von Cross-Selling-Potenzialen. — Planung
- *Kontinuierlicher Prozess der Bedürfnisanalyse und Ausschöpfung vorhandener Potenziale:* Aufbauend auf der kontinuierlichen Analyse des Kunden sollte ein Anbieter selbständig neue Bedürfnisse beim Kunden erkennen und latente Bedürfnisse wecken. Auch hierzu ist ein kooperatives Vorgehen aller im Key-Account-Management-Prozess Beteiligter nötig. — Potenziale ausschöpfen

Abbildung 44: Subprozesse der Kernaufgabe „Kundenbindung"

8.5.3 Kundenbearbeitungsprozess im Rahmen der Kernaufgabe „Leistungsinnovation"

- *Prozess der Produkt- und Prozessinnovationen:* Grundsätzlich bietet das Leistungssystem wieder einen Orientierungsrahmen, da Produkt- und Prozessinnovationen an allen Schalen ansetzen können (vgl. Kapitel 7). Es kann bei grundsätzlich neuen Produkten oder Produktkombinationen in den inneren Schalen beginnen und bis zu neuen Formen der Kooperation und Zusammenarbeit in der äusseren Schale reichen. Die Zusam- — Innovation mensetzung der an der Kundenbearbeitung Beteiligten und die Intensität der Zusammenarbeit differiert entsprechend.

Gemeinsame F&E
- *Gemeinsame Forschungs- und Entwicklungsprozesse:* Ein gutes Beispiel der Leistungsinnovation in Zusammenarbeit mit Key Accounts stellen gemeinsame Forschungs- und Entwicklungs-Prozesse dar. Diese erfordern entsprechend zusammengesetzte Teams, die sowohl aus Kunden, als auch aus Mitarbeitern des Anbieters bestehen.

Lead User
- *Prozess bei Lead-User-Verwendungen:* Bei gemeinsamen Entwicklungen ist eine frühe Zusammenarbeit des Anbieters mit Key Accounts üblich. Das (fast fertige) Produkt wird an den Kunden ausgeliefert und gemeinsam mit ihm fertig entwickelt bzw. der Kunde wirkt als Pilotkunde und Referenz für andere Projekte. Auch hier sind enge Formen der Zusammenarbeit mit dem Kunden über einen bestimmten Zeitraum notwendig, wenngleich die Zusammenarbeit von Seiten des Anbieters vor allem durch die Vertriebs- als auch durch die Entwicklungssicht getrieben ist.

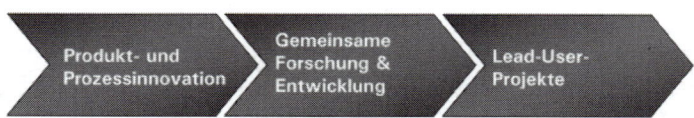

Abbildung 45: Subprozesse der Kernaufgabe „Kundenbindung"

8.5.4 Kundenbearbeitungsprozess im Rahmen der Kernaufgabe „Leistungsrealisierung und –pflege"

Projekte realisieren
- *Projektrealisierungsprozess:* Nach der Auftrags- oder Kundenakquisition erfolgt die Realisierung eines Projekts. Das Beispiel ABB hat diesbezüglich gezeigt, dass sich bei komplexen Projekten mit einem neuen Subprozess der Kundenbearbeitung Aufgaben und Beteiligte ändern („Capture-Teams"). Bei anderen Projekten oder kleineren Unternehmen muss dies nicht unbedingt

der Fall sein. Dennoch zieht die Realisierung andere Aufgaben nach sich.
- *Service- und Supportprozesse:* Hierunter sollen alle Aktivitäten verstanden werden, die nicht das Kerngeschäft und den ursprünglichen Kernauftrag umfassen, sondern ergänzende Leistungen, wie z. B. Bestellung und Lieferung von Verbrauchsmaterialien und Verschleissteilen für Maschinen, Lagerhaltung etc. Hierzu muss es effiziente Prozesse geben, die durch die an der Kundenbearbeitung Beteiligten realisiert werden können. — Service und Support
- *Qualitätssicherungsprozesse:* Qualitätssicherung ist ein wichtiger Prozess, der ebenfalls vom Key Account Management koordiniert oder sogar realisiert werden kann. — Qualität sichern
- *Beschwerdemanagement-Prozess:* Ein Beschwerdemanagement ist geeignet, Dissonanzen auf der persönlichen und der fachlich, produktbezogenen Ebene abzufangen bzw. schnelle Lösungen zu bieten. Ein definierter Beschwerdemanagement-Prozess kann eine Entlastung für das Key Account Management sein, da er sich gut delegieren lässt. Mit Blick auf das Leistungssystem finden sich mögliche Ansatzpunkte in allen Schalen des Modells (vgl. Kapitel 6). Beschwerden können sich also z. B. auf das Produkt (innerste Schale), die Dienstleistungen oder die persönliche Ebene (äusserste Schale) beziehen. — Beschwerdemanagement

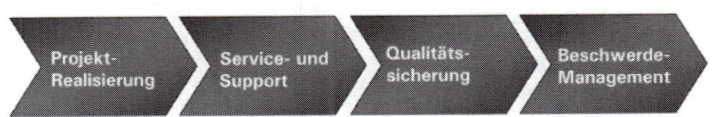

Abbildung 46: Subprozesse der Kernaufgabe „Leistungsrealisierung und -pflege"

8.5.5 Von den Aufgaben zu den Aufgabenträgern

Die vorangehenden Ausführungen haben gezeigt, dass bei der Bearbeitung von Schlüsselkunden eine Vielzahl unterschiedlichster Aufgaben anfallen. Diese können von einem Key-Account-Manager nur in den seltensten Fällen alleine übernommen werden. In der Regel sind es eine Vielzahl von Aufgabenträgern, die zur Befriedigung von

Schlüsselkunden-Bedürfnissen herangezogen werden. Es gilt, die Aufgaben und Tätigkeiten so zu koordinieren, dass eine effektive und effiziente Schlüsselkunden-Bearbeitung gewährleistet ist. Das Key Account Management muss dafür sorgen, dass die einzelnen Teilprozesse der Kundenbearbeitung sinnvoll ineinander greifen.

Casestudy Hilti AG: Bestimmung des Service-Prozesses für Key Accounts

Serviceprozesse

Unter Service versteht Hilti unter anderem die Unterstützung und Begleitung von Bauprojekten und die Bereitstellung umfassender Problemlösungen. Die Leistungen erstrecken sich von der Planung bis zur Fertigstellung von Bauprojekten und darüber hinaus. Für Grosskunden und Grossbauprojekte stehen die internationale Organisation und entsprechende Task Forces zur Verfügung. Das Beispiel Flughafen Hongkong zeigt, dass eine komplette Betreuung nur durch Einbezug aller beteiligten Ingenieur- und Baufirmen an verschiedenen Standorten und über Kontinente verteilt möglich ist.

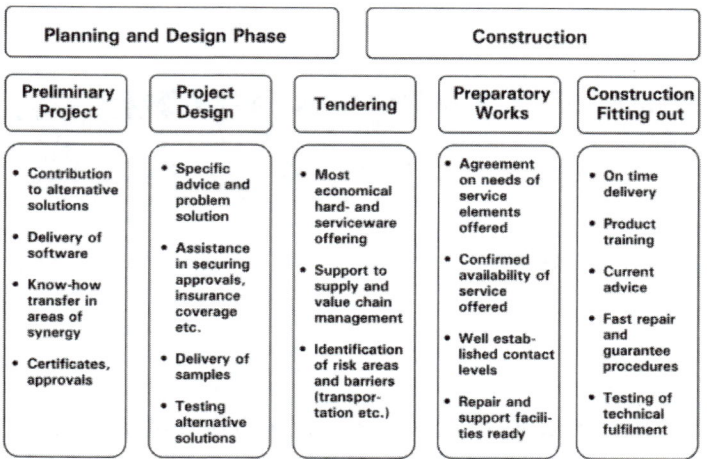

Abbildung 47: Software and service package for construction projects

Handlungsempfehlungen für das Ableiten von Key-Account-Management-Prozessen

Folgende Agenda ist eine Unterstützung, um die Prozesse der Schlüsselkunden-Bearbeitung abzuleiten:

- *Kernaufgabe bestimmen:* Was sind die Schwerpunkte der schlüsselkunden-individuellen Strategie? Soll ein potenzieller Key Account akquiriert oder ein vorhandener Schlüsselkunde stärker an das Unternehmen gebunden werden? Soll das vorhandene Leistungsportfolio besser beim Schlüsselkunden untergebracht werden, oder erkennt man in erster Linie Chancen durch die Entwicklung neuer Leistungen?
- *Kernaufgabe in Prozesse zerlegen:* Wie sehen typische Schlüsselkunden-Bearbeitungsprozesse im Unternehmen aus? Lassen sich einzelne Schritte identifizieren, bei denen der Prozesseigner wechselt?
- *Aufgaben bestimmen:* Welche Aufgaben müssen erfüllt sein, damit der Key Account das passende Leistungspaket erhält? Welche internen Voraussetzungen (Vorleistungen) müssen geschaffen werden? Wer muss über den Fortschritt informiert werden? Welche Aufgaben stehen in einem gegenseitigen Abhängigkeitsverhältnis?

9 Teams im Key Account Management

© Prof. Belz/Dr. Müllner/Dr. Zupancic & Mercuri International 2003

In diesem Kapitel erfahren Sie:

- ..., warum das Thema „Team" nicht nur positive Assoziationen weckt.
- ... warum Teams im Key Account Management eine immer wichtigere Rolle einnehmen.
- ... wie man Key-Account-Management-Teams (KAM-Teams) zusammenstellt.
- ... wie man die Verantwortlichkeiten der Team-Zusammenstellung regelt.
- ... was zu beachten ist, wenn Teams für neue Key Accounts zusammengestellt werden.
- ... welche Instrumente zur Koordination sich für die Führung von KAM-Teams anbieten.
- ... welche Rolle der Key-Account-Manager als Teamkoordinator einnimmt.

9.1 Teams: Ein veraltetes Thema im Management?

Die Komplexität der Schlüsselkunden-Bearbeitung mit einer Vielzahl von Kundenbearbeitungsprozessen und –subprozessen führte in vielen Unternehmen zur Erkenntnis, dass ein Key Account nur in den seltensten Fällen von einem Key-Account-Manager allein bearbeitet werden kann. Vielmehr geht es darum, die Vielzahl von Aufgaben und Tätigkeiten, die notwendig sind, um einen Schlüsselkunden zufrieden zu stellen, zu verbinden und systematisch zu steuern. Vor diesem Hintergrund gewann das Thema „Key-Account-Management-Teams" in Praxis und Wissenschaft in den vergangenen Jahren an Bedeutung (z. B. Zupancic 2001; Zupancic/Müllner 2000b).

In vielen Unternehmen stösst das Thema „Team" jedoch nicht mehr auf eine vorbehaltlos positive Meinung. Folgende Zitate namhafter Managementforscher belegen diesen Trend:

Illusion „Team"

- „Team - das ist blanker Aberglaube." (Reinhard K. Sprenger)
- „Team - Das Synonym für das Chaos, das ausbricht, wenn gutgläubige Soziologiestudenten in Unternehmen stolpern. Der Inbegriff für Angst, Verantwortungslosigkeit und Kellerkindergesang, verunsicherte Führungskräfte und unzählige Arbeitgeber, die den Glauben an solche Harmonie-Illusionen längst verloren haben." (Prof. Dr. Erich Staudt)
- „Teams richten mehr Schaden als Nutzen an, das haben wir alle leidvoll erfahren." (Peter F. Drucker)

Wunderwaffe „Team"

Was ist geschehen, dass die vermeintliche Wunderwaffe „Team", die in den 80er-Jahren eine motivierte, selbstgesteuerte Zusammenarbeit sich ergänzender Spezialisten versprach, derartig in Verruf geraten ist? Die Vermutung liegt nahe, dass man die mit Teams verbundenen Erwartungen einfach nicht erfüllen konnte. Die Grundideen des Teammanagement stammen aus dem Sport und aus den japanischen Managementansätzen der automobilen Produktion. Beides lässt sich nicht ohne weiteres auf andere Länder und die anspruchsvollen Aufgaben im Management und im KAM übertragen. Dennoch ist das Thema Team nicht pauschal abzulehnen. Insbesondere nicht, da es in bestimmten Situationen, z. B. auch im Key Account Management, nicht ohne diesen Ansatz geht. Vielmehr sollten systematische Ansätze zur Teamentwicklung genutzt werden, um die Nachteile einer weit verbreiteten Funktionsorientierung zu kompensieren.

Es gibt keine Alternative zum Team

Für das Key Account Management sind Teams ein Ansatz ohne Alternative. Untersuchungen zeigen jedoch einen deutlichen Widerspruch zwischen Anspruch und Wirklichkeit. Eine Befragung zu Zielen und deren Erreichung im International Key Account Management ergab, dass wichtige Ziele eines Key-Account-Management-Teams in der internen Kommunikation, der Verbesserung der internen Prozesse, dem proaktiven Handeln und der Verbesserung der Zusammenarbeit liegen. Sie setzen also genau am Problem der abteilungs- und bereichsübergreifenden Zusammenarbeit an. Kein gesetztes Ziel wird jedoch erfüllt. Zielsetzung und Zielerreichung klaffen über alle Items deutlich auseinander (Zupancic 2001, S. 14). Ein möglicher Grund liegt in der unprofessionellen und grösstenteils eher intuitiven Konfiguration und Koordination dieser Teams. Das vorliegende Kapitel zeigt verschiedene Lösungen auf.

Die Gruppenforschung hat die folgenden Ansätze zur Beschreibung von Gruppen erarbeitet (Steinmann/Schreyögg 1997, S. 518; Staehle 1999, S. 267):

Gruppenforschung

- Zwei oder mehr Personen, deren Gesamtzahl so gering ist, dass jede Person mit der anderen in direkten Kontakt (Face-to-Face) treten kann
- Das tatsächliche Auftreten solcher Kontakte (Interaktionen) muss ein gewisses Mindestmass überschreiten
- Ein festgelegter Kreis von Mitgliedern
- Ein gemeinsames Tun oder Wollen

Es wird deutlich, dass die Erkenntnisse der Gruppenforschung auf Voraussetzungen beruhen, die sich nicht ohne weiteres auf Key-Account-Management-Teams übertragen lassen. Die Mitglieder der KAM-Teams sind (gegebenenfalls weltweit) verteilt für die Bearbeitung eines Schlüsselkunden zuständig. Das heisst, der erste Punkt, die Möglichkeit des Face-to-Face-Kontakts, ist damit zumindest in einer gewissen Regelmässigkeit kaum möglich. Key-Account-Management-Teams sind fast immer virtuelle Teams. „Im Gegensatz zum konventionellen Team arbeitet ein virtuelles Team über Raum-, Zeit-, und Organisationsgrenzen hinweg und benutzt dazu Verbindungsnetze, die durch Kommunikationstechnologien ermöglicht werden" (Lipnack/Stamps 1998, S. 31). Es ist dabei nicht ausgeschlossen, dass sich die Teammitglieder auch persönlich treffen. Des Weiteren ist der Kreis der Mitarbeiter eines KAM-Teams nicht so fest umrissen, wie es die Gruppendefinition fordert. Hiervon sind sowohl die Interaktionsfrequenz als auch das gemeinsame Tun und Wollen betroffen. Die besonderen Eigenschaften von KAM-Teams als virtuelle Teams werden von Elaine Thiller, Global Account-Managerin bei Xerox, wie folgt beschrieben: „I've got a multi-lingual – certainly bi-lingual – person in each country that I know I can pick up the phone or email or I can otherwise engage in the account, who is going to be able to be my legs and arms over in that country if I can't get there. The problem is that these people are dedicated to the global account program but they're not dedicated to my account and they may have, in some of these smaller countries, many different hats that they wear." Das Beispiel aus dem internationalen Bereich verdeutlicht die Proble-

Virtuelle Teams

Globale Teams

matik und lässt sich ohne weiteres auf nationale KAM-Teams übertragen. Hier ist die Sache etwas weniger komplex, da interkulturelle und interorganisatorische Probleme entfallen. Sie ist aber dennoch anspruchsvoll und fordernd.

Nationale Teams

9.2 Die Zusammenstellung von KAM-Teams

Teammitglieder

Bei der Konfiguration von Teams für bestimmte Schlüsselkunden gilt es, die Interessen der Key Accounts und die Interessen des Anbieterunternehmens abzugleichen. In einer Befragung zur Teamkonfiguration im International Key Account Management wurde danach gefragt, wer in ein KAM-Team gehört.

Die meisten Unternehmen (93 Prozent) schätzen nach dieser Untersuchung selbst ab, welche Funktionen der Kunde benötigt und stellen das Team aus dieser Sicht zusammen. Einflüsse haben aber auch andere Faktoren, wie eine gewisse Konstanz in der Geschäftsbeziehung, persönliche Beziehungen usw. (Zupancic 2001, S. 89). Für ein systematisches Vorgehen werden drei Schritte benötigt:

9.2.1 Schritt 1: Analyse des Status quo der Kundenbeziehung

In der Regel besteht bereits eine Geschäftsbeziehung zu den Schlüsselkunden, wenn Key-Account-Management-Teams eingesetzt werden. Dies erfordert, dass zunächst eine Bestandsaufnahme stattfinden sollte. Alle Personen auf Kundenseite und gegebenenfalls auch die Personen auf Lieferantenseite sollten identifiziert werden. Ein Beziehungsdiagramm, wie es im Kapitel zur KAM-Analyse (Kapitel 5) am Beispiel Schott gezeigt wurde, ist dabei sehr hilfreich.

9.2.2 Schritt 2: Das Team aus Unternehmenssicht zusammenstellen

In einem zweiten Schritt sollten Unternehmen entscheiden, wer aus interner Sicht in die Teams für bestimmte Kunden gehört. Diese Entscheidung sollte vor allem durch die folgenden Überlegungen geprägt sein:

- Welche Funktionen werden benötigt, um den Kunden optimal zu bearbeiten?

- Welche Mitarbeiter des eigenen Unternehmens haben genügend Ressourcen und Fähigkeiten, um sich in diesem Team zu engagieren?
- Wie viele Mitarbeiter sollten mit welchem Zeitaufwand für das Kundenteam aktiv sein?

Die Zusammenstellung eines crossfunktionalen KAM-Teams zeigt die folgende Darstellung. Nach Möglichkeit sollte auch ein Vertreter des Managements Teil eines solchen Teams sein.

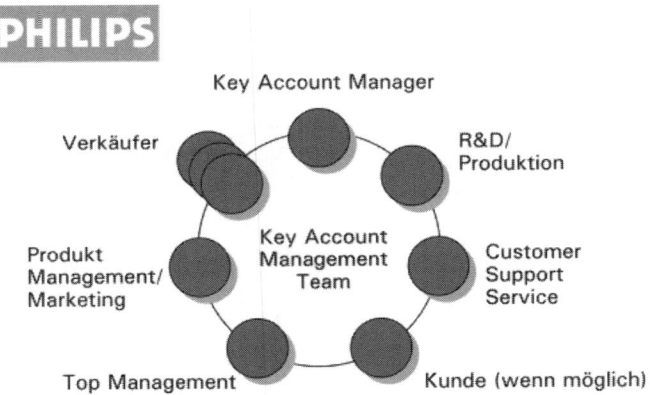

Abbildung 48: Cross-funktionale Key-Account-Management-Teams
Quelle: in Anlehnung an Senn 1999, S. 108

Auch die Integration des Kunden bzw. einzelner Mitarbeiter in die KAM-Teams kann eine Option darstellen. Man spricht in diesem Zusammenhang auch von der Interorganisation als eine Art Anbieter- und Kundenteam (Verra 1994). Wie weit eine solche Integration gehen kann, hängt wiederum jeweils von den im KAM-Team zu erledigenden Aufgaben ab. Die Möglichkeit einer solchen Integration sollte situationsabhängig erwogen werden.

Die beiden Fragen nach den Ressourcen und den Kosten sind nur situativ zu beantworten: Der Aufwand, den man für einen Kunden betreibt, muss sich auszahlen.

Die optimale Grösse eines KAM-Teams ergibt sich ebenfalls aus den Aufgaben. Helfert untersuchte den Aspekt der Teamgrösse für

Interorganisation

Teamgrösse

Kundenbeziehungsteams im Allgemeinen und konnte nachweisen, dass viele Teams gemessen an den zu erledigenden Aufgaben unter- oder überbesetzt waren (Helfert 1998, S. 167). Nach Lipnack/Stamps gibt es keine „richtige" Grösse für Teams: „Die Grösse des Teams hängt in erster Linie von der zu bewältigenden Aufgabe ab, und in zweiter Linie von den einzigartigen situationsbedingten Beschränkungen und Chancen" (Lipnack/Stamps 1998, S. 161). Eigene Untersuchungen ergaben folgendes Bild: Ein Team verfügt durchschnittlich über fünf Mitarbeiter, die durchschnittliche Minimalanzahl liegt bei zwei, die durchschnittliche maximale Grösse liegt bei neun Teammitgliedern (Zupancic 2001, S. 93). KAM-Teams müssen grundsätzlich überschaubar bleiben. Es gilt, einen Kompromiss zwischen den Informationsbedürfnissen der in den

Fallbeispiel:

Unterschiedliche Intensitäten der Team-Zugehörigkeit bei der Degussa Goldschmidt AG

Die Degussa Goldschmidt AG, ein weltweiter Anbieter von Feinchemikalien, gliedert die am Prozess der Schlüsselkunden-Bearbeitung Beteiligten in A-, B- und C-Mitglieder (vgl. Abbildung 49).

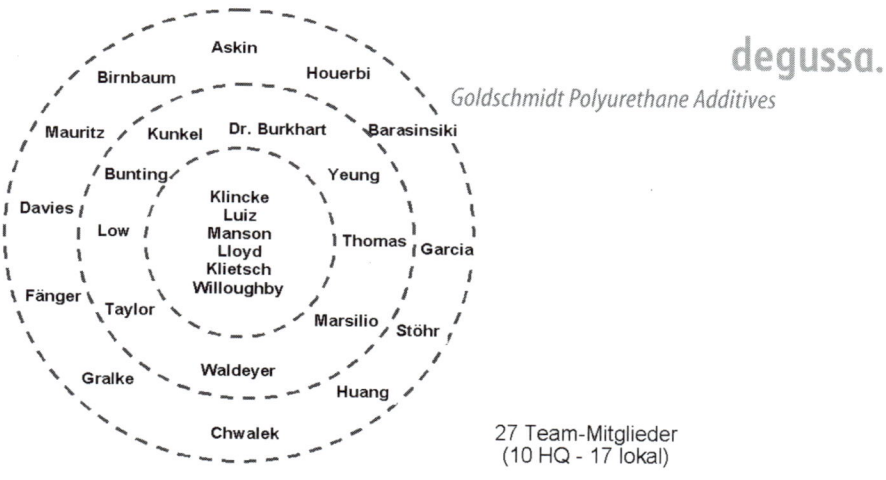

Abbildung 49: KAM-Teamstruktur bei der Degussa Goldschmidt AG
Quelle: Wittmer/Putze 2000, S. 30

Schlüsselkunden-Bearbeitungsprozess Involvierten und einer effizienten Zusammenarbeit zu finden. Bei der Degussa Goldschmidt AG arbeitet man mit drei unterschiedlichen Intensitäten der Team-Zugehörigkeit (Abbildung 49).

Der Kreis der A-Mitglieder umfasst diejenigen Personen, die regelmässig mit wichtigen Entscheidungsträgern des Kunden zusammenarbeiten. B- und C-Mitglieder haben weniger mit dem Kunden bzw. mit den entscheidenden Personen Kontakt. Die Kommunikation, beziehungsweise die Frage, welche Informationen an wen gehen oder in welchem Rhythmus die Meetings abgehalten werden, unterscheiden sich entsprechend den Einteilungen.

A-, B- und C-Teams

9.2.3 Schritt 3: Abgleich mit den Kundenbedürfnissen

Erst im dritten Schritt kommt die Kundenperspektive ins Spiel. Es hat sich in der Praxis bewährt, zunächst von den internen Möglichkeiten auszugehen.

Abbildung 50: KAM-Teams sollten die Kundenorganisation widerspiegeln

Kundenorganisation „spiegeln"

In Schritt 3 gilt es, die Funktionen zu berücksichtigen, die der Key Account benötigt. Hierzu versucht man in der Regel die Kundenorganisation bzw. die Funktionen und Mitarbeiter, die auf Kundenseite besonders wichtig sind, zu „spiegeln". Das Beispiel der Habasit AG zeigt dies (Abbildung 50):

Es gilt ferner, zu jeder Funktion, die für den Kunden wichtig ist und zu denen er in der Regel auch Mitarbeiter benannt hat, eine spiegelbildliche Position aufzubauen. Es werden Mitarbeiter zur Verfügung gestellt, die fachlich auf gleicher Ebene mit den Mitarbeitern des Kunden sprechen können.

Neben der fachlichen Seite muss aber auch die persönliche berücksichtigt werden. Im Zweifel kann es sein, dass andere Mitarbeiter (inkl. der Position des Key-Account-Managers) in das Team berufen werden, weil die „Chemie" zwischen den Personen nicht stimmt.

9.3 Verantwortlichkeiten in der Teamzusammenstellung

Belastung

Hauptakteur in der Teamzusammenstellung ist der Key-Account-Manager. Er kennt den Kunden und seine Mitarbeiter sowie die eigene Organisation. Er sollte seine Pläne mit den zuständigen Linienverantwortlichen abstimmen. Wichtig erscheint hier die Frage der Ressourcenzuteilung. Viele Unternehmen entschliessen sich zur Einführung von KAM-Teams und definieren die Aufgaben für die Teammitglieder einfach als Zusatzaufgaben. Es ist jedoch davon auszugehen, dass Mitarbeiter in Organisationen heute bereits an ihrer Belastungsgrenze arbeiten. Werden die Key-Account-Management-Aufgaben zusätzlich aufgebürdet, sind Konflikte vorprogrammiert. Hier müssen sich die Linienverantwortlichen und der Key-Account-Manager mit Unterstützung einer höheren Managementebene verbindlich abstimmen.

9.4 Teamkonfiguration bei neuen Key Accounts

In der Regel handelt es sich bei Key Accounts um vorhandene Kunden mit bestehenden Beziehungen zwischen den beteiligten Personen. Wie geht man nun aber bei einem neuen Key Account vor? Wie baut man die Netzwerke auf? Die Frage ist leicht beantwortet, aber anspruchsvoll in der Umsetzung. Es muss einem Unternehmen gelingen, relativ schnell zu verschiedenen Bereichen des Kunden Beziehungen aufzubauen. Wenn ein Key-Account-Manager einen ersten Kontakt zum Kunden hat, sollte er bestrebt sein, diesen Kontakt dazu zu nutzen, andere wichtige Mitarbeiter und Funktionen in Erfahrung zu bringen. Zu diesen Personen sollten er oder Mitglieder seines Teams bewusst Kontakte knüpfen und Beziehungen aufbauen (Networking).

Networking

9.5 Koordinationsinstrumente für KAM-Teams

Grundsätzlich lassen sich Primär- und Sekundärorganisation unterscheiden. Die Primärorganisation ist nach *Staehle* die aufbauorganisatorische Grundstruktur eines Unternehmens, die durch sekundäre Strukturierungskonzepte überlagert werden kann (Staehle 1999, S. 739). Die Key-Account-Management-Teams sind typische Sekundärstrukturen einer Organisation. Sie überlagern in fast allen bekannten Beispielen andere Unternehmensstrukturen. Die Koordinationsinstrumente, die für Key-Account-Management-Teams genutzt werden, müssen diesem Aspekt Rechnung tragen.

Dem Key-Account-Manager in der Rolle eines Teamleiters kommt eine besondere Rolle zu. Dies zeigen die in einer internationalen Befragung gewonnenen Ergebnisse, wonach für 93 Prozent der Befragten die persönliche Überzeugungskraft ein wesentlicher Aspekt der Führung von KAM-Teams darstellt (Zupancic 2001, S. 98). Nur 24 Prozent messen disziplinarischen Vorgesetztenrechten des Key-Account-Managers eine grosse Bedeutung bei. Bei 56 Prozent der Unternehmen spielt auch die Abstimmung über eine höhere Instanz eine grosse Rolle, wobei diese Variante im Tagesgeschäft als relativ ineffizient beurteilt wird. Eine Koordination durch die Hierarchie entfällt damit in den meisten Fällen oder ist nur begrenzt möglich. Es müssen also andere Koordinationsinstrumente zur Anwendung kommen.

Key-Account-Manager als Koordinator

Mögliche Ansatzpunkte für eine Legitimation zur Koordination von Mitarbeitern, die einem Key-Account-Manager nicht direkt unterstellt sind können z. B. sein:

Führen ohne formale Macht	• *Autorität:* Key-Account-Manager eines Unternehmens haben das Ansehen und die Stellung, die ihrer Aufgabe gebührt. • *Mitsprache für die persönliche Karriere:* Mitarbeiter, die in KAM-Teams aktiv sind können sich im Unternehmen profilieren und werden vom Key-Account-Manager „belobigt". • *Lerneffekte:* Ein erfahrener Key-Account-Manager sollte immer auch eine Person sein, von der man viel im Umgang mit Kunden lernen kann. Hier kann jedes KAM-Teammitglied profitieren. • *Erfolgsbeteiligung:* Wenn das Key Account Management erfolgreich ist, profitieren alle Beteiligten. • *Vertrauen:* Sind Key-Account-Manager echte Persönlichkeiten, werden Mitarbeiter ihnen vertrauen und die Zusammenarbeit mit ihnen schätzen.
Koordination	Zur Koordination haben sich im Management neben der Hierarchie eine Vielzahl unterschiedlicher Instrumente herausgebildet (Backhaus/Büschgen/Voeth 1998, S. 375 ff.; Staehle 1999, S. 555). Hierzu gehören z. B. Organisationsstrukturen, Zielvereinbarungen, Zentralisierung von Entscheidungen, Versammlungen, Meetings, Besprechungen, Gremien, Stellenbeschreibungen, Standardisierungen und Formalisierungen, Unternehmenskultur, Informationssysteme, Persönliche Netzwerke, Auswahl und Fortbildung von Mitarbeitern, Anreizsysteme, Planungs- und Kontrollsysteme.
Zielvereinbarung	Zielvereinbarungen stellen ein wichtiges Koordinationsinstrument im Key Account Management dar. Sie können grundsätzlich auf das gesamte KAM-Team angewendet werden und lassen sich über Haupt-, Neben-, Ober- und Unterziele bis auf die Ebene eines jeden KAM-Teammitglieds herunterbrechen.
Teamaufgaben	Aufgaben des KAM-Teams verändern sich und stehen selten getrennt nebeneinander. Stattdessen wohnt ihnen zum einen meist eine gewisse Dynamik inne, zum anderen handelt es sich um Aufgaben, die interdependente Tätigkeiten mit sich bringen. In Abhängigkeit der Aufgabendynamik und der Interdependenzen zwischen einzelnen Aufgaben bieten sich verschiedene Koordinationsinstrumente an (Zupancic 2001, S. 101).
Koordinationsinstrumente	Sind die Aufgaben, die vom KAM-Team zu erfüllen sind, relativ einfach strukturiert und verändern sie sich im Zeitablauf wenig dynamisch, so ist eine Koordination der Teammitglieder über „Pläne und Standards" möglich (z. B. Staehle 1999, S. 755; Burr 1998,

S. 314). Hierbei kann es sich z. B. um Anweisungen handeln, welche Informationen über einen Kunden von allen Teammitgliedern gepflegt werden sollen (vgl. Abbildung 51, Quadrant unten links). Ein anderes Beispiel sind Standardbestellungen, die von einem Rahmenvertrag abgedeckt werden. Ist die Aufgabe durch geringe Interdependenzen gekennzeichnet, aber stark dynamisch, so ist es möglich, innerhalb des KAM-Teams einen Hauptverantwortlichen (*Task-Owner*) zu bestimmen (vgl. Abbildung 51, Quadrant oben links). Dieser wäre allein für die Erledigung solcher Aufgaben verantwortlich, wobei ein gewisses Feedback der Information zu den anderen Teammitgliedern gewährleistet sein sollte. Ein Beispiel ist hier die Annahme von Beschwerden und Reklamationen durch einen Key Account, die einfach zu beheben sind. Derartige Aufgaben können teilweise durch vorgegebene Abläufe, z. B. im Rahmen eines Qualitätsmanagements, hinterlegt werden. Pläne und Standards lassen sich anhand der Prozesse definieren, die in Kapitel 8.2 vorgestellt wurden.

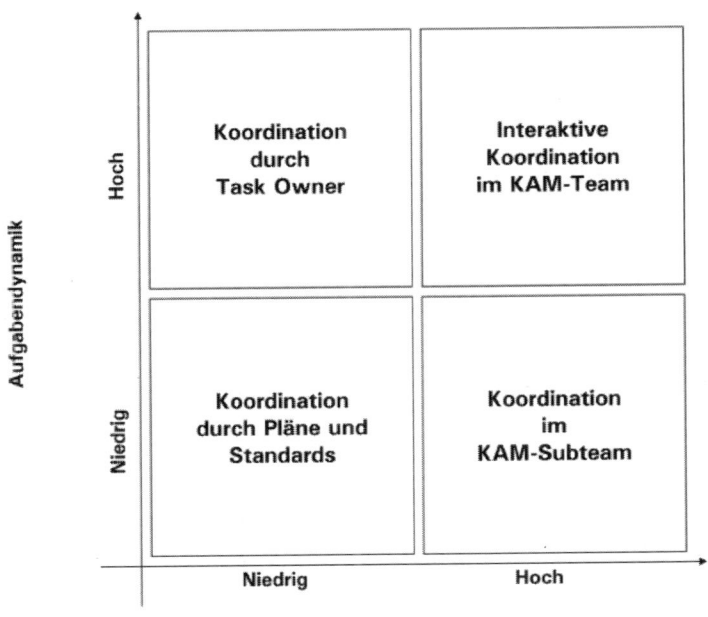

Abbildung 51: Koordination in KAM-Teams
Quelle: In Anlehnung an Zupancic 2001, S. 101

Handelt es sich bei den Aufgaben um solche, die wenig dynamisch aber interdependent zwischen den Teammitgliedern sind, so bieten sich „Sub-Teams" innerhalb des Key-Account-Management-Teams an, die zur Lösung der Aufgabe zusammengestellt werden (vgl. Abbildung 51, Quadrant unten rechts). Ihre Grösse und Zusammensetzung richtet sich nach den Aufgaben bzw. den Interdependenzen und kann unter Umständen das gesamte KAM-Team umfassen. Diese Konstellation kann bei längerfristigen F&E-Projekten mit einem Key Account sinnvoll sein. Die letzte Variante besteht in der Koordination durch eine „interaktive Teamlösung" (vgl. Abbildung 51, Quadrant oben rechts). Hierunter fallen alle Projekte, die sich durch starke Interdependenzen bei den Aufgaben und durch eine hohe Dynamik auszeichnen. Diese Aufgaben sollten direkt mit dem gesamten Team gemeinsam bearbeitet werden. Abbildung 51 zeigt die vier typischen Felder.

9.6 Die Rolle des Key-Account-Managers als Teamkoordinator

Der Key-Account-Manager ist der Teamkoordinator. Folgende Konstellationen zwischen ihm und den anderen Teammitgliedern zum Kunden sind möglich.

Rollen des Key-Account-Managers

In der Rolle des „Unsichtbareren Orchestrators" ist der Koordinator dem Kunden in seiner Funktion nicht unbedingt bekannt. Vielmehr zieht er als „Spider in the Web" die Fäden in der eigenen Organisation (Fritschi 1999, S. 24). Diese Konstellation kann z. B. dann sinnvoll sein, wenn der Kunde nicht über ein explizites Supply Management Team verfügt, seine Beschaffungsaktivitäten, die den Anbieter betreffen, also nicht zentral bündelt und strategisch verfolgt.

Der Global Account-Manager eines grossen Industrieunternehmens, der mit seinem Team für ein Chemieunternehmen agiert, nimmt diese Rolle in der beschriebenen Weise wahr, da der Kunde so dezentral ist, dass eine andere Konstellation gar nicht denkbar ist.

Die Variante „One Voice to the Customer" ist die Weiterentwicklung eines „One Face to the Customer", das lange Zeit als Idealbild im Key Account Management gehandelt wurde. „One Face" würde bedeuten, dass wirklich alle Kontakte über den Key-Account-Manager laufen. Dies ist in der Praxis kaum möglich und würde den Key-Account-Manager überfordern. Die vielfältigen Kontakte (in der Abbildung durch die gestrichelten Linien angedeutet) sollten vielmehr dem Key-Account-Manager mitgeteilt bzw. über ihn koordiniert werden.

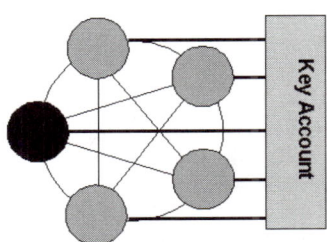
Unsichtbarer Orchestrator

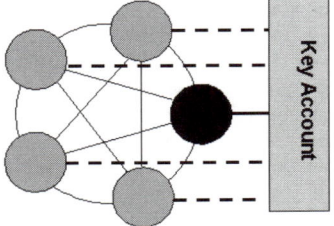
One Voice to the Customer

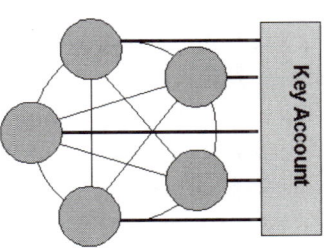
Autonomes KAM-Team

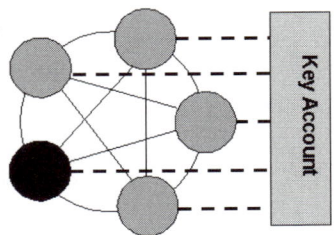
Informeller KAM-Teamleiter

Abbildung 52: Die Rolle des KAM-Teamkoordinators in unterschiedlichen Teamkonfigurationen
Quelle: In Anlehnung an Zupancic/Müllner 2000, S. 53

Fallbeispiel:

Koordination durch den Account-Manager bei der SAP AG

Für die Account-Managerin bei der SAP AG ist es selbstverständlich, über alle Kontakte, die zu ihrem Kunden, einem führenden Medienkonzern, laufen, informiert zu sein und diese aktiv zu steuern. Erstmalige oder neue Anfragen des Kunden laufen immer über die Account-Managerin, die dann aufgabenspezifisch das Team aufstellt bzw. die vorhandenen Strukturen anpasst.

Ein „autonomes KAM-Team" ist nur unter bestimmten Voraussetzungen möglich. Das Fallbeispiel der Degussa Goldschmidt AG veranschaulicht dies plastisch.

> **Fallbeispiel:**
>
> **Autonome Key-Account-Management-Teams bei der Degussa AG Goldschmidt**
>
> **degussa.**
> *Goldschmidt Polyurethane Additives*
>
> Die Degussa Goldschmidt AG konnte seine International Key Accounts für bestimmte Bereiche isoliert festlegen, da es keine Überschneidungen im Einkauf durch die Kunden gab. In diesem Unternehmen ist eine überschaubare Anzahl von Mitarbeitern in unterschiedlicher Konstellation für die Key Accounts verantwortlich. Die Teams koordinieren sich, zum Teil unterstützt durch einen Moderator, weitestgehend selbständig (Wittmer/Putze 2000, S. 31). Der Moderator unterstützt die Gruppe bei der Entscheidungsfindung, ist in Bezug auf den Entscheidungsprozess jedoch neutral und hat keine Führungsrolle (Funk 2001, S. 49).

Die Konstellation „Autonome KAM-Teams" scheint nur möglich, wenn sich eine begrenzte Zahl von Mitarbeitern zu unterschiedlichen Anlässen für unterschiedliche Key Accounts immer wieder zusammenfindet. Aufgrund der persönlichen Treffen und des überschaubaren Kreises weist diese Konstellation Merkmale von realen Teams auf. Sobald diese Besonderheiten verloren gehen, wird eine gewisse Führung und Koordination zwingend erforderlich. Diese kann z. B. auch durch einen „informellen KAM-Teamleiter" wahrgenommen werden, der neben seiner Funktion im Team eine koordinierende Rolle erfüllt.

Matrix

Casestudy Hilti AG: Orchestrierung der KAM-Teams

Die Hilti AG verwendet im Zusammenhang mit KAM-Teams den Begriff der „Orchestrierung der Kundenkontakte". Er umschreibt die Aufgaben und Einsatzmöglichkeiten des Grosskunden-Verantwortlichen (Nationaler Account-Manager, KAM bzw. Global Account Executive, GAE)

treffend, da durch die matrixartige Zuordnungen die Leistung des Global Account Executive trotz weit reichender Verantwortlichkeit nur einen Teil der Gesamtleistung darstellt. So erfolgt die Bündelung von Leistungen gegenüber dem Kunden durch den Einsatz verschiedener Stellen ausserhalb der eignen Führungseinheit und teilweise der eigenen juristischen Einheit bzw. ausserhalb der nationalen Strukturen. Die Ziele wie Kundenzufriedenheit und Erfolg sind somit nur durch eine motivierende und diplomatische Steuerung aller relevanten Aktivitäten erreichbar. Dies trifft auch bei einer starken hierarchischen Positionierung und starken Unterstützung durch die Geschäftsleitung zu.

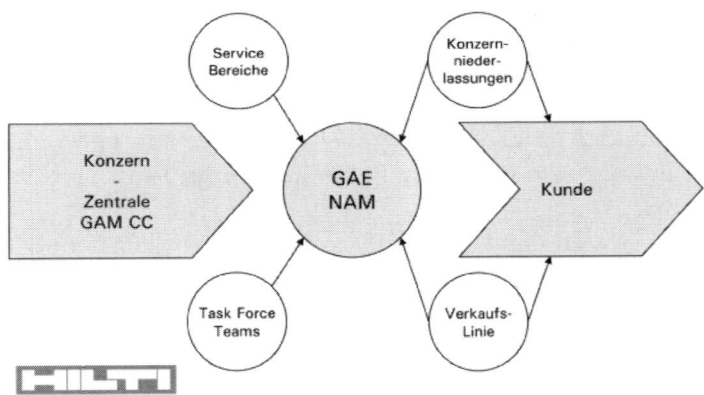

Abbildung 53: Die Key Player bei der Orchestrierung der Global-Account-Teams

Der Global Account Executive bündelt multifunktionale Kontakte und Leistungen zum Kunden. Dabei werden Ressourcen und Zuständigkeiten von Linienfunktionen und teilweise juristisch selbständigen Organisationseinheiten tangiert. So entstehen Herausforderungen in der Abstimmung zwischen Servicebereichen und Konzernstäben, die für die Einhaltung von Richtlinien beispielsweise in den Bereichen Finanz, Recht, Kommunikation, Logistik etc. zu sorgen haben. Task Force Teams können für besonders komplexe Teilprojekte zusammengestellt werden. Es entsteht ein Netzwerk von beteiligten Personen und Einheiten, das orchestriert werden

Bündelung multifunktionaler Kontakte

muss. Diese Funktion ist gegenüber dem Kunden nur glaubhaft, wenn an Ort und Stelle ohne ständige Rücksprachen verhandelt werden kann. Es gibt kaum eine Chance, alle Eventualitäten durch feste Regeln zu steuern, aber die folgenden pro-aktiven Massnahmen haben sich bei Hilti als vorteilhaft erwiesen:

Proaktive Massnahmen

- Klarstellung der GAE (NAM) Aufgaben und Kompetenzen im Konzern
- Verabschiedung von Richtlinien und Strategien im Bereich Kundenbetreuung
- Bereitstellung von multifunktionalen und multidivisionalen Teams, die mit dem GAE die Leistungsangebote an Kunden definieren und am Erfolg interessiert sind.
- Auftritt gegenüber dem Kunden mit einer Stimme zum Kunden

Entscheidend ist, dass bei Eingriffen in die Gewinn- und Verlust-Verantwortungen von Verkaufseinheiten der gemeinsame Nutzen sichtbar ist.

Orchestrierung

Bei grossen und komplex strukturierten Grosskunden bezieht sich die Orchestrierung auf

- Konzernstellen (Tochtergesellschaften, Niederlassungen, ev. Agenturen etc.)
- Interne Stellen (Logistik, Marketing, Rechtsabteilung, Finanzbereiche etc.)
- Einzusetzende Teams/Task Forces (institutionalisiert oder sporadisch)
- Die Linienorganisation (disziplinarisches Reporting)
- Die funktionalen Strukturen (bei Hilti: Competence Center)

Für das Zusammenspiel dieser Kräfte sind entsprechende Informations- und Kommunikationsmittel sowie der Kundenentwicklungsplan von entscheidender Bedeutung.

Erfolgselement „Erfahrungsaustausch"

Sowohl für die laufende Ausübung der übertragenen Arbeit wie für die kundenindividuelle Erstellung von Aktions- bzw. Entwicklungsplänen ist ein permanenter Austausch von Wissen im Bereich der Kollegen im Funktionsbereich wie mit den bereits erwähnten Beteiligten notwendig. Komponenten sind:

Erfahrung

- Austausch von Kundeninformationen und Erfolgsmeldungen (auch via Intranet)
- Workshops mit Kollegen
- Kundenindividuelle Workshops mit den wichtigsten Beteiligten, bei Bedarf eventuell mit Delegierten des Kunden
- Enger Kontakt mit der funktionellen Führungsstelle (Wissenstransfer durch das erwähnte „Competence Center")

Bündelung des Wissens

Die Kontakte zwischen grossen Firmen spielen sich auf unterschiedlichen hierarchischen Ebenen (multi-level) und Funktionen (multi-funktional) ab. So ergibt sich eine Zusammenarbeit beispielsweise auf den Ebenen der Geschäftsleitung, der Produktdivisionen/"Business Units", der Logistik, der Informationstechnologie oder des Einkaufs. Meldungen an das Key Account Management sind nicht obligatorisch. Aus Unwissenheit oder Gedankenlosigkeit können somit strategisch wichtige Informationen nicht in eine gesamtheitliche Betrachtung einfliessen.

Multilevel und multifunktional

Daher gilt es, die Top-Kunden-Plattform (inkl. Niederlassungen und aller Geschäftseinheiten) über informationstechnische Lösungen zu identifizieren. Diese Kommunikations-Plattform stellt sowohl Werkzeug (Tool) wie Motivationsgrundlage für einen Informationsaustausch dar. Eine realistische Motivation entsteht durch ein konsequentes und für einzelne Funktionsträger hilfreiches Feedback des Key-Account-Managers.

Handlungsempfehlungen für das Zusammenstellen und Führen von KAM-Teams

Folgende Agenda ist eine Unterstützung für Sie, um Teams zu konfigurieren und erfolgreich zu steuern:

- *Wer ist in den Kundenbearbeitungsprozess involviert?* Oft sind Mitarbeiter unterschiedlicher Abteilungen und Hierarchiestufen in den Kundenbearbeitungsprozess eingeschlossen. Es hilft, alle direkten und indirekten Kundenkontaktpunkte zu identifizieren.

- *Welche Funktionen oder Fähigkeiten wünscht sich der Kunde?* Es sollten bedürfnisadäquate Teams zusammengestellt werden. Werden bereits vorhanden Kontakte genutzt?
- *In welcher Intensität ist ein Kollege als Mitglied in das Team zu integrieren?* Der richtige Mittelweg zwischen Effizienz und Effektivität zählt. Entscheidend ist, dass das Anbieterunternehmen eine Meinung nach aussen vertritt. Hierzu müssen diejenigen, die mit dem Key Account zu tun haben, über die Zusammenarbeit informiert sein. Information bedeutet jedoch nicht, dass jeder bei jedem Meeting mit dabei sein muss. A-, B- und C-Mitgliedschaften (wie im Fallbeispiel Degussa Goldschmidt AG) sorgen für klare Regeln.
- *Mit wem ist das Hinzuziehen eines Mitarbeiters in ein Team abzustimmen?* Um die Qualitäten eines Teammitglieds wirklich nützen zu können, ist ein klares Commitment seines direkten Vorgesetzten zu Gunsten einer Mitgliedschaft im KAM-Team unumgänglich.
- *Welche Rolle nimmt der Key-Account-Manager ein?* Unterschiedliche Situationen erfordern unterschiedliche Rollen (Unsichtbarer Orchestrator, One Voice, Informeller KAM-Teamleiter).
- *Wie mobilisiert man Mitarbeiter?* Je formaler und regelgebundener die Zusammenarbeit gestaltet wird, desto eher beschäftigen sich Mitarbeiter mit Regeln statt mit den Kunden. Neben Formalien haben Key-Account-Manager verschiedene Möglichkeiten, sich durch ihre Persönlichkeit so einzubringen, dass andere gerne mit ihnen zusammenarbeiten.

Handlungsempfehlungen für den Aufbau eines Netzwerks beim Kunden

Networking kann man fliessen lassen und davon ausgehen, dass sich Beziehungen mit der Zeit entwickeln. Man kann sie aber auch bewusst fördern. Folgende Hinweise können hilfreich sein:

- Man sollte nicht von jedem Kontakt einen direkten Nutzen erwarten.
- (Alte) Kontakte sind regelmässig aufzufrischen.
- Kontakte zu verschiedenen Funktionen sollten gepflegt werden.
- Die Zeit anderer ist konstruktiv zu nutzen.

- Unaufgefordertes Revanchieren für Gefälligkeiten ist vorteilhaft.
- Man sollte niemanden im Stich lassen, der sich in einem Tief befindet.

10 Erfolgsmessung im Key Account Management

© Prof. Belz/Dr. Müllner/Dr. Zupancic & Mercuri International 2003

In diesem Kapitel erfahren Sie:

- ... welche Bestandteile in ein umfassendes System der Erfolgskontrolle im Key Account Management gehören.
- ... wie man von Informationen lernen kann.
- ... welche Kennzahlen geeignet sind, den Erfolg zu steuern.
- ... wie eine KAM-Balanced-Scorecard entwickelt wird.

10.1 KAM benötigt ein umfassendes System zur Erfolgskontrolle

KAM ist ein umfassendes Marketingkonzept, das sich auf die wichtigsten Kunden eines Unternehmens konzentriert. Das Controlling des Schlüsselkundenmanagements ist jedoch häufig nicht adäquat. Nach wie vor messen viele Unternehmen ihre Ergebnisse im KAM eindimensional am Umsatz. Vorökonomische oder psychografische Kennzahlen kommen erheblich seltener zum Einsatz. Key Account Management ist jedoch zu komplex und zu dynamisch, um sich eindimensional auf vergangenheitsbezogene Finanzkennzahlen verlassen zu können. Im Sinne eines systematischen Performance Measurement gilt es, geeignete quantitative und qualitative Kontrollgrössen zu bestimmen und sie in leistungsstarken Steuerungsinstrumenten zu berücksichtigen.

Mehrdimensionale Erfolgsmessung

Die folgenden Sätze verdeutlichen den Bedarf nach einer umfassenderen Sicht auf das Thema Controlling im KAM:

Wer nur mit dem Fahrrad unterwegs ist, kann ohne Messinstrumente auskommen. Vielleicht nutzt er einen Kilometerzähler. Ein Auto verfügt bereits über mehrere Instrumente wie Tacho, Kilometer- und Tageskilometeranzeiger, Drehzahlmesser und verschiedene

Flüssigkeitsanzeigen. In einem Flugzeug benötigt man ein ganzes Cockpit, um sicher auf Kurs zu bleiben.

Analog gilt diese Erkenntnis auch im KAM: Key Account Management ist wesentlich komplexer als z. B. der Verkauf an der Haustüre. Es verhält sich damit ähnlich, wie das Fliegen zum Radfahren. Damit reicht in der Regel eine einzige Messgrösse, wie z. B. der Umsatz, nicht mehr aus, um Erfolge im KAM zu messen.

10.2 Balanced Scorecard als Basis für eine mehrdimensionale Kontrolle im KAM

Qualitative und quantitative Messgrössen

Ergebnisse in komplexen und dynamischen Managementsituationen wie dem Key Account Management lassen sich nur mehrdimensional erfassen. Um ein umfassendes Bild der Leistungsergebnisse zu erhalten, sind verschiedene qualitative und quantitative Faktoren miteinander zu kombinieren. Dabei sollten verschiedene Perspektiven eingenommen werden, um ein ausgewogenes Ergebnis zu gewährleisten (Cook/Macaulay 1997, S. 12). Entsprechende Ansätze finden sich im internationalen Industrievertrieb ebenso wie im Key Account Management (Belz/Reinhold 1999, 169 ff.; Deking/Meier 2000, S. 251). Das wohl populärste Instrument haben Kaplan/Norton in Form der Balanced Scorecard vorgestellt (1992, S. 71ff.). Ausgangspunkt ist die Erkenntnis, dass sich operative Aktivitäten nicht mit der Strategie verknüpfen lassen, da letztere eher an quantitativen Kennzahlensystemen anknüpft. Insgesamt identifizierten Kaplan/Norton vier unterschiedliche Barrieren.

Barrieren

- *The Vision Barrier:* Da sich Strategien nicht in konkrete Steuerungsgrössen umwandeln lassen, werden sie von den Mitarbeitern, die diese im operativen Geschäft umsetzen sollen, nicht verstanden.
- *The People Barrier:* Da es keine unmittelbare Verknüpfung zu den Aufgaben der Mitarbeiter gibt, ist auch keine Verknüpfung mit den Zielen und gegebenenfalls mit Incentives möglich.
- *The Resource Barrier:* Es gibt keine Verknüpfung zur operativen Planung, z. B. in Form von Budgets.

- *The Management Barrier:* Es ist keine Verbindung zwischen der operativen Kontrolle von Aktivitäten und der strategischen Kontrolle möglich.

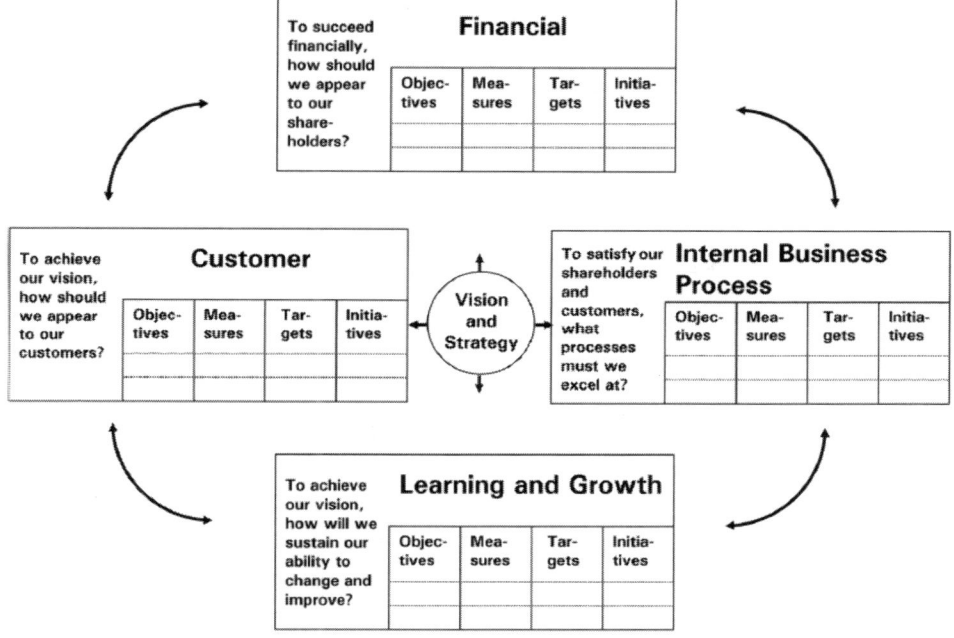

Abbildung 54: Grundstruktur der Balanced Scorecard
Quelle: Kaplan/Norton 1996, S. 76

Die Balanced Scorecard wurde als Ansatz für die Unternehmensführung entwickelt, setzt also an einem höheren Abstraktionsgrad an, als er für das Key Account Management erforderlich ist. Dennoch lassen sich wesentliche Erkenntnisse für die Ergebniskontrolle im KAM ableiten, da sich die Grundlagen prinzipiell auf die Führung von Mitarbeitern übertragen lassen (Bühner/Akitürk 2000, S. 44 ff.). Eine Übertragung bietet sogar Zusatzvorteile, da sich nämlich das übergeordnete Unternehmenscontrolling und das KAM-Controlling besser integrieren lassen, wenn das Unternehmen z. B. bereits mit einem Ansatz, wie der Balanced Scorecard arbeitet (Thillner/Zupancic 2002, S. 20). Folgende Aspekte sind wichtig:

Unternehmenscontrolling

Erstens gilt es, die Perspektiven über finanzwirtschaftliche Kennzahlen hinaus zu erweitern. Kurzfristig lässt sich der Erfolg im Key Account Management nur selten in Umsatzzahlen messen. Mit qualitativen Werten, z. B. aus Kundenbefragungen, sind in aller Regel auch nach kurzer Zeit Erfolge messbar.

Zweitens werden die Ziele für das Key Account Management zumindest zu einem Teil aus der Unternehmensstrategie abgeleitet. Um das Kontrollsystem hier von der Unternehmensstrategie bis zum KAM schlüssig zu gestalten, genügt es kaum, sich nur im Rahmen des KAM mit diesen Ideen zu beschäftigen. Hier müssen Wechselwirkungen zwischen den Mitarbeitern und Teams auf Ebene der KAM-Organisation und darüber hinaus zum Gesamtunternehmen berücksichtigt werden.

Drittens weisen die Überlegungen von Kaplan/Norton auf die Notwendigkeit einer engen Verknüpfung der Ziele mit den Messgrössen und den Aufgaben hin. Dies ist vor allem für die operative Kontrolle im KAM von besonderer Bedeutung.

Viertens muss auch bei der Erfolgskontrolle im KAM die Perspektive des Key Accounts berücksichtigt werden. Dies wiederum um so mehr, je enger die Zusammenarbeit zwischen den beiden Unternehmen ist. Im Idealfall sind die Zielsysteme und die Ansätze der Erfolgskontrolle in jeder Dimension auf Seiten des Suppliers kompatibel mit denen des Key Accounts. „Kompatibel" bedeutet dabei, dass die Zielsysteme zueinander passen und nicht, dass es sich um das gleiche Zielsystem handelt.

Anpassung der Balanced Scorecard

Eine Balanced Scorecard zur Erfolgskontrolle im Key Account Management muss auf die besonderen Bedürfnisse von Key-Account-Managern bzw. Key-Account-Management-Teams angepasst werden (Müllner/Zupancic 2002, S. 18).

10.3 Ansatzpunkte für eine KAM-spezifische Balanced Scorecard

In verschiedenen Forschungsworkshops mit Praxisexperten wurden Ansatzpunkte für die Entwicklung einer KAM-spezifischen Balanced Scorecard entwickelt. Die nachfolgenden Abbildungen zeigen die erarbeiteten Vorschläge. Dabei werden jeweils die Ziele mit den Messgrössen und möglichen Zielausprägungen in Verbindung gebracht.

Perspektive des Key Account: Wie sollte der KA die Leistungen des Anbieters beurteilen?		
Ziel	**Messgrösse**	**Zielausprägung**
Steigerung der Kundenzufriedenheit	• Kundenzufriedenheits-Index im Rahmen von Kundenbefragungen • Qualitative Fragen	• Steigerung im Index um X Prozent • Qualitative Beurteilung
Reduktion der Beschwerden/ Reklamationen	• Anzahl der Beschwerden • Ausmass der Problemursache	• Reduktion der Anzahl • Verminderung der Problemursache
Steigerung der Effizienz in der KAM-Team-Koordination	• Qualitative Befragung des Kunden • Qualitative Befragung des KAM-Teams	• Qualitative Beurteilung
Steigerung der Angebotsqualität	• Anzahl der Zuschläge in Ausschreibungen	• Steigerung um X Prozent
Status eines bevorzugten Lieferanten beim Kunden	• Lieferantenbewertungen durch den Key Account	• Status erreichen oder Position verbessern
Akquise neuer Key Accounts (Referenzkunden)	• Aufträge von neuem Key Account	• Auftragseingang
Intensivierung der Zusammenarbeit mit dem Key Account	• Anzahl gemeinsamer Innovationen, neuer F&E-Projekte oder gemeinsamer Events	• Steigerung der Anzahl
Verbesserung der Beziehungsqualität	• Anzahl aussergeschäftlicher Kontakte • Anzahl Kundenevents	• Steigerung der Anzahl

Abbildung 55: Beispiele für die Ausprägung einer KAM-Balanced-Scorecard in der Kundenperspektive
Quellen: Zupancic 2001; Müllner 2002

Die Beispiele von Zielen, Messgrössen und Zielausprägungen aus der „Perspektive des Key Accounts" lassen sich beliebig ausbauen (vgl. Abbildung 54). Sie geben erste Anhaltspunkte und müssen vor allem an die entsprechenden Aufgaben angepasst werden. Wichtig erscheint hier, auch qualitative Elemente in die Betrachtung einzubeziehen, da sie bei vielen Aufgaben, die nicht quantitativ messbar sind, die einzigen Anhaltspunkte für eine Erfolgskontrolle bieten.

Finanzielle KAM-Perspektive: Wie sollte die Leistung des Anbieters in finanzieller Hinsicht aussehen?		
Ziel	**Messgrösse**	**Zielausprägung**
Schnelleres Wachstum mit dem Key Account	• (Weltweit) kumulierter Umsatz	• Steigerung um X Prozent pro Jahr im Vergleich zu anderen Kunden (-gruppen)
Senkung der Bearbeitungskosten des Key Accounts	• (Weltweit) kumulierte Transaktionskosten im Verhältnis zum Umsatz	• Senkung um X Prozent pro Jahr
Erschliessen von Kostensynergien	• Kostensenkung aufgrund neuer Funktionsaufteilung	• Senkung um X Prozent pro Prozess und Jahr
Steigerung der Profitabilität des Key Accounts	• (Weltweit) Kumulierter Gewinn bzw. Kundendeckungsbeitrag	• Steigerung um X Prozent pro Jahr
Ausschöpfung des Kundenpotenzials	• (Weltweiter) Share of Wallet des Key Accounts	• Steigerung um X Prozent pro Jahr

Abbildung 56: Beispiele für die Ausprägung einer KAM-Balanced-Scorecard in der finanziellen Perspektive
Quellen: Zupancic 2001; Müllner 2002

Profitabilität

Mit Blick auf die „finanzielle KAM-Perspektive" konnte im Rahmen diverser Forschungsworkshops eindeutig der Wunsch der KAM-Praktiker nach einer stärkeren Berücksichtigung von „wirklichen" Erfolgsgrössen, wie z. B. der Profitabilität (im Gegensatz zu der mengenorientierten Grösse Umsatz) festgestellt werden. Dies scheitert zumeist an den unzureichenden Möglichkeiten der weltweiten Informationssysteme (Müllner 2002, S. 198 und S. 203). So muss selbst der mit einem weltweit tätigen Key Account realisierte Umsatz in vielen Unternehmen manuell zusammengetragen werden.

KAM-Prozessperspektive: In welchen KAM-Prozessen sollte der Anbieter besonders herausragende Leistungen erbringen, um die KA-Bedürfnisse optimal zu erfüllen?		
Ziel	Messgrösse	Zielausprägung
Steigerung der Angebotsqualität	• Anzahl der Zuschläge	• Steigerung gegenüber Vorjahr
Steigerung der Qualität in der Auftragsrealisierung	• Zeit, Qualität, Flexibilität, Beschwerden, First Pass Yield	• Steigerung der Messgrössen gem. der internen Statistik
Koordination der Leistungserstellung verbessern	• Projektlaufzeit • Auftragsbearbeitungszeiten	• Verkürzung
Optimierung logistischer Prozesse	• Zeit, Qualität, Flexibilität, Beschwerden	• Steigerung der Messgrössen gem. der internen Statistik
Optimierung der unternehmensübergreifenden Zusammenarbeit	• Qualitative Befragung von Kunden- und KAM-Teammitgliedern • Zeit, Qualität, Flexibilität, Beschwerden	• Qualitative Beurteilung • Steigerung der Messgrössen gemäss der internen Statistik
Transparenz der Schlüsselkunden-Beziehung steigern	• Dokumentation gemeinsamer Projekte, Meilensteine und Ergebnisse in Datenbank	• Anteil dokumentierter Leistungen steigern
Verrechenbarkeit erhöhen	• Verhältnis von in Rechnung gestellter zu einem Key Account erbrachten Leistungen	• Verhältnis verbessern

Abbildung 57: Beispiele für die Ausprägung einer KAM-Balanced-Scorecard in der Prozessperspektive
Quellen: Zupancic 2001; Müllner 2002

Die vierte, bei Kaplan/Norton mit „interne Prozesse" bezeichnete Perspektive kann auf das KAM angepasst werden, indem sowohl interne als auch unternehmensübergreifende Prozesse Berücksichtigung finden. Intern geht es in erster Linie um Lernprozesse. Extern spielen Wachstumsprozesse eine wichtige Rolle (vgl. Abbildung 58).

Wachstums- und Lernperspektive der KAM-Organisation: Wie kann das Lernen innerhalb der KAM-Organisation, insbesondere der KAM-Teams gefördert werden, und wie können gemeinsame Lernprozesse angestossen werden, um Wettbewerbsvorteile in der Bearbeitung von Schlüsselkunden aufzubauen?		
Ziel	Messgrösse	Zielausprägung
Über eine bestimmte Zeit soll die Teamkonfiguration möglichst stabil sein	• Teaminterne Fluktuation	• Fluktuation < X Pro Jahr
Zufriedenheit der Teammitglieder	• Qualitative Befragung	• Qualitative Auswertung
Steigerung der Mitarbeiterqualifikation für KAM-Teamaufgaben	• Trainingsrate, Turnus Job Rotation, • Anzahl potenzieller Mitarbeiter für KAM-Teams	• Trainingsrate > X Tage/Jahr • Pool von X Mitarbeitern
Steigerung des Informationsaustausches	• Nutzung eines internen Knowledge-Systems • KAM-Workshops	• Nutzungsrate > Std./Tag; Abfrage bestimmter Informationen/Tag • Anzahl Workshops/Jahr
Anstossen gemeinsamer Lernprozesse	• Mitarbeiteraustausch • Integration von technischem Personal in die Fertigungs- und Entwicklungsprozesse des Kunden • Gemeinsame Schulungen	• Anzahl der Mitarbeiter/Jahr
Verbesserung der Neuproduktentwicklung	• Anzahl gemeinsamer Neuentwicklungen • Anzahl gemeinsam generierter Ideen	• Anzahl pro Jahr • Steigerung der Anzahl im Laufe der Geschäftsbeziehung

Abbildung 58: Beispiele für die Ausprägung einer KAM-Balanced Scorecard in der Wachstums- und Lernperspektive
Quellen: Zupancic 2001; Müllner 2002

Die *Wachstums- und Lernperspektive der KAM-Organisation* birgt grosse Potenziale zum Aufbau echter Wettbewerbsvorteile. Es darf davon ausgegangen werden, dass sich hier wirkliche Vorsprünge aufbauen lassen, wenn es gelingt, das spezifische Wissen über einen Key Account, aber auch über die Prozesse und Ansatzpunkte zu seiner Bearbeitung, systematisch in der eigenen Organisation zu verteilen, auszubauen und zu nutzen.

Im Vorangegangenen konnten lediglich einige Beispiele aufgezeigt werden, wie Ziele, Messgrössen und Zielausprägungen für eine KAM-spezifische Balanced Scorecard aussehen könnten. Durch die Verbindung dieser drei Aspekte mit konkreten Initiativen stellen Kaplan/Norton (1992) eine konkrete Verbindung zu den Aufgaben oder Aktivitäten her. Bei unserer Vorgehensweise empfehlen wir die Orientierung an den KAM-spezifischen Aktivitäten und Prozessen, wie sie in Kapitel 8 dargestellt wurden. Im Grunde geht es darum, Messgrössen zu finden, die mit den identifizierten Aktivitäten und Prozessen verbunden werden können. Die folgende Abbildung zeigt den Screenshot eines KAM-Cockpits.

KAM-Cockpit

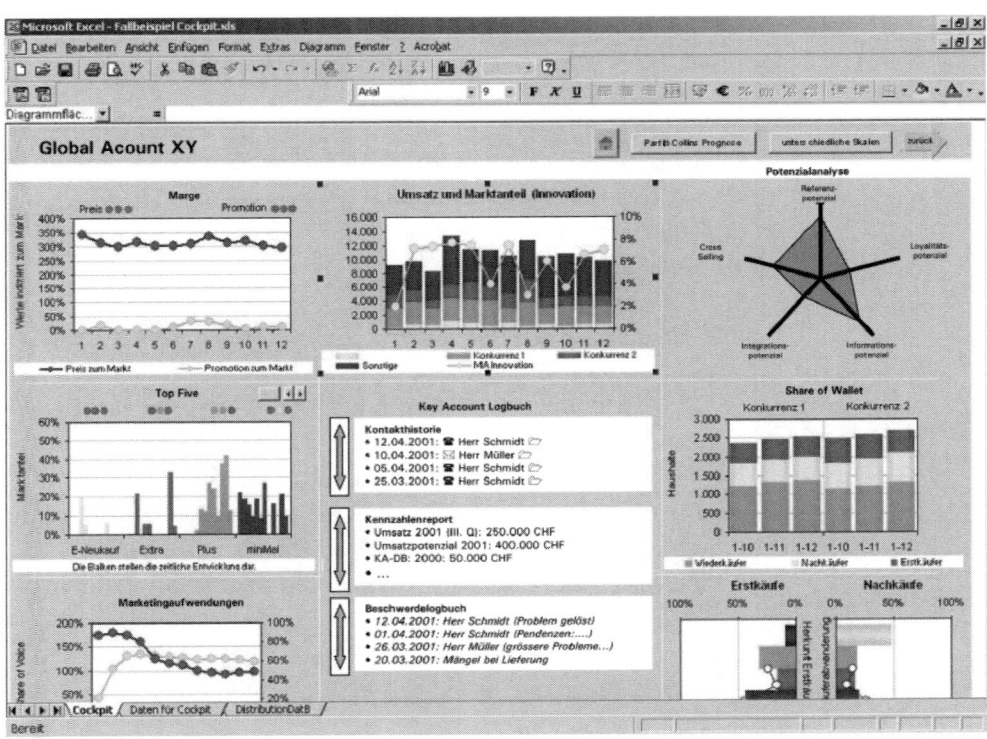

Abbildung 59: Screenshot eines KAM-Cockpits

Casestudy Hilti AG: Cockpit

Basis einer zielführenden Steuerung von Schlüsselkunden ist auch bei Hilti eine Informationsbasis mit qualitativen und quantitativen Rückmeldungen aus dem Markt. Für Hilti ist es wichtig, dass die Daten schnell verfügbar sind, definierte Teammitglieder und involvierte Stellen einen selektiven Zugang zu den Daten erhalten, und dass die Informationen eine konkrete Schlussfolgerung ermöglichen. Dies trifft für das nationale Account-Management zu – im internationalen Bereich multiplizieren sich die Anforderungen.

Informationsquellen

Die Informationsquellen des Key Account Management bei Hilti sind:

- Rechnungszeile
- Rückmeldung der Aussenstellen
- Analytik des verantwortlichen Key-Account-Managers

Erfolgsvoraussetzungen

Wesentliche Elemente der Erfolgsmessung bei Hilti sind:

1) Umsätze (Wert – Mengen), segmentiert nach Kundenkriterien
2) Wirtschaftlichkeitskennzahlen
3) Marktanteile
4) Kundenzufriedenheit

Entscheidend ist die Datenübermittlung. Voraussetzungen sind:

- IT – Strukturen zur Übermittlung von Daten aus der Faktura-Zeile und anderen Systemen (Service, Logistik, Buchhaltung).
- Vernetzung der Kundenstrukturen („Parenting"): Der Aufwand für die Erfassung und Pflege solcher Systeme kann erheblich sein (Beispiel ABB mit ca. 1500 Geschäftseinheiten)
- Bereitschaft der eigenen Aussenstellen zu qualitativen Rückmeldungen (Erfolge, Probleme).

Handlungsempfehlungen für die Erstellung einer KAM-Balanced-Scorecard

Folgende Agenda ist eine Unterstützung, um ein systematisches KAM-Controlling durchführen zu können:

- *Welche Ziele will man mit dem Key Account erreichen?* Ziele und Strategie sowie die Aktivitäten und Prozesse, die sich daraus ableiten, bestimmen die Auswahl der geeigneten Steuerungskennzahlen.
- *Welche Kennzahlen sind leicht zu erheben?* Es bietet sich an, mit leicht zu beschaffenden Kennzahlen zu beginnen.
- *Welche Messgrössen sollten wann überprüft werden?* Zeitpunkte der Messung sollten eingehalten und in einem Plan festgehalten werden.

11 Der Key-Account-Plan

© Prof. Belz/Dr. Müllner/Dr. Zupancic & Mercuri International 2003

In diesem Kapitel erfahren Sie...

- ... was man unter Planung im Key Account Management versteht.
- ... welchen Zweck ein Key-Account-Plan erfüllt.
- ... welches die typischen Inhalte eines Key-Account-Plans sind.
- ... welche Stellung der Key-Account-Plan im Planungsprozess einnimmt.
- ... wie man einen Key-Account-Plan umsetzt.

11.1 Wesen der Planung im Key Account Management

Key-Account-Management-Planung bedeutet das künftige Markt-, Unternehmens- und Key-Account-Geschehen systematisch und rational zu durchdringen, um Richtlinien für das Verhalten im Key Account Management abzuleiten. Die Key-Account-Planung ist Teil der Marketingplanung und damit wichtiges Kernstück der Unternehmensplanung (Kuss/Tomczak 2002, S. 20). Angesichts einer wachsenden Dynamik und Komplexität des Umwelt- und Unternehmensgeschehens nimmt die Notwendigkeit der Planung zu. Gleichzeitig erfordern verstärkte Umweltturbulenzen aber auch den Abbau starrer Planungsautomatismen zu Gunsten flexibler Konzepte, die es ermöglichen, rasch auf veränderte Bedingungen einzugehen.

Marketingplanung

Der Key-Account-Plan dokumentiert die wesentlichen Ergebnisse der Kundenanalyse. Er beinhaltet die Ziele der Zusammenarbeit und die schlüsselkunden-bezogenen Strategien sowie die beabsichtigten Massnahmen und Problemlösungen zur erfolgreichen Bearbeitung eines Key Accounts im Stil eines „Action Plans" (Kulessa/Frank/Stangl 1999, S. 21; Senn 1996, S. 91; Verra, 1994, S. 60 f.). Als Ergebnis des schlüsselkunden-spezifischen Planungsprozesses, bindet er den oder die verantwortlichen Key-Account-Ma-

„Action-Plan"

nager und dient als Grundlage der Vertriebsbudgetierung (Müllner 2002, S. 169).

11.2 Aufbau eines Key-Account-Plans

KAM-Zirkel als Orientierung

Der Key-Account-Plan lässt sich dem St.Galler KAM-Zirkel entsprechend strukturieren (vgl. Abbildung 60). Im Analyseteil werden die Geschäftsbereiche und die Strategie des Schlüsselkunden, seine Entscheidungs- und Organisationsstrukturen, das Buying Center des Kunden und kritische Entscheidungswege, Beteiligte der Kundenbeziehung und ihre Bedürfnisse, die Wertkette des Kunden und kritische Schnittstellen, die Beziehungshistorie und gemeinsame Projekte in der Vergangenheit sowie die Identifikation der Kontaktstellen zwischen Schlüsselkunde und eigenem Unternehmen dokumentiert.

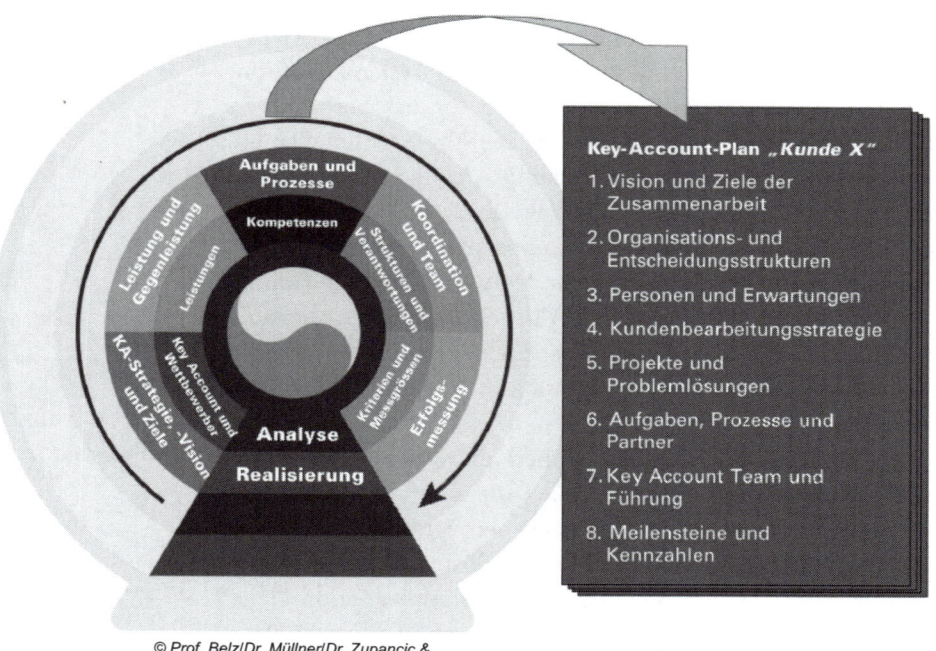

Abbildung 60: Der KAM-Zirkel gibt die Struktur für Key-Account-Pläne vor

Der Realisierungsteil dokumentiert die individuelle Kundenbearbeitungsstrategie und hält die Ziele der Zusammenarbeit fest. Im Idealfall enthält er eine Vision für die Zusammenarbeit mit dem Schlüsselkunden. Der Key-Account-Plan informiert über geplante Projekte und Leistungspakete, mit denen die zukünftige Zusammenarbeit intensiviert werden soll. Er führt die an der Leistungserstellung beteiligten Mitarbeiter des eigenen Unternehmens ebenso auf wie die Kontaktdaten wichtiger Kooperationspartner. Der Plan steuert die Aufgabenverteilung und zeigt Verantwortliche. Regeln und Grundsätze der Zusammenarbeit sowie Angaben zur schlüsselkunden-spezifischen Preis- und Konditionengestaltung regeln das Tagesgeschäft. Meilensteine und Kennzahlen dienen der Erfolgsüberprüfung.

Managementprozess im KAM

Die nachfolgenden acht Gliederungspunkte zeigen den Aufbau der Key-Account-Pläne eines Halbleiterherstellers, der international tätige Unterhaltungselektronik-Hersteller als Schlüsselkunden bearbeitet:

1.) Customer Overview (Tätigkeitsfelder, Strategie des Kunden)
2.) Umsatzentwicklung und Forecast (Kundendeckungsbeitrag/ Profit)
3.) Organisationsstruktur Key Account (Buying Center etc.)
4.) Individuelle Kundenstrategie
5.) Projekte/Leistungspakete
6.) Core Team und weiterer Management Support
7.) Action Plan (Meilensteine)
8.) Messgrössen / Erfolgsmessung

In der Praxis kann nicht jeder Schlüsselkunde in dieser Tiefe analysiert werden. Je mehr Key Accounts von einem Key-Account-Manager zu bearbeiten sind, desto weniger Zeit stehen ihm für die Key-Account-Planung zur Verfügung. Das nachfolgende Fallbeispiel weist einen Ausweg.

Fallbeispiel:

MRI worldwide, Zürich

MRI worldwide vermittelt seinen Schlüsselkunden qualifizierte Führungskräfte. Die Bearbeitung von Schlüsselkunden erfolgt im Milizprinzip. Ein Geschäftsführer ist für 10 bis 15 Schlüsselkunden verantwortlich. Durch knappe Zeitressourcen arbeitet MRI worldwide mit zwei unterschiedlichen Key-Account-Plänen. Für die 5 wichtigsten Schlüsselkunden wird ein „umfassender Key-Account-Plan" nach dem St.Galler KAM-Konzept erstellt. Abbildung 61 zeigt den Aufbau des gut fünfzig Seiten umfassenden Plans. Die restlichen Schlüsselkunden werden nach einem sogenannten „kleinen Key-Account-Plan" bearbeitet. Dieser folgt ebenfalls der Grundstruktur des St.Galler KAM-Konzepts, doch umfasst er nur gut zehn Seiten. Dies reduziert die Analyse- und Planungsarbeit auf ein akzeptables Mass und gewährt dennoch ein systematisches Bearbeiten dieser Kunden.

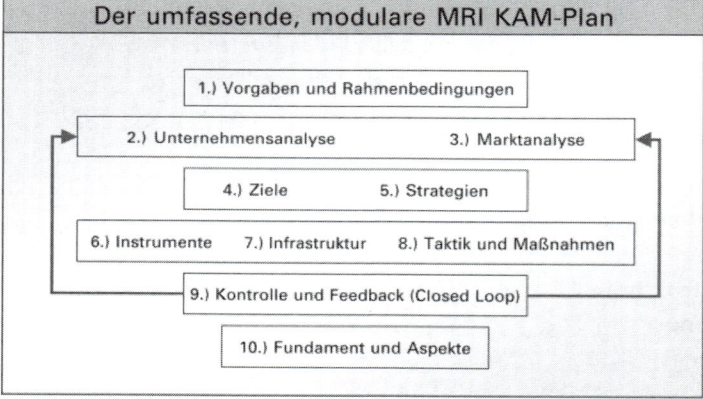

Abbildung 61: Struktur des Key-Account-Plans bei MRI worldwide
Quelle: Odermatt 2003

11.3 Abstimmen des Key-Account-Plans

Key-Account-Pläne sind mit weiteren im Anbieterunternehmen gültigen Teilplänen wie den Businessplänen verschiedener strategischer Geschäftseinheiten oder Marktorganisationen, dem Finanzplan oder diversen Marketing- und Produktplänen abzustimmen

(Verra 1994, S. 179). Je wichtiger die Key Accounts im Kundenportfolio eines Anbieters sind und je kritischer der Absatzbereich für den Erfolg eines Unternehmens ist, desto stärker sollte der Key-Account-Plan die anderen Teilpläne „dominieren". Bei der Bearbeitung internationaler Schlüsselkunden nimmt der Global-Account-Plan die Funktion eines Masterplans für die lokalen Account-Manager ein, indem er auch Vorgaben für lokale Teilpläne beinhaltet. Dies ist insbesondere in komplex strukturierten Unternehmen notwendig (Müllner 2002, S. 170).

Dominanzanspruch des KAM

Dabei ist dem Masterplan Vorrang vor lokalen Plänen einzuräumen, da dezentrale Entscheidungskompetenzen und fehlende hierarchische Einordnung der Key-Account-Verantwortlichen sonst häufig zu internen Konflikten führen. Unterliegt die Schlüsselkunden-Planung dem „Primat des Key-Account-Plans" durch verbindliche Weisungen, so werden Abstimmungsprobleme und -konflikte vermieden. Der Key-Account-Plan entwickelt sich so zu einem starken Instrument der Überwindung von Koordinations- und Implementierungsproblemen (Verra 1994, S. 61).

Darüber hinaus dient die kooperative Abstimmung eines Key-Account-Plans mit Produktplänen oder nationalen Account-Plänen in gemeinsamen Strategiesitzungen dem Aufbau eines für das Key Account Management notwendigen „Team Spirit". Auf diese Weise lassen sich Produktmanager oder lokale Schlüsselkunden-Manager am besten zum Einhalten der Planvorgaben und zum Anerkennen der Vorherrschaft des Key-Account-Plans motivieren. Bei der Bearbeitung internationaler Schlüsselkunden ist dieses Vorgehen allerdings durch die Vielzahl nationaler Kontakte häufig äusserst kostenintensiv. In einem solchen Fall sollte sich das Key Account Management auf die wichtigsten lokalen Account-Manager beschränken, den anderen jedoch den Plan zumindest präsentieren (Verra 1994, S. 183).

Kooperative Abstimmung

11.4 Erstellen des Key-Account-Plans

Das erstmalige Erstellen eines Key-Account-Plans ist in der Regel ein mehrwöchiger oder sogar -monatiger Prozess, der mit Arbeitsaufträgen an verschiedene Teammitglieder bzw. im internationalen Umfeld an die lokalen Marktorganisationen, internen Meetings

Meetings

und grossem internen Kommunikationsaufwand verbunden ist. Dabei ist ein systematischer Prozess wichtig.

Im Idealfall unterstützt ein Strategie-Meeting mit Vertretern des Key Accounts den Planungsprozess (Müllner 2002, S. 171). Denkbar ist in einer ersten Phase den Plan intern grob zu umreissen und in ihn dann in Zusammenarbeit mit dem Key Account zu konkretisieren. Dabei kommt es häufig vor, dass zwei Pläne parallel existieren (Verra 1994, S. 60). Der externe Plan dient als Diskussionspapier für die gemeinsame Strategiesitzung mit dem Schlüsselkunden und als Grundlage für den Key-Account-Vertrag. Zudem kommuniziert er das Commitment des Anbieters in die Geschäftsbeziehung und stärkt das Vertrauen des Key Accounts. Der interne Plan dient als Grundlage der Aufgabenverteilung. Er sollte für jedes Teammitglied zugänglich sein. Um die Aktualität zu gewährleisten, bietet es sich an, ihn in elektronischer Form in ein internes Kommunikationssystem zu stellen (siehe hierzu auch die nachfolgende Casestudy Hilti).

11.5 Umsetzen des Key-Account-Plans

Implementierung

Das Erstellen eines Key-Account-Plans ist wichtig. Entscheidend aber ist, dass die Planvorgaben auch verfolgt werden und der Plan „lebt". Die Implementierungsforschung setzt sich schon seit längerem mit der Umsetzung von Strategien und Plänen auseinander (z. B. Bonoma 1986; Backhaus/Schlüter 1995; Belz/Müllner/Senn 1998). Zu den wichtigsten Erkenntnissen entsprechender Untersuchungen zählt die Einsicht, dass ein systematischer Plan zwar als wichtige Voraussetzung gilt, die passende Umsetzung jedoch den entscheidenden Schritt darstellt. Abbildung 62 verdeutlicht den Zusammenhang. Nur die Kombination aus einem qualitativ hochwertigen Key-Account-Plan und entsprechender Umsetzung sichert den Erfolg.

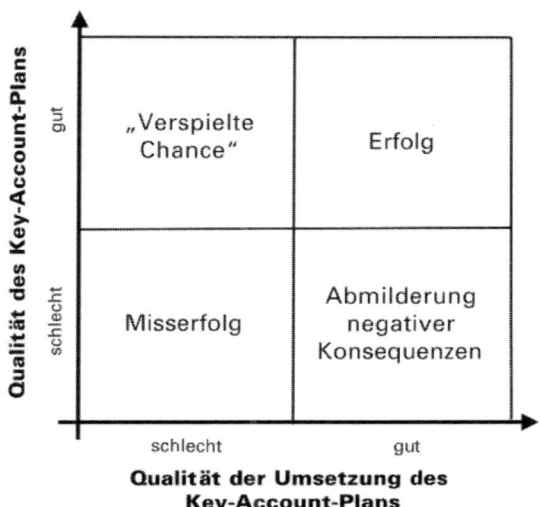

Abbildung 62: Zusammenhang zwischen Aufstellen und Umsetzen des Key-Account-Plans
Quelle: in Anlehnung an Bonoma 1986

Wichtige Regeln der Planumsetzung sind:

- Integrierter Top-down-/Bottom-up-Planungsprozess
- Beteiligung der vom Key-Account-Plan Betroffenen im Planungsprozess
- Integration des Schlüsselkunden in den Planungsprozess
- Abstimmen der Ziele im Key-Account-Plan mit dem Incentivierungssystem der Key-Account-Manager bzw. -Teammitglieder
- Abstimmen des Key-Account-Plans auf personelle und finanzielle Ressourcen
- Festlegen von Verantwortlichkeiten
- Fachliche und technische Unterstützung beim Erstellen des Plans
- Autorisierung durch die Vertriebs- oder Geschäftsleitung
- Plausibler, nachvollziehbarer Key-Account-Plan mit klaren, verständlichen Zielen
- Transparenz des Key-Account-Plans

- Permanente Selbstkontrolle zur Fokussierung auf die Ziele des Key Accounts
- Regelmässige Überprüfung der Zielerreichung (Meilensteine)
- Kontrolle der Prämissen und Möglichkeiten für die Anpassung von Zielvorgaben

11.6 Erfolgsfaktoren der Key-Account-Planung

Die „Aktualität" des Plans ist für seine Akzeptanz und Eignung unerlässlich (Müllner 2002, S. 171). Aufgrund einer dynamischen Umwelt passt das Key Account Management von IBM Account-Pläne kontinuierlich an die Entwicklungen auf Seiten der Schlüsselkunden an (Kulessa/Frank/Stangl 1999, S. 21). Es bietet sich an, die Aktualisierung des Key-Account-Plans in Form einer „Bringschuld" in die „Verantwortung" verschiedener Teammitglieder bzw. nationaler Schlüsselkunden-Manager zu legen. Das Key Account Management sollte jedoch beachten, dass es nicht zu einer „Bürokratisierung" des Planungsprozesses kommt. Umfang und Einfachheit des Plans hängen von der internen Organisationsstruktur, der hierarchischen Einordnung des Schlüsselkunden-Management und der Unternehmenskultur ab.

Casestudy Hilti AG: Account-Development-Plan

Bild über den Kunden

Das Global Key Account Management von Hilti entwickelt „Account Development Pläne" für seine internationalen Schlüsselkunden. In die Erstellung des kundenspezifischen Plans werden alle lokalen Marktorganisationen einbezogen. Dies gewährt ein vollständiges Bild über den Kunden. Die Verwendung eines standardisierten Dokuments dient der Vergleichbarkeit und bietet die Voraussetzung, um internes Benchmarking durchzuführen. Damit lassen sich Best-Practice-Fälle systematisch sammeln und Lerneffekte anstossen.

Der „Account-Development-Plan" enthält Informationen zum Kundenprofil und zur Kundenstrategie. Eine kundenspezifische SWOT-Analyse zeigt dem Key Account Management die Möglichkeiten der Kundenentwicklung auf. Absatz- und Umsatzzahlen zeigen die Kundenhistorie. Die Ergebnisse einer Potenzialanalyse liefern die Grundlage für Absatzprognosen und liefern das Gerüst für die Definition schlüsselkunden-individueller Bearbeitungsstrategien sowie die Ableitung entsprechender Massnahmenpakete.

SWOT-Analyse

Das von Hilti gebotene Sortiment innerhalb der Befestigungstechnik ist breit. Das Sammeln und Aufbereiten von Schlüsselkunden-Informationen stellt hohe Anforderungen an die informationstechnische Infrastruktur. So gilt es, Daten aus der Faktura-Zeile von Service-, Logistik- und Buchhaltungssystemen in das Kundenbearbeitungssystem einzupflegen und im Rahmen eines „Parenting" Informationen über Tochtergesellschaften von Grosskonzernen zusammenzuführen. Darüber hinaus gilt es, die Bereitschaft der Hilti-Aussenstellen zu gewinnen, um qualitative Rückmeldungen über Erfolge und Probleme der Kundenbearbeitung zu erhalten. Die von den einzelnen Märkten kommenden Daten werden hierzu an ein so genanntes „Customer Relation Warehouse" übermittelt und für die Intranet-Seiten aufbereitet. Abbildung 63 vermittelt einen Eindruck vom Aufbau der global-account-bezogenen Intranet-Seiten.

Intranet

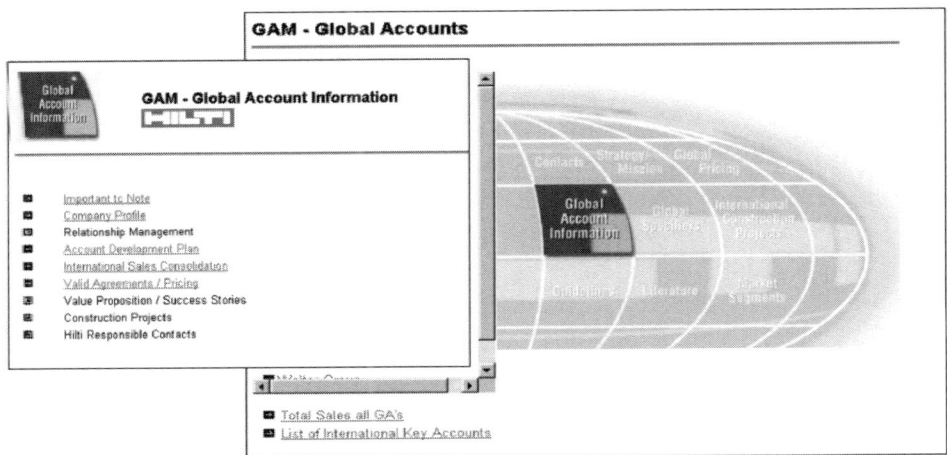

Abbildung 63: Account-Development-Pläne auf dem Hilti-Intranet

 **Handlungsempfehlungen für erfolgreiches Arbeiten mit einem Key-Account-Plan**

Folgende Fragen sollten geklärt werden, um einen Key-Account-Plan aufzustellen und erfolgreich umzusetzen.

- *Ist der Plan nachvollziehbar aufgebaut?* Eine logische Struktur des Plans vereinfacht die Planerstellung und -umsetzung.
- *Wie lassen sich Betroffene zu Beteiligten machen?* Der Einbezug von Teammitgliedern in den Planungsprozess fördert die Akzeptanz der Vorgaben.
- *Stimmt der Key-Account-Plan mit den anderen Unternehmensplänen überein?* Widersprüche zwischen Vorgaben des Key-Account-Plans und des Finanz-, Business- oder Personalplans führen zu Zielkonflikten und Reibungsverlusten.
- *Wer erhält Einblick in den Plan?* Ein Key-Account-Plan enthält eine Reihe sensibler Informationen. Daher sind Zugangsbeschränkungen notwendig. Allerdings dürfen diese nicht zu restriktiv ausfallen, da sie sonst demotivierend wirken („Transparenz schafft Akzeptanz").
- *Rechtfertigt der Informationsgewinn den Aufwand?* Für den Umfang des Key-Account-Plans gilt: „So einfach wie möglich, so detailliert wie nötig." (siehe hierzu auch das Fallbeispiel MRI worldwide)
- *Wie lassen sich Key-Account-Manager und Teammitglieder motivieren, wertvolle Informationen in den Plan zu integrieren?* Planung stellt einen wichtigen Schritt im Management-Prozess dar. Diese Aufgabe sollte sich im Aufgabenprofil für Key-Account-Manager und möglicherweise sogar im Incentivierungssystem wiederfinden.

Der Key-Account-Plan ist idealtypisch nach dem St.Galler KAM-Zirkel strukturiert und spiegelt die Arbeit des Key-Account-Managers wider. Das vorliegende Kapitel zum Key-Account-Plan schliesst unsere Betrachtung des funktionalen Key Account Management, das heisst der Arbeit des Key-Account-Managers ab.

Die nachfolgenden Kapitel setzen sich mit dem organisatorischen Key Account Management auseinander. Die nächsten fünf Kapitel sind zweigeteilt. Der erste Teil nimmt jeweils Bezug auf die Aufgaben der Vertriebs- bzw. Geschäftsleitung im Rahmen der

Integration des Key Account Management in die vorhandene Unternehmensstruktur (KAM-Integration). Der zweite Teil handelt jeweils von den Voraussetzungen für ein erfolgreiches Key Account Management und nimmt auf den äussersten Kreis unseres Modells (KAM-Fundament) Bezug.

12 „Strategy" im organisatorischen KAM

12.1 Definition und Selektion von Key Accounts

© Prof. Belz/Dr. Müllner/Dr. Zupancic & Mercuri International 2003

In diesem Unterkapitel erfahren Sie...

- ... nach welchen quantitativen und qualitativen Kriterien Key Accounts ausgewählt werden können.
- ... wie die verschiedenen Kriterien zur Selektion sinnvoll kombiniert werden können.
- ... wie man die optimale Anzahl von Key Accounts für das KAM-Programm festlegt.
- ... welche unterschiedlichen Segmente man von Key Accounts festlegen kann.
- ... wie man zwischen nationalen, internationalen und gegebenenfalls globalen Key Accounts unterscheiden kann.

12.1.1 Die Auswahl der richtigen Accounts

Die Selektion der richtigen Key Accounts ist entscheidend für Akzeptanz, Dauerhaftigkeit und letztlich den Erfolg eines jeden KAM-Programms. Werden hier bereits Fehler gemacht, kann das Key Account Management nicht das volle Potenzial entfalten oder gegebenenfalls sogar scheitern.

In vielen Unternehmen ist der Umsatz immer noch das bevorzugte Kriterium, nach dem Key Accounts ausgewählt werden. Sicherlich ist der Umsatz ein geeignetes Kriterium, um möglichst schnell einen Überblick über die Kundenstruktur eines Unternehmens zu erhalten. Der Umsatz ist eine Kennzahl, die selbst in Unternehmen mit einem wenig ausgeprägten Controllingsystem gut verfügbar ist. Ein Unternehmen kann es sich in der Regel auch nicht erlauben, die umsatzgrössten Kunden für das KAM-Programm zu vernachlässigen, weil dieser hohe Umsatz zur Deckung der Fixkosten häufig notwendig ist. Die Krux liegt jedoch im Detail. Ist der Kunde profitabel? Ist er bereit zu kooperieren? Kann man von gemeinsamen Projekten profitieren?

Umsatz

Profitabilität

Diese Fragen lassen sich mit quantitativen Kriterien beantworten, die viele Unternehmen nicht auf Knopfdruck verfügbar haben, wie z. B. die Profitabilität der Kunden. Aber auch qualitative Kriterien, die eher mit Sachverstand beurteilt als gemessen werden können, sollten in Betracht gezogen werden. Hierbei ist jedoch zu berücksichtigen, dass Unternehmen sich häufig schwer tun, diese Kriterien zu bewerten. Die drei wichtigsten Selektionskriterien sind:

1. Der Umsatz bzw. das Umsatzpotenzial, das mit dem Kunden realisiert wird.
2. Die Komplexität der Kundenorganisation (geographische Dimension etc.) und der Fit zum eigenen Unternehmen.
3. Die strategische Bedeutung des Kunden (indirekter Einfluss auf Geschäfte).

Im Rahmen der internationalen Marktabdeckung wird in der Bearbeitung zusätzlich unterschieden in:

- Nationale Schlüsselkunden
- Internationale bzw. Globale Schlüsselkunden.

12.1.2 Der Kundenwert als Ausgangspunkt für die Selektion von Kunden für ein KAM-Programm

Unter Kundenwert soll hier der Wert eines Kunden für ein Unternehmen verstanden werden. Dieser Wert setzt sich aus ökonomisch eindeutig messbaren Kriterien, wie z. B. Umsatz, Gewinn, und qualitativen Kriterien abzüglich der Kosten für das Management dieses Kunden zusammen.

Werttreiber

Werttreiber im positiven Sinn sind dabei die verschiedenen Funktionen, die ein Kunde für ein Unternehmen hat (Rudolf-Sipötz/Tomczak 2001, S. 15):

- Konsument/Abnehmer der Leistungen,
- Potenzieller Nachfrager der Leistungen von morgen,
- Informationslieferant bei der Produktentwicklung oder Bedürfniserfassung
- Partner und Co-Produzent im Leistungserstellungsprozess
- Referenzträger zur Akquisition von Neukunden

Daneben kostet die Bearbeitung des Kunden Geld. So ist z. B. ein anspruchsvoller Kunde, der eine hohe Bearbeitungsintensität erfordert „teurer" für das Unternehmen als ein „pflegeleichter" Kunde. Es gilt also, die Funktionen des Kunden und die Kosten seiner Bearbeitung zu bewerten und gegeneinander aufzurechnen. Natürlich lassen sich diese Kriterien rein intuitiv und pragmatisch abschätzen und kombinieren (Sidow 1991, S. 21 ff.). Eine solche Vorgehensweise birgt aber viele Risiken. Diese können durch eine entsprechende Systematik reduziert werden.

Kosten der Bearbeitung

12.1.3 Ein systematischer Ansatz zur Selektion von Key Accounts

Notwendig ist eine Systematik, die die entscheidenden Kriterien miteinander verknüpft (Küng/Schilling/Toscano 2002, S. 54 ff.). Ein solcher Ansatz verfolgt mehrere Aufgaben. Es geht darum, einen effektiven, effizienten, transparenten und wiederholbaren Selektionsprozess zu etablieren. Ziel ist es, mit angemessenem Aufwand zu einer überschaubaren Zahl von Key Accounts zu kommen. Bei kleineren Kundenportfolios fällt den Entscheidern eine Auswahl und Beurteilung der Key Accounts in der Regel relativ leicht. Grössere Kundenstämme erfordern zwangsläufig ein System. Darüber hinaus geht es aber auch darum, klar zu begründen, durch welche Kriterien bestimmte Kunden ausgewählt wurden. Zusätzlich sollte es möglich sein, die Auswahl regelmässig zu überprüfen. Ein Key Account muss nicht zwangsläufig immer ein Key Account bleiben.

Aufgaben der Selektion

Fallbeispiel: ☐ Standardsoftware. AG

Negative Eigendynamik bei der Auswahl von Key Accounts
(Quelle: Zupancic 2001, S. 206)

Die Standardsoftware AG ist ein globaler Anbieter von Softwarelösungen für Unternehmen. Im Mittelpunkt der Produkte und Dienstleistungen stehen unternehmensweite Datenbankanwendungen. Das Kundenportfolio reicht von KMU bis zu Global Players. Die Produkte der Standardsoftware AG sind in Produktfamilien strukturiert. Aus diversen Modulen lassen sich unternehmensindividuelle Lösungen zusammenstellen.

Die Auswahl internationaler Key Accounts erfolgte bei der Standardsoftware AG auf Senior-Management-Ebene. Hierbei waren für das Unternehmen verschiedene Faktoren wichtig. Als erstes wurden die globalen Marktführer einer Branche, die grundsätzlich für ein International-Key-Account-Management-Programm infrage kamen, identifiziert. Eine wichtige Rolle

> spielte weiterhin der aktuelle bzw. der potenzielle/zukünftige Umsatz. Daneben gab es verschiedene, auch qualitative Kriterien.
>
> Insgesamt fand bei der Standardsoftware AG bewusst kein standardisierter Auswahlprozess statt, sondern eine Entscheidung auf Basis eines Konsens. Ziel war es, ein umfassendes Bild des Kunden zu erhalten, das es ermöglicht, das Potenzial einzuschätzen. Ein aufwändiges Global-Account-Management-Programm muss rentabel sein, und es muss über mehr Potenzial verfügen als eine unkoordinierte Betreuung durch diverse nationale Key-Account-Manager.
>
> Insgesamt bearbeitet die Standardsoftware AG derzeit über 40 International Key Accounts, wobei diese Anzahl schon höher war. Die Erfolge mit vorhandenen International Key Accounts führten zu der Annahme, dass sich diese für fast alle Kunden erzielen liessen, wenn man nur den Aufwand der Bearbeitung erhöhte. Die Auswahl der International Key Accounts wurde in dieser Phase eher intuitiv verfolgt und wenig kritisch gesehen. Die Erfahrung zeigte jedoch, dass sich der Aufwand im Rahmen eines International Key Account Management nicht für alle umsatzstarken Kunden lohnt. Die Auswahl der wirklichen International Key Accounts wurde daraufhin weltweit nach verschiedensten Kriterien kritisch überprüft und die Anzahl auf ca. 40 reduziert. Hierzu wurde ein *IKAM-spezifisches Projektteam* weltweit mit der Überprüfung der Kriterien und der Kunden für einen bestimmten Zeitraum beauftragt.

„Trial and Error" vermeiden

Das Fallbeispiel macht deutlich: Fehlt eine Systematik, wird die Auswahl zu einem Trial and Error Prozess. Diese Fehler sind teuer und (zumindest zum Teil) vermeidbar. Die Herausforderung besteht darin, ein Verfahren zu entwickeln, das die für ein bestimmtes Unternehmen wichtigsten Kriterien bestimmt und bei der Selektion kombiniert.

Stufen für die Selektion

Sinnvollerweise arbeitet man hier mit verschiedenen Stufen. In einer ersten Stufe könnten z. B. die umsatzstärksten Kunden und diejenigen mit der grössten Referenzwirkung ausgewählt werden. In einer zweiten Stufe diejenigen mit dem grössten Potenzial und der Bereitschaft für eine enge Zusammenarbeit. Diese beiden Stufen führen zu einer begrenzten Anzahl potenzieller Key Accounts, die man auf Plausibilität überprüfen sollte. Scoringmodelle sind geeignet, diese Auswahl näher zu bewerten. Ein bewährtes Vorgehen besteht beispielsweise in der Auswahl einer Anzahl von qualitativen und quantitativen Kriterien und deren Bewertung. Nicht jedes Kriterium hat die gleiche Bedeutung. Zur Differenzierung können z. B. Gewichtungen von eins bis drei vergeben werden. Nun werden die ausgewählten Kunden von eins bis zehn bewertet. Multipliziert man Gewichtungen und Bewertung und addiert die Zahlen für die einzelnen Kriterien, so erhält man einen Scoringwert, der es erlaubt die Kunden in eine Rangfolge zu bringen. Man kann nun die wichtigsten Key Accounts mit hoher Priorität bearbeiten und erkennt diejenigen mit weniger Entwicklungschancen. Das folgende Beispiel der Cleaning Corporation soll dieses Vorgehen veranschaulichen (Senn 1997, S. 87 f.).

Fallbeispiel:
Selektion von Key Accounts in vier Stufen

Stufe 1:
Potenzielle Key Accounts müssen in jedem Fall zwei Minimalkriterien erfüllen.

- Zentrale Stelle mit direkter oder zumindest beratender Funktion für den Einsatz von Reinigungssystemen beim Kunden.
- Bereitschaft des Kunden zum Abschluss eines Exklusivvertrags für Verbrauchsmaterialien.

Stufe 2:
Aus einer Liste von fünf Kriterien müssen mindestens zwei weitere erfüllt sein.

- Mindestens 75 Betriebsstätten, die für das Basisservicepaket infrage kommen.
- Potenzial für Zusatzservicepaket bei mindestens 60% der Betriebsstätten.
- Betriebsstätten in mind. 8 Bundesstaaten.
- DB-Potenzial des Kunden > US$ 300.000
- DB > US$ 200.000 oder Umsatz > x US$ Mio.

Stufe 3:
Die potenziellen Key Accounts werden von einem Audit-Team auf Plausibilität geprüft.

- Top-Management Entscheidung

Stufe 4:
Ausgewählte Key Accounts werden vom zugewiesenen KAM detailliert analysiert und bewertet.

- Kundenscoring-Modell (Siehe nächstes Chart)

Abbildung 64: Vier-stufiges Selektionssystem zur Auswahl von Key Accounts
Quelle: Senn 1996

Um im grossen Kundenstamm relativ schnell eine erste Vorselektion vornehmen zu können, werden in Stufe eins zwei Minimalkriterien als K.O.-Kriterien definiert. Die Cleaning Corporation möchte nur Kunden als Key Accounts definieren, die eine zentrale Ansprechperson vorweisen. Bei dezentralen Kunden würde sich ein Key-Account-Manager sonst vergeblich bemühen. Ausserdem sollte die Bereitschaft bei den Kunden vorhanden sein, sich exklusiv an die Cleaning Corporation zu binden. Letzteres kann vermutlich nicht jedes Unternehmen durchsetzen. Dort wo es möglich ist, ist dieses Kriterium wichtig, da KAM als Investition in den Kunden gesehen werden soll. In Stufe zwei definiert die Cleaning Corporation die Mindestgrösse des Kunden gemessen am vorhandenen Geschäft oder aber am Potenzial des Kunden bzw. gemessen an seiner Unternehmensgrösse. Ein Auswahlmodus „zwei aus fünf" ist sinnvoll, wenn bedeutende Kriterien nicht unbedingt immer gemeinsam auftreten.

Man muss sich eines gewissen Risikos bewusst sein, wenn man den Kundenstamm mit einem relativ schematischen Verfahren durchleuchtet. Daher bietet es sich an, die nun vorliegende Liste auf Plausibilität zu überprüfen. Ein Management-Audit geht die Liste gewissenhaft und mit einer guten Kenntnis der Kunden durch. Wichtige Kunden, z. B. Referenzkunden oder Kunden, mit denen man intensiv zusammenarbeitet, können hier zu der Liste hinzugefügt werden, auch wenn sie nicht die Kriterien der Stufe eins und zwei erfüllen.

Bei der Cleaning Corporation ist die vorhandene Liste immer noch umfangreich und man entscheidet sich zu einer vierten Stufe im Rahmen einer Detailanalyse. Diese erfordert Zeit und wird durch ein KAM-Team bzw. durch mehrere Teams durchgeführt. Das Ziel besteht in einer weiteren Aufteilung der Kunden nach ihrem Potenzial. Auf Kunden mit dem höchsten Potenzial werden sich später die Aktivitäten zuerst konzentrieren. Daneben möchte man Kunden mit geringerem Potenzial identifizieren. Ausserdem interessiert es, welche Kunden nach eingehender Analyse wahrscheinlich keine Key Accounts sein werden, obwohl sie die ersten drei Stufen „erfolgreich" durchlaufen haben. In ein Scoring-Modell kann man nun besonders wichtige Kriterien integrieren und sie in Relation zueinander gewichten. Die Cleaning Corporation dient hier als Beispiel. Die Kriterien und die Gewichtungen sind unternehmensindividuell anzupassen.

Kriterien	Gewicht	Erfüllungsgrad (1-10)	Ergebnis
Zentralisierung des Einkaufs			
(1) für Reinigungssysteme	3		
(2) für Verbrauchsmaterial	1		
(3) Interesse an Partnerschaft	2		
(4) Anzahl der Betriebsstätten	2		
(5) Referenzwirkung	2		
(6) Risikobereitschaft	3		
(7) Servicepotenzial	2		
(8) Umsatzpotenzial	3		
(9) Zugang zu Entscheidungsträgern	3		
(10) Professionalisierungsgrad	2		
(11) Imagebild unserer Unternehmung	3		
(12) Derzeitige Beziehungsqualität	1		
Total Score			

270-216 Punkte ⇨ Hohes Potenzial als Key Account
215-136 Punkte ⇨ Mittleres Potenzial als Key Account
135 oder weniger ⇨ Fragwürdiges Potenzial als Key Account

Abbildung 65: Scoring Modell für die Analyse der potenziellen Key Accounts bei der Cleaning Corporation
Quelle: Senn 1996

In der Detailanalyse finden sich Kriterien wieder, die bereits auf Stufe eins und zwei herangezogen wurden, z. B. Umsatz und zentrale Entscheidungsstrukturen. Dies ist sinnvoll, da auf Stufe vier verschiedene Kunden auf ihr Key-Account-Potenzial hin überprüft werden. Das Ergebnis könnte z. B. wie folgt aussehen:

Kriterium	Gewicht	Kunde A Bewertung	Kunde A Score	Kunde B Bewertung	Kunde B Score	Kunde C Bewertung	Kunde C Score	Kunde Z Bewertung	Kunde Z Score
(1)	3	10	30	5	15	1	3	10	30
(2)	1	8	8	6	6	8	8	8	8
(3)	2	7	14	7	14	2	4	9	18
(4)	2	10	20	5	10	4	8	10	20
(5)	2	3	6	3	6	5	10	8	16
(6)	3	6	18	4	12	3	9	9	24
(7)	2	5	10	2	4	1	2	10	20
(8)	3	10	30	7	21	4	12	10	30
(9)	3	10	30	5	15	3	9	10	30
(10)	2	7	14	7	14	3	6	9	18
(11)	3	4	12	5	15	4	12	6	18
(12)	1	7	7	7	7	1	1	9	9
Total Score			**199**		**129**		**84**		**241**

Abbildung 66: Scoringwerte für verschiedene Kunden der Cleaning Corporation

Nach diesem Ergebnis hat nur der Kunde Z ein hohes Potenzial zu einem Key Account. A hat ein mittleres Potenzial, B und C sind als Key Accounts fragwürdig.

Die Frage, wie nun die Schwellenwerte für die drei Arten von Key Accounts festgelegt werden, lässt sich nicht allgemein beantworten, sondern kann nur individuell in der Unternehmenssituation festgelegt werden. Letztendlich geht es darum, eine für ein Unternehmen optimale Anzahl von Key Accounts festzulegen.

12.1.4 Bestimmung der optimalen Anzahl von Key Accounts für ein Unternehmen

Mit der oben beschriebenen Vorgehensweise verfügt ein Unternehmen nun über einen relativ guten Überblick der Kundenstruktur

Investition und Erfolg

und des Kundenwerts. Nun gilt es festzulegen, wie viele Kunden als Key Accounts bearbeitet werden sollen und können. Dabei wägt man die Investitionen in die Kunden durch eine konzentrierte Bearbeitung eines KAM-Programms gegen das Geschäftspotenzial der Geschäftsbeziehungen, das heisst den Zielen, die ein Unternehmen verfolgt, ab.

Zur Bestimmung der Anzahl bietet sich die Orientierung anhand der folgenden Abbildung an. Sie zeigt die grundsätzlichen Optionen zur Bestimmung der Anzahl auf:

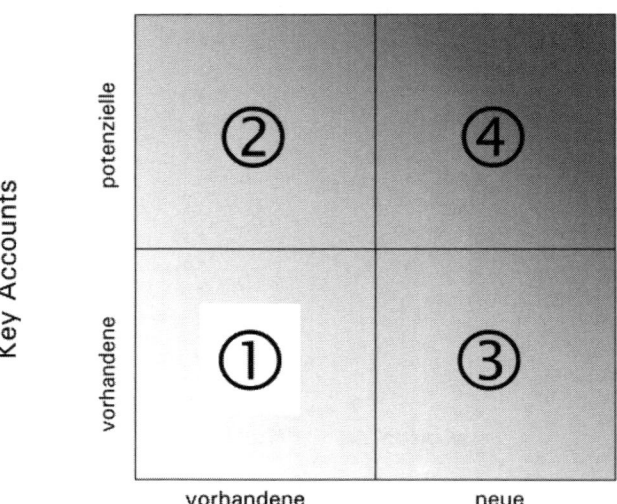

Abbildung 67: Grundsatzoptionen zur Bestimmung der Anzahl von Key Accounts

Situation 1 (Vorhandene Key Accounts/Vorhandene KAM-Ressourcen): In dieser Situation sind die Kunden bekannt und das Unternehmen verfügt über einen entsprechenden Mitarbeiterpool zur Bearbeitung von Kunden. Hier geht es vor allem um den optimalen Fit zwischen den Key Accounts und den Ressourcen. Das Unternehmen muss sich die folgenden Fragen stellen:

Optimaler Fit

- Welche Ziele wollen wir in der Geschäftsbeziehung mit dem Kunden erreichen und wie viele Ressourcen (vor allem Personal) sind dazu erforderlich?
- Wie viele Ressourcen können wir uns in dieser Geschäftsbeziehung leisten?

Es handelt sich um ein Abwägen zwischen Wunsch- und Rentabilitätsdenken.

Situation 2 (Potenzielle Key Accounts/Vorhandene KAM Ressourcen): In diese Situation gelangen Unternehmen immer dann, wenn es bei den vorhandenen Mitarbeitern Spielräume gibt, die es auszuschöpfen gilt. Potenzielle Key Accounts können zum einen vorhandene Kunden mit Ausbaupotenzial sein. Hier lässt sich der Aufwand zur Bearbeitung in der Regel noch gut abschätzen, da man den Kunden bereits kennt. Allerdings sind die Unsicherheiten des geschätzten Bearbeitungsaufwands bereits höher als in der ersten Situation. Hinzu kommt die Frage, ob sich diese Kunden überhaupt zu Key Accounts entwickeln lassen. Hier geht es also zusätzlich darum abzuschätzen, wie gross die Unsicherheit ist. Aus der Kosten-Nutzenkalkulation der Situation 1 wird hier eine echte Managemententscheidung. Man investiert in einen vorhandenen Kunden in der Hoffnung, diesen zu einem Key Account zu entwickeln und verbindet damit die entsprechenden Erwartungen an das Potenzial der Geschäftsbeziehung. Zugleich trägt man das unternehmerische Risiko, ob sich dieses Potenzial tatsächlich realisieren lässt. Potenzielle Key Accounts, die noch nicht Kunde sind, bergen ein entsprechend höheres Risiko.

Spielräume ausnutzen

Situation 3 (Vorhandene Key Accounts/Neue KAM-Ressourcen): Stellt sich bei der Analyse des Kundenportfolios heraus, dass es mehr Key Accounts gibt, als das Unternehmen mit den vorhan-

Unternehmerisches Risiko

denen Ressourcen bearbeiten kann, muss entschieden werden, ob man in neue Mitarbeiter investiert. Hier besteht das Risiko, dass bekannte, wichtige Kunden von neuen Mitarbeitern bearbeitet werden müssen. Die Alternative läge darin, die Schwellenwerte zur Auswahl der Key Accounts heraufzusetzen und weniger Kunden als Key Accounts zu definieren. Auch hier wird wiederum das höhere unternehmerische Risiko deutlich.

Hohe Chancen und Risiken

Situation 4 (Potenzielle Key Accounts/Neue KAM-Ressourcen): Eine Investitionsentscheidung liegt dann vor, wenn Unternehmen das Potenzial noch nicht gewonnener Key Accounts unter Einschaltung neuer Mitarbeiter ausnutzen wollen. Dabei sind sowohl die Chancen als auch die Risiken hoch.

Unternehmensspezifische Entscheide

Eine allgemeingültige Empfehlung zur optimalen Anzahl von Key Accounts lässt sich also nicht aussprechen. Grundsätzlich liegt der Dreh- und Angelpunkt dieser Entscheidung zum einen beim Bearbeitungsaufwand. Dieser hängt von der Branche ab, muss jedoch immer individuell im Unternehmen bestimmt werden. Hier bietet es sich an, Erfahrungen zu analysieren. Bei Neueinführungen des KAM können Pilotkunden Aufschlüsse bringen. Um eine Obergrenze zu nennen: Key Account Management, wie es in diesem Buch beschrieben wird, lässt sich durch einen Key-Account-Manager kaum mit zwanzig Kunden oder gar mehr durchführen. Im internationalen KAM kann es als Untergrenze durchaus möglich sein, dass ein Key-Account-Manager sich auf einen einzigen Kunden konzentriert. Auf der anderen Seite gilt es, das Potenzial zu berücksichtigen. Wenn Unternehmen sich in einem Markt mit kleinen Losgrössen und niedrigem Preis bewegen, kann es sein, dass auch zwanzig Kunden nicht ausreichen, einen Key-Account-Manager zu rechtfertigen. Viele Dienstleister sprechen in einer solchen Situation häufig vom Account Management. Diese Sprachregelung verdeutlicht, dass es sich zwar nicht um die strategisch bedeutsamsten Kunden eines Unternehmens handelt, die Bearbeitung dieser Accounts aber ähnlich systematisch durch dedizierte Personen, so genannte Account-Manager, erfolgt.

Casestudy Hilti AG: Selektion von Key Accounts

Auch bei Hilti wurden die Kriterien für Global-Accounts genau festgelegt. Neben Aktivitäten des Kunden in diversen Ländern, einer strategischen Bedeutung der Kunden als Meinungsführer, dem Umsatzvolumen oder –potenzial, spielte auch das Bedürfnis der Kunden nach globaler Koordination durch Hilti eine wichtige Rolle. Allerdings wurde schnell klar, dass derartige Kriterien bei einem komplexen Kundenumfeld, wie dem der Hilti kaum „berechenbar" gemacht werden können. Die Kunden sind unter diversen Namen in internationalen Märkten aktiv und kaufen teilweise direkt, teilweise indirekt über projektspezifische Einkaufsverbände ein. Ein Scoringmodell kam demnach nicht infrage. Vielmehr war man auf eine sachlich richtige Entscheidung der verantwortlichen Führungskräfte angewiesen. Daher thematisierte man die Selektion auf einer internen KAM-Konferenz und einigte sich auf internationaler Basis über die Ausprägung der genannten Kriterien. So wurden 25 Global-Accounts und ca. 25 International Accounts ausgewählt (siehe Abbildung 68).

Auswahl von Global Accounts

Die Diskussion bei Hilti beruhte auf quantitativen und qualitativen Faktoren. Bei den messbaren Kriterien erforderte die mangelnde globale Datenbasis eine zum Teil ausgiebige Recherche.

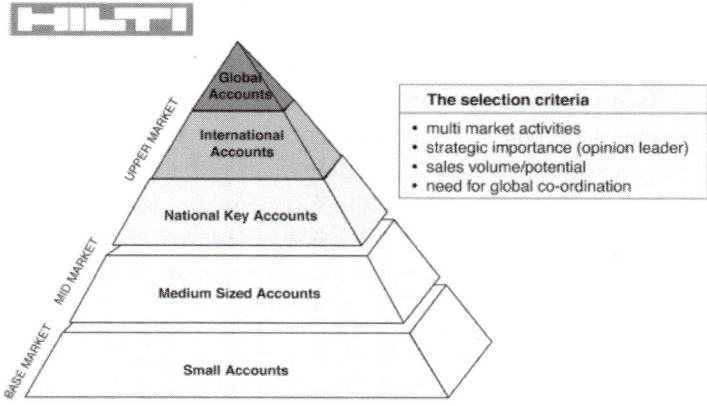

Abbildung 68: KAM-Segmente der Hilti AG

Die qualitativen Faktoren wurden auf Basis von Erfahrungen der beteiligten Personen sowie der Informationen von den Baustellen, an denen der Kunde beteiligt war, bewertet. Das Vorgehen machte den Bedarf nach einer guten Datenbasis über die Global-Accounts deutlich. Diese wurde dann auch angestrebt. Um das Projekt jedoch voranzutreiben vertraute man im ersten Schritt auf den Sachverstand der beteiligten Personen.

Handlungsempfehlungen zur Selektion von Key Accounts:

- *Geht es um die Selektion im Rahmen des vorhandenen Kundenportfolios oder geht es auch um die Akquisition neuer Key Accounts?* Neue Key Accounts sollten später anders bearbeitet werden, da allein die Akquisition mehr Zeit benötigt. Die Ziele sind entsprechend unterschiedlich.
- *Werden „nur" nationale oder auch internationale Kunden selektiert?* Bei der internationalen Selektion sollten andere Unternehmensbereiche einbezogen werden. Internationale Koordination ist viel anspruchsvoller und man sollte sich zuerst fragen, ob man diesem Anspruch überhaupt gerecht werden kann. Wichtig ist, dass alle Bereiche involviert sind, die die Lösung später unterstützen müssen.
- *Wie gut kennt man die Kunden bzw. wie gut ist die Informationsbasis?* Es macht wenig Sinn, Kriterien für die Auswahl zu berücksichtigen, die nur schwer zu beschaffen sind.
- *Welche Kriterien sind zur Auswahl der Key Accounts im Einzelfall besonders wichtig?* Bei einer grossen Anzahl von Kunden bietet es sich an, zunächst zwei bis drei K.O.-Kriterien zu definieren, die schnell auszuwerten sind. Erst dann sollten weitere Kriterien definiert werden, die eine genauere Analyse, z. B. in Form eines Scoringmodells erfordern. Bei einer überschaubaren Zahl von Kunden kann man auch auf die K.O.-Kriterien verzichten.
- *Sind mehrere Stufen zur Selektion erforderlich?* Das Beispiel der Cleaning Corporation ist eher eine Maximalvariante, die in der Regel reduziert werden kann.
- *Welche Anzahl von Kunden als Key Accounts ist optimal?* Diese Frage lässt sich nur für den konkreten Einzelfall beantworten. Zur Orientierung dienen die vier Situationen, die im vorherigen Abschnitt vorgestellt worden sind. Wichtig ist, dass ein Gespür

für den Bearbeitungsaufwand und die Kapazitäten der Mitarbeiter entwickelt wird, um eine vernünftige Entscheidung treffen zu können.

12.2 Key Account Management als Teil der Unternehmensstrategie

© Prof. Belz/Dr. Müllner/Dr. Zupancic & Mercuri International 2003

In diesem Unterkapitel erfahren Sie...

- ... warum es nicht ausreicht, KAM nur als eine Art „Vertriebskanal" zu betrachten.
- ... welchen Einfluss KAM auf die strategische Ausrichtung des Unternehmens haben sollte.
- ... wie KAM in die Unternehmensstrategie integriert sein sollte.
- ... warum und wie das Topmanagement das KAM unterstützen sollte.

12.2.1 Unternehmens- und Marktorientierte Geschäftsfeldplanung

In der Unternehmensstrategie gilt es, die Geschäftsfelder eines Unternehmens festzulegen und die Ressourcen auf die Geschäftsfelder zu verteilen. Des weiteren muss im Rahmen der Wettbewerbsstrategie festgelegt werden, wie man sich wirksam gegenüber der Konkurrenz behaupten möchte (Steinmann/Schreyögg 1999, S. 153 f.). Das ist Aufgabe der Unternehmensleitung, wie aus der folgenden Abbildung ersichtlich wird.

Begriff „Unternehmensstrategie"

Ein Account Management ist häufig auf der operativen Managementebene zusammen mit dem Produkt- und Vertriebsmanagement angesiedelt. Obwohl die Darstellung in Abbildung 69 die realen Zusammenhänge simplifiziert, spiegelt sich die Realität der meisten Unternehmen darin anschaulich wider. In der Regel geht es auf dieser Stufe der Planung um Ziele und Massnahmen in Bezug auf einzelne Produkte, Marktsegmente bzw. –gebiete und grössere Kunden. Allerdings reicht diese rein operationale Sichtweise des KAM nicht aus, um es zu einem wirkungsvollen Ansatz der Kundenbearbeitung zu machen. In der Praxis scheitern viele

Topmanagement-Support

KAM-Ansätze genau aus diesem Grund. Ein Unternehmen muss sich der Bedeutung der strategisch wichtigsten Kunden für das Gesamtgeschäft bewusst sein. Damit wird KAM zu einem Bereich, an dem das Topmanagement bzw. die Unternehmensleitung beteiligt sein muss.

Abbildung 69: Planung in verschiedenen Managementebenen
Quelle: Kuss/Tomczak 2002, S. 20

12.2.2 Die Bedeutung des KAM für das Gesamtunternehmen

80-/20-Regel

Die vielzitierte 80-/20-Regel besagt, dass nur 20 Prozent der Kunden für 80 Prozent des Umsatzes verantwortlich sind (vgl. Abbildung 70). Diese pauschale Aussage stimmt in aller Regel bei den meisten Unternehmen (Sidow 1991, S. 18). Sie liefert ein erstes Indiz für die Bedeutung eines KAM-Programms für das Unternehmen. Wenn nur eine geringe Anzahl von Kunden das Unternehmen zu grossen Teilen „tragen", bedarf es vermutlich nicht nur eines besonderen Verkaufskanals, sondern weitreichender Veränderungen der Organisation, um dieser Tatsache gerecht zu werden.

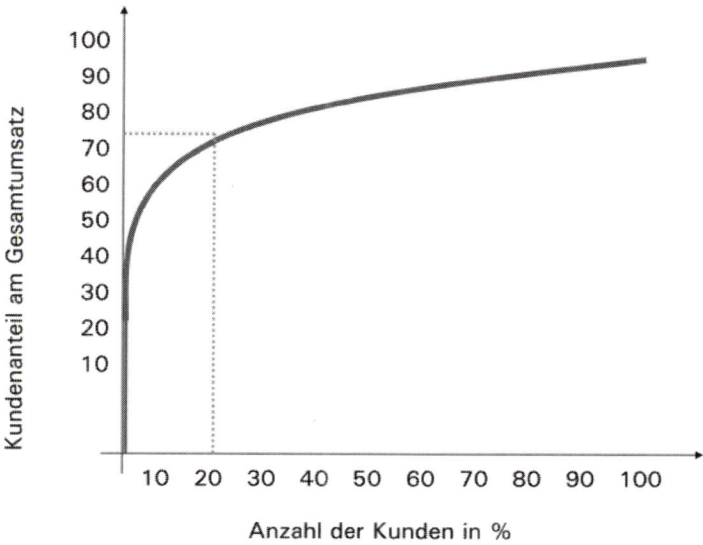

Abbildung 70: Die 80-/20-Regel zur Verteilung des Umsatzes auf die Kunden

Wenn tatsächlich das Geschäftsvolumen mit wenigen Kunden derartig gross ist, sollte sich die Bedeutung des KAM auch unmittelbar in der Unternehmensstrategie niederschlagen. Hier reicht es nicht mehr, Unternehmensstrategie – wie oben geschildert - als Auswahl von Märkten und Leistungen zu verstehen, sondern es geht zu einem gewichtigen Teil um die Leistungen für ganz konkrete Kunden, das heisst Schlüsselkunden. Ein erfolgreiches KAM-Programm kann massgeblich zum Unternehmenserfolg und zu einer Profilierung gegenüber dem Wettbewerb beitragen. Damit sollte es einen Platz in der Unternehmensstrategie innehaben.

12.2.3 Zwei Stellhebel für die strategische Verankerung des KAM im Unternehmen

Unternehmen, die sich der grossen Bedeutung der Key Accounts für das eigene Unternehmen bewusst sind, können durch zwei Stellhebel die Weichen für die strategische Verankerung stellen. Zum einen sollte die KAM-Planung nicht erst auf den untersten Hierarchieebenen stattfinden. Zum anderen sollte sich das Topmanagement aktiv in das KAM-Programm einbringen.

Voraussetzungen für den Erfolg

12.2.3.1 KAM als Teil der Unternehmensstrategie

In der Unternehmensstrategie sollte das Key Account Management explizit integriert werden. Damit geht einher, dass sich das Unternehmen bewusst auf die wichtigsten Kunden konzentriert und entsprechende Ressourcen zur Verfügung stellt.

Das Beispiel der Hilti AG verdeutlicht dies.

Casestudy Hilti AG: KAM in der Strategie

Der Aufbau eines nationalen KAM erfolgte ab 1980. Die Aufbaukonzepte wurden im Rahmen der nationalen Unternehmenseinheiten und ihrer jeweiligen Marktgegebenheiten erstellt. Die strategisch wichtigsten Kunden wurden häufig traditionell schon vom nationalen Topmanagement betreut. Dieser Ansatz wurde nun professionalisiert und die Key Accounts in die nationalen Länderstrategien integriert.

Die periodische Überprüfung der Marktstrategien führte teilweise zu einem Umbau des Grosskunden-Managements. Wichtig hierfür waren die Erkenntnis, dass...

Kontinuität

a) für diese Funktionen im KAM ein Minimum an Kontinuität gegenüber dem Kunden von höchster Bedeutung ist, und
b) kurzfristige Umsatzerfolge zwar erstrebenswert sind, jedoch nicht im Mittelpunkt der Beurteilung stehen dürfen.

Beide Aspekte haben zusätzlich dazu geführt, dass KAM ein unternehmensstrategisches Thema ist. Das Key Account Management, so die damalige Erkenntnis, ist auf jeden Fall keine Spielwiese für Experimente und Job Rotation und kann daher auch nicht allein dem operativen Management überlassen werden.

Die Verzahnung von einzelnen nationalen Aktivitäten und das Entstehen international und global aufgestellter Kunden gab 1990 den Anstoss zu einem internationalen Account-Programm „Global Account Management". Was national galt, ist vor allem auf der internationalen Ebene von Bedeutung: GAM ist heute ein expliziter Bestandteil der Gesamtunternehmensstrategie der Hilti AG.

12.2.3.2 Top Management Support im KAM

Wenn KAM expliziter Teil der Unternehmensstrategie ist, sollte sich das Topmanagement hier engagieren. Es ist jedoch klar, dass die Unternehmensleitung nicht die Zeit hat, sich intensiv mit den wichtigsten Kunden zu beschäftigen. Dennoch kommt ihr eine wichtige Rolle in zweierlei Hinsicht zu. Zum einen muss der immer wieder geforderte Topmanagement-Support intern tatsächlich gelebt werden. Zum anderen sollte die Unternehmensleitung auch zum Kunden hin eine entsprechende Präsenz zeigen. Im Folgenden sind wichtige Möglichkeiten zusammengestellt. Hierzu stehen verschiedene Varianten zur Verfügung, die im Folgenden beispielhaft aufgezeigt werden:

- *Das Top-Management sollte sich durch den Key-Account-Manager einbinden lassen.* Es gibt Situationen, bei denen das Topmanagement aktiv mit eingebunden werden sollte. Dazu gehören z. B. schwierige Verhandlungen, weitreichende Verträge oder aber auch soziale Kontakte. Diese können sowohl intern als auch mit dem Kunden stattfinden. Wichtig erscheint hier die Erkenntnis, dass bei allen Möglichkeiten die Koordination dem Key-Account-Manager obliegt. Das Topmanagement unterstützt ihn, wenn er es für richtig hält. „Wenn sich die Geschäftsleitung meines Kunden mit unserer trifft, ist es meine Aufgabe dafür zu sorgen, dass die richtigen Dinge zur Sprache kommen," so eine Global-Account-Managerin eines Softwareunternehmens. *(Topmanagement einbinden)*
- *Das Topmanagement sollte die Bedeutung des KAM für das Unternehmen kommunizieren.* Papier ist geduldig und Worte geraten schnell in Vergessenheit. Wenn KAM aber eine grosse Bedeutung für das Unternehmen hat, muss diese immer wieder kommuniziert werden. Hierbei gibt es diverse Kommunikationskanäle des Topmanagements, wie z. B. Memos, Hauszeitschriften, Reden, Gespräche usw. Wichtig ist die Dauerhaftigkeit von Aussagen und die Regelmässigkeit der Mitteilungen. Bei einem Schweizerischen Industrieunternehmen im Bereich der Stromerzeugung und Übertragung ist z. B. bei allen KAM-Seminaren und -Workshops ein Vertreter des Managements anwesend. Ausserdem werden die Zielsetzung und die Aktivitäten im KAM vom gesamten Management regelmässig aufgegriffen und in Geschäftsleitungssitzungen diskutiert. Erfolge im KAM sollten *(Bedeutung des KAM kommunizieren)*

z. B. auch über die Mitarbeiterzeitschrift regelmässig publiziert werden.

Konfliktmanagement
- *Entscheidungsunterstützung und Konfliktmanagement zu Gunsten des KAM.* Konflikte sind ein natürlicher Bestandteil des Key Account Management. Sie tauchen immer wieder auf und sollten konstruktiv genutzt werden. Nicht selten bedarf es dabei der Entscheidung der höheren Instanzen und des Topmanagements. Nur wenn die verantwortlichen Personen im KAM hier den nötigen Rückhalt haben, lässt sich KAM langfristig erfolgreich umsetzen. Ein mittelständisches deutsches Unternehmen im Bereich der IT berichtet von anfänglichen regelmässigen Streitigkeiten mit den technischen Bereichen. Nach wiederholten „Machtworten" der Geschäftsleitung zu Gunsten des KAM regeln sich Probleme mittlerweile überwiegend von selbst. Die schweizerische Swisscom bindet die Key-Account-Manager auch formal direkt an die Geschäftsleitung. Das KAM hat so eine entsprechende Entscheidungsunterstützung.

Ressourcenzuordnung
- *Das Topmanagement sollte dem KAM die nötigen Ressourcen zuordnen.* Key Account Management erledigt man nicht nebenbei. Insofern müssen Key-Account-Manager und Teammitglieder über freie Ressourcen verfügen, um ihre Aufgaben professionell erfüllen zu können. Die Zuteilung von Ressourcen ist eine Hygienevoraussetzung für den KAM-Erfolg und die Herausforderung für die Unternehmensleitung. Ein deutsches regionales Energieversorgungsunternehmen „ernannte" seine früheren Verkaufsmitarbeiter zu Key-Account-Managern. Sie sollten sich zukünftig verstärkt um die wichtigsten Kunden kümmern. Ihr gesamtes Verkaufsgebiet blieb allerdings unverändert. Ausser den Visitenkarten hatte sich nichts verändert.

Bestimmt liessen sich weitere Beispiele finden. Uns geht es jedoch darum, auf die Bedeutung dieses Aspekts hinzuweisen. Gerade von der Unterstützung des Topmanagements geht eine Signalwirkung für die Bedeutung des KAM aus, die man durch viele formale Regelungen kaum erreichen kann.

Handlungsempfehlungen für die explizite Berücksichtigung des KAM in der Unternehmensstrategie

Die folgende Checkliste fasst diesen Abschnitt zusammen und gibt dem Leser zugleich Hinweise für die Umsetzung.

- *Trifft die 80-/20-Regel zu?* Wenn ja, so ist dies das beste Argument, dass KAM Teil der Unternehmensstrategie sein sollte. KAM geht das gesamte Unternehmen an, da der Erfolg des gesamten Unternehmens von den Key Accounts abhängt. Die besten Voraussetzungen für eine hundertprozentige Unterstützung bietet die Verankerung des KAM-Gedankens in der Unternehmensstrategie.
- *Unterstützt das Topmanagement das KAM-Programm?* Eine Reihe von Beispielen, wie sich der Topmanagement-Support realisieren und sichtbar machen lässt, haben wir bereits gegeben. Nach unserer Erfahrung ist hier vor allem Überzeugungsarbeit beim Management zu leisten. Die Mühe lohnt sich, hängt der Support einzelner Unternehmenseinheiten doch eng mit dem Topmanagement-Support zusammen.

13 „Solutions" im organisatorischen KAM

13.1 Schlüsselkunden-spezifische Leistungen im Leistungsportfolio eines Unternehmens

© Prof. Belz/Dr. Müllner/Dr. Zupancic & Mercuri International 2003

In diesem Unterkapitel erfahren Sie, welche Fragen die Vertriebs- bzw. Geschäftsleitung beantworten muss, um ...

- ... die Voraussetzungen für die Entwicklung neuer Leistungen zu schaffen.
- ... die interne Zusammenarbeit zwischen den an der Leistungserstellung für Schlüsselkunden Beteiligten zu verbessern.
- ... mit sinnvollen preispolitischen Vorgaben die Arbeit des Key-Account-Managers zu unterstützen.
- ... dem Key-Account-Manager den Rücken zu stärken, wenn er Exklusivität einfordert, umsatzschwache Key Accounts bearbeitet oder eigene Leistungen Key Accounts konkurrenzieren.

Schlüsselkunden fordern aussergewöhnliche Leistungen. Im Rahmen des Leistungsmanagements obliegt es dem Key-Account-Manager, die notwendigen Aktivitäten zu koordinieren (vgl. Kapitel 7). Erstens schafft er die Voraussetzungen zur Leistungserbringung, indem er Beziehungen pflegt, Konflikte oder Probleme löst und interne Widerstände überwindet. Zweitens bahnt er die Leistungserbringung an, indem er Aufträge akquiriert, Angebote erstellt und verhandelt. Und drittens sorgt er für die Bereitstellung der Leistung, indem er als Projektmanager Aufträge realisiert, auf Sonderwünsche seines Kunden eingeht oder den After-Sales-Service unterstützt und koordiniert (Müllner 2002, S. 183).

Er steuert vielfältige Kommunikations- und Abstimmungsprozesse, und wirbt intern um Unterstützung für die schlüsselkunden-spezifischen Aktivitäten der Leistungserstellung. Er integriert Aktivitäten unterschiedlicher Abteilungen zu Gunsten seines Key

Koordination durch den Key-Account-Manager

Accounts. Die Vertriebsleitung unterstützt seine Arbeit, indem sie ihm entsprechende Weisungsbefugnisse einräumt und dem Key Account Management den geeigneten Stellenwert beimisst.

Chancen und Gefahren von Vorzugsleistungen

Vorzugsleistungen für Schlüsselkunden beinhalten Chancen und Gefahren für den Anbieter. Die Chance besteht darin, spezifische Leistungen für Schlüsselkunden zu einem späteren Zeitpunkt auf weitere Kundengruppen auszudehnen. „Normale" Kunden kommen in den Genuss ausgewählter Teilleistungen. Das Key Account Management arbeitet hierzu eng mit dem Product Management, der Forschung und Entwicklung, der Produktion oder dem Kundendienst zusammen. Die Geschäftsleitung teilt die Entscheidungskompetenzen sinnvoll zwischen den beteiligten Funktionen auf.

Andererseits befindet sich die Vertriebsleitung in einem Zwiespalt. So birgt der Fokus auf Key Accounts die Gefahr, "normale" Kunden zu vernachlässigen. Es gilt, die Toleranz "normaler" Kunden auszuloten, die nicht in den Genuss von Vorzugsleistungen und -konditionen kommen. Dies bedingt eine systematische Abstimmung zwischen key-account-spezifischen Leistungen und Leistungen für Durchschnittskunden. Fehler können zu einem Kundenverlust führen.

Die Vertriebsleitung sieht sich mit vier Entscheidungsfeldern konfrontiert:

Entscheidungsfelder

1. Wie generieren wir Wissen für neue Leistungen? Wie kann das gesamte Unternehmen von schlüsselkunden-spezifischen Leistungen profitieren?
2. Wie sorgen wir für reibungslose Zusammenarbeit zwischen unterschiedlichen Abteilungen und mit Kooperationspartnern?
3. Welche preisstrategischen Entscheidungen sind zu treffen, um Key-Account-Managern ein wirkungsvolles preispolitisches Instrumentarium an die Hand zu geben?
4. Wie sorgen wir dafür, dass wir die zugesagte Exklusivität einhalten? (Stichworte: interne Disziplin, Kompensationsregelungen)

13.1.1 Neue Leistungen entwickeln

Lead-User-Konzepte

Ideen für neue Leistungen lassen sich häufig auf die intensive Zusammenarbeit mit Schlüsselkunden zurückführen. Im Investitionsgüterbereich sind Lead-User-Konzepte eine wichtige Quelle für neues Wissen. Dabei testen Schlüsselkunden Prototypen und beteiligen sich aktiv durch frühzeitige Feedbacks und in gemischt besetzten Entwicklungszirkeln an der kontinuierlichen Leistungsverbesserung. Auf diese Weise schafft der Anbieter dem Schlüsselkunden einen Mehrwert durch eine massgeschneiderte Lösung. Gleichzeitig generiert er Know-how für bessere Produkte, die ihm beim Bearbeiten „normaler" Kunden hilfreich sind.

Know-how-Transfer

Entscheidend ist, dem Key-Account-Manager die Möglichkeit einzuräumen, gemeinsame Projekte angehen zu können. Hierfür benötigt er den Zugriff auf Kollegen unterschiedlicher, meist technischer Abteilungen. Die Aufgabe des Key-Account-Managers besteht dann vorrangig in der Steuerung des Informationsflusses vom Key Account zu den beteiligten Funktionen des eigenen Unternehmens und der Projektsteuerung.

Das in Schlüsselkunden-Projekten generierte Wissen muss gesammelt und im Unternehmen verteilt werden. So leistet das Key Account Management einen Mehrwert für das Product Management des eigenen Unternehmens, wenn daraus neue Produkt- oder Dienstleistungsideen für weitere Kundensegmente entstehen.

Wichtige Fragen, die es durch die Vertriebsleitung zu beantworten gilt, sind:

- Beeinflussen die Bedürfnisse unserer Key Accounts das eigene Leistungsangebot?
- Fliesst das Know-how unserer Key Accounts in unsere Leistungsentwicklung ein?
- Teilen unsere Key Accounts ihre Erfahrung mit unseren Prototypen?
- Tragen unsere Key Accounts zur Initiierung von Leistungsinnovationen bei?
- Profitieren unsere „Durchschnittskunden" von unserer Zusammenarbeit mit Key Accounts (Multiplikation erfolgreicher Key-Account-Leistungen)?

Schlüsselfragen für neue Leistungen

13.1.2 Interne Zusammenarbeit optimieren

Um eine reibungslose Zusammenarbeit zwischen den beteiligten Funktionen im Unternehmen zu sichern, sind Richtlinien festzulegen, die es den Key-Account-Managern erlauben, schlüsselkunden-spezifische Leistungen und Konditionen auch gegen interne Widerstände durchzusetzen. Nur so ist es möglich, innovative Pro-

Interne Widerstände

blemlösungen für Key Accounts wie am Beispiel Busak+Shamban entwickeln zu können.

**Fallbeispiel:
Kostensenkungspaket bei Busak+Shamban**

(Quelle: Müllner 2002, S. 122 f.)

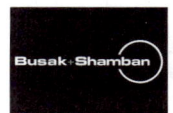

Busak+Shamban ist ein Hersteller von Dichtungen, der sein Serviceangebot für seinen Schlüsselkunden Westfalia Separator, einem Marktführer in der zentrifugalen Trenntechnik, systematisch erweitert und zu einem logistischen Gesamtkonzept im C-Teile-Management ausgebaut hat. Dabei wurden beispielsweise das Konsignationslager, KANBAN und die Just-in-Time-Lieferung auf die spezifischen Bedürfnisse von Westfalia Separator ausgerichtet. Über die umsatzstärksten Artikel wurden Vereinbarungen über Rahmenverträge mit vierteljährlich rollierendem Forecast getroffen. Artikel, deren Warenwert eine Mindestgrenze unterschreitet, werden in einer Zwei-Jahres-Gesamtbestellung bezogen. Um die höhere Kapitalbindung des Kunden zu kompensieren, wurden gleichzeitig die Zahlungsziele verlängert. Grössere Abnahmemengen führen bei *Busak+Shamban* zu erheblichen Einsparungen bei den Abwicklungskosten. Preissenkungen, vereinfachte Abwicklung und optimierte Prozesskosten sind Rationalisierungsleistungen, die dem International Key Account Westfalia Separator zugute kommen.

Bei der Leistungserstellung ist noch eine weitere Dimension der Zusammenarbeit zu berücksichtigen. Häufig werden Leistungen Dritter in ein schlüsselkunden-spezifisches Leistungspaket integriert. Auch diese Zusammenarbeit muss reibungslos funktionieren, um Schlüsselkunden zufrieden zu stellen.

Wichtige Fragen, die es durch die Vertriebsleitung zu beantworten gilt, sind:

Schlüsselfragen für die interne Zusammenarbeit

- Fördern wir die Kommunikation vom Key Account zu einzelnen Funktionen wie F&E, Engineering, Produktion, Kundendienst etc.?
- Fördern wir Leistungs-, Nutzen-, Kosten- und Preistransparenz?
- Fördern wir intern das Wissen über Key Accounts (Schaffen wir Kundentransparenz)?
- Kooperieren wir mit den richtigen Partnern?
- Delegieren wir die richtigen Aufgaben an Servicepartner (Frage der Kompetenzen)?
- Wie schützen wir uns vor der Gefahr der Konkurrenzierung durch Partner?

13.1.3 Erfolg über preispolitische Entscheidungen sichern

Das Erbringen schlüsselkunden-spezifischer Leistungen muss sich lohnen. Leistungen müssen direkte oder indirekte Erträge auslösen, indem sie entweder einzeln in Rechnung gestellt oder in ein lukratives Leistungspaket eingebunden werden. Einer aktuellen Untersuchung zufolge stellt das konsequente Verrechnen von Schlüsselkunden-Leistungen für viele Unternehmen ein grosses Problem dar (Müllner 2002, S. 41). Als besonders schwerwiegend erweist es sich für Lieferanten, die ihren Key Accounts einfache Komponenten, sogenannte C-Leistungen, bieten (Trachsler 1996; Müller 1998).

Die Praxis des Key Account Management kennt verschiedene Konzepte, um Preise besser durchzusetzen. So gilt es, den *„Nutzen der Leistungen zu kommunizieren"*, die einem Key Account zugute kommen. Damit lässt sich die Preisbereitschaft steigern. Gebündelten Leistungen, die sich *„am Nutzen des Kunden orientieren"*, kommt dabei grosse Bedeutung zu.

Nutzen

Leichter kommunizierbare Nutzenpakete

Leistungssysteme nutzen die Querbeziehungen zwischen Kernprodukt und Zusatzleistungen (Kapitel 7). Durch ihre explizite Ausrichtung auf die Probleme von Schlüsselkunden lassen sie sich besser kommunizieren und damit klarer im Wettbewerbsumfeld positionieren. Ausserdem steigern sie die Verrechenbarkeit der Teilleistungen, da sie kundenindividuell zusammengestellt werden und direkt an den Nutzenkategorien eines Key Accounts ansetzen. Hilfreich ist es, ein Portfolio definierter Vorzugsleistungen zu entwickeln und situationsspezifische Leistungsprogramme für Key Accounts im Baukastenprinzip zusammenzustellen. Auf diese Weise gelingt es vielen Kleinteile-Produzenten, ihre eigentlich unbedeutenden Produkte in einen grösseren Nutzenzusammenhang zu stellen, und sich auf diese Weise als attraktiver Partner für potenzielle oder aktuelle Key Accounts zu profilieren. So übernimmt beispielsweise Bossard, ein Schweizer Schraubenhersteller, für ausgewählte Kunden die gesamte C-Teile-Bewirtschaftung.

Kommunikation

Nutzenorientierte Preisgestaltung

Die nutzenorientierte Preisgestaltung baut logisch auf der Nutzenkommunikation auf, geht jedoch noch einen Schritt weiter. Der

Nutzen und Preise

Key-Account-Manager übernimmt dabei die Aufgabe den Preis einzelner Effizienz- beziehungsweise Effektivitätssteigerungen des Schlüsselkunden, die sich auf die Anbieterleistung zurückführen lassen, in monetären Grössen zu bestimmen. Damit richten sich die Preise nach dem Output. Das Preismanagement wird mit dem Leistungsmanagement direkt verknüpft. Die nutzenorientierte Preisgestaltung basiert dabei auf dem Grundgedanken, dass der Anbieter bereit ist, sich vom Schlüsselkunden über ein Anreizsystem steuern und honorieren zu lassen. Die Partner vereinbaren Ziele, die beim Kunden erreicht werden sollen. Das Entgelt hängt vom Grad der Zielerreichung ab. Damit hat der Anbieter ein finanzielles Interesse, die Ziele des Schlüsselkunden zu erreichen. Gleichzeitig ist der Key Account daran interessiert, dass der Anbieter diese Ziele erreicht (Reinecke 1997, S. 58). Das Praxisbeispiel der Unternehmensberatung Masai Deutschland GmbH verdeutlicht das zugrunde liegende Prinzip.

Fallbeispiel:

Nutzenorientierte Preisgestaltung der Masai Deutschland GmbH

Die Masai Deutschland GmbH hat sich auf die Optimierung von Einkaufskosten spezialisiert. Das Beratungsunternehmen unterstützt seine Kunden bei der Realisierung dauerhafter Einsparungen. Die Kostenoptimierungsprojekte umfassen den gesamten Einkaufsbereich von Organisationsfragen über Materialkosten bis zu Prozesskosten.

Das Beratungshonorar und damit der Preis der Beratungs- und Betreuungsleistung ist ausschliesslich von den erreichten Einsparungen abhängig, die Masai für seine Kunden realisiert. Es entspricht einem Prozentsatz, der zu Beginn eines Projekts gemeinsam mit dem Kunden festgelegt wird. Das Preiskonzept führt dazu, dass der Kunde keine finanziellen Risiken eingeht und während der gesamten Projektzeit an einer intensiven Zusammenarbeit interessiert ist.

Grenzen

Die Grenzen der nutzenorientierten Preisgestaltung liegen in der oftmals schwierigen Ermittlung des Schlüsselkunden-Nutzens. Die Vorzüge liegen in der nahezu notwendigen engen Verzahnung von Anbieter- und Kundenprozessen, die das Wissen über den Key Account fördert und vielfältige Ansatzpunkte zur Intensivierung der Geschäftsbeziehung ergibt.

Internationale Preisprojekte

International tätige Key Accounts verlangen weltweit einheitliche Konditionen von ihren Lieferanten (Mühlmeyer 2001). Die Vereinheitlichung kann sich auf Zahlungsziele, Nettopreise oder Preisnachlässe beziehen. Grund dieser Forderung stellt die zunehmende Preistransparenz auf Seiten der Key Accounts dar, die sich auf professionelle Informations- und Kommunikationsinstrumente des Beschaffungsmanagements zurückführen lässt. Preisharmonisierungskonzepte tragen dieser Entwicklung Rechnung. Sie erweisen sich insbesondere dann als unumgänglich, wenn sich die Leistungspakete für internationale Schlüsselkunden kaum differenzieren lassen. Wichtige Voraussetzungen für die Preisharmonisierung sind die Standardisierung von Produktdefinitionen, Dienstleistungen und Leistungssystemen (Müllner 2002, S. 124). Dies stellt wiederum eine herausfordernde Aufgabe für die Vertriebs- bzw. Geschäftsleitung dar.

Preisharmonisierung

Preispolitische Überlegungen spielen im Key Account Management demzufolge in verschiedener Hinsicht eine wichtige Rolle. Folgende Fragen gilt es zu beantworten:

- Wie lässt sich der Preisdruck mindern, den der Key Account ausübt?
- Worauf legen Key Accounts im Zusammenhang mit der Preispolitik Wert?
- Mit welchen Konzepten begegnet man den Anforderungen internationaler Schlüsselkunden?

13.1.4 Leistungen für umsatzschwache Schlüsselkunden

Wenn das Profilierungspotenzial des eigenen Leistungsangebots bei direkten Kunden gering ausfällt, gerät der Markterfolg in Gefahr. In einer solchen Situation können Empfehlungen anerkannter Marktteilnehmer, wie Markt-, Image- oder Technologieführer, hilfreich sein. Findet zwischen dem eigenen Unternehmen und diesen Referenzträgern keine direkte Geschäftsbeziehung statt, ist es unter Umständen dennoch denkbar, solche Kunden als Key Accounts zu behandeln. Ziel dieses Vorgehens ist es, über das Referenzpotenzial dieser Unternehmen eine Sogwirkung zu entwickeln, die direkte Kunden zur Zusammenarbeit motiviert. Die Sogwirkung, die als

Referenzkunden

Pulleffekt

Pull-Effekt bezeichnet wird, sorgt dafür, dass der Key Account im Interesse des Anbieters handelt. Im Mittelpunkt einer solchen Strategie müssen in erster Linie Vertrauensleistungen, wie Kommunikations-, Informations- und Beziehungsleistungen erbracht werden. Abbildung 71 verdeutlicht die Wirkungsweise.

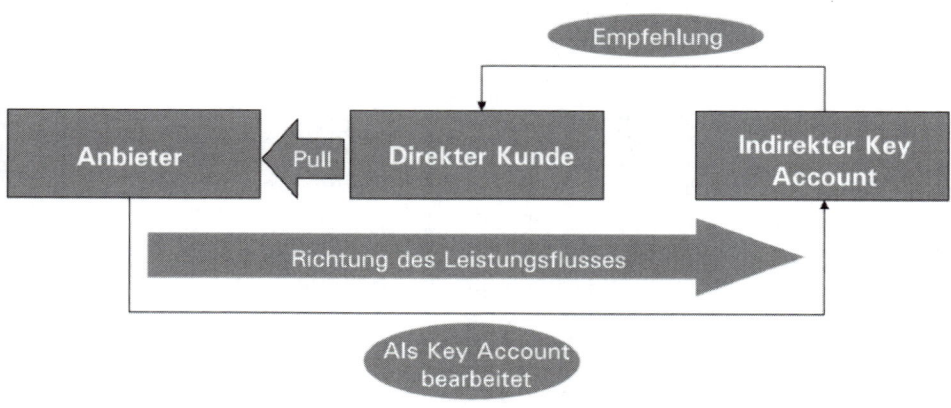

Abbildung 71: Leistungen für indirekte Key Accounts
Quelle: Müllner 2002, S. 127

Ein Key-Account-Manager, der für einen indirekten Kunden eine Leistung intern durchsetzen möchte, wird jedoch immer dann vor grossen Unwägbarkeiten stehen, wenn die Unternehmensleitung ihm nicht den Rücken stärkt und es ihm ermöglicht, auch diesen indirekten Kunden entsprechende Leistungen erbringen zu können.

Das Fallbeispiel des österreichisch-schwedischen Stahlunternehmens Böhler-Uddeholm dient als geeignetes Anschauungsmaterial.

Fallbeispiel:
Leistungen für indirekte Schlüsselkunden

(Quelle: Müllner 2002, S. 128)

Böhler-Uddeholm stellt hochwertigen Werkzeugstahl her, der beispielsweise Zulieferern der Automobil-, Elektro- oder Elektronikindustrie als Grundstoff für die Herstellung von Werkzeugmaschinen dient. Der wertmässige Anteil von Werkzeugstahl am Investitions-

> gut Werkzeugmaschine ist relativ gering. Dasselbe gilt für das Involvement eines Zulieferunternehmens bei der Beschaffungsentscheidung. Andererseits ist das Interesse des auf der nachfolgenden Produktionsstufe angesiedelten Automobil- oder Elektroartikelherstellers an einer langen Lebensdauer und einer anhaltenden Qualität der Werkzeugmaschine äusserst hoch.
>
> Eine wichtige Aufgabe des Key Account Management ist es daher, nicht nur die Entscheidungsträger beim direkten Abnehmer systematisch zu bearbeiten, sondern darüber hinaus auch die Entscheidungsträger bei den Automobil- oder Elektroartikelherstellern, den indirekten Kunden, von der Qualität des Böhler-Uddeholm-Stahls zu überzeugen. Hierzu bedient sich das Key Account Management in erster Linie Vertrauensleistungen in Form von Beratungen, Round-Table-Gesprächen oder gemeinsamen Workshops.

In diesem Zusammenhang muss sich die Vertriebsleitung folgende Fragen stellen:

- Nehmen wir auch indirekte bzw. umsatzschwache Kunden in unser Key-Account-Management-Programm auf?
- Bieten wir konkrete Leistungen für indirekte Key Accounts?
- Kommunizieren wir im Unternehmen, welche Bedeutung wir indirekten oder umsatzschwachen Key Accounts beimessen?
- Unterstützen wir unsere Key-Account-Manager darin, die Forderung nach Leistungen für indirekte oder umsatzschwache Kunden durchzusetzen?

13.1.5 Einhalten zugesagter Exklusivität

Exklusivität stellt für Key Accounts häufig eine wichtige Voraussetzung dar, um die Geschäftsbeziehung zum Anbieter zu intensivieren. Exklusivität gewähren Konsumgüterhersteller, Dienstleister sowie Hersteller industrieller Komponenten ihren Key Accounts, indem sie Leistungspakete mit Vorzugsleistungen anreichern. Dies spielt insbesondere bei gemeinsamen Produktentwicklungen eine wichtige Rolle, da die Exklusivität den Kunden zeitlich oder länderbezogen vor seinen Konkurrenten schützt.

Exklusive Vorzugsleistungen

> **Fallbeispiel:**
> **Exklusivität durch erweitertes Leistungsangebot**
>
> Die zwischenzeitlich zur niederländischen DSM gehörende, ehemalige Vitaminsparte von Roche, hat für ihre strategisch bedeutenden Kunden ganz spezifische Vorzugsleistungen definiert, die weit über die Kernleistung „Vitaminpräparate herstellen" hinausgehen.
>
> Diese betreffen das gesamte Marketing-Spektrum und gehen weit über das vom Verkauf zu Leistende hinaus. Schnellere Lieferung, Mengenrabatte, Skonti, besondere Gebinde, regelmässige persönliche Kontakte, technische Beratung, Vermittlung von Informationen und Wissen, gemeinsame Forschung, Fabrikbau nach Kundenkriterien oder die spezielle Betreuung nach Lieferverzug sind einige dieser Leistungen.

Egoismus in den Abteilungen

Kunden erwarten, dass Abmachungen eingehalten werden. Dies ist im Schlüsselkunden-Management nicht immer eine Selbstverständlichkeit. Teilweise torpedieren Abteilungsegoismen die vom Key Account Management gemachten Zusagen. Die Vertriebsleitung muss daher zwei Voraussetzungen schaffen. Zum einen müssen Abmachungen nachvollziehbar kommuniziert werden, um Transparenz und Akzeptanz zu schaffen. Zum zweiten sind interne Disziplinlosigkeiten zu vermeiden.

In diesem Zusammenhang muss sich die Vertriebsleitung folgende Fragen stellen:

- Wie fördern wir das Einhalten gemachter Versprechungen?
- Lassen sich mit klaren Weisungsbefugnissen interne Widerstände vermeiden?
- Wie kommunizieren wir nachvollziehbar Abmachungen mit dem Key Account?
- Existieren Kompensationsregelungen für wegfallende Umsätze durch harmonisierte Preise?

13.1.6 Konkurrenzierung von Key Accounts

Wenn Unternehmen ihre bestehende Leistung ausweiten, konkurrenzieren sie oft ihre eigenen Schlüsselkunden. Es kann bereits kritisch sein, unterschiedliche Kunden zu beliefern, die sich am Markt konkurrenzieren. Das nachfolgende Beispiel verdeutlicht die Problematik.

> **Fallbeispiel:**
> **Situation der Kundenkonkurrenzierung bei Schulthess Waschmaschinen AG**
> (Quelle: Belz 2003)
>
> Schulthess Waschmaschinen AG (CH-Wolfhausen) bearbeitet grössere Objekte mit einem Bedarf von 30 oder 40 Waschmaschinen, teilweise parallel über den Handel und direkt. Naturgemäss sind damit Konflikte verbunden. Es gibt Händler, die für grössere Objekte gleichzeitig die Offerten von V-Zug, Schulthess und Elektrolux einholen. Sie präferieren dabei einen dieser Anbieter, blockieren aber für dieses Objekt die beiden anderen. Geht nun ein Hersteller nur über den Handel, so sieht er sich plötzlich beim Zuschlag für das Objekt mit der Situation konfrontiert, dass er leer ausgeht und durch den Handel vom Endkunden abgeschirmt wurde. Deshalb kann es notwendig sein, direkt bei den Entscheidungsträgern für das Objekt ein eigenes Angebot zu platzieren. Beim Kunden entsteht somit eine Konkurrenzsituation des gleichen Herstellers über den Handel und direkt vom Hersteller. Beschränkt sich der Hersteller auf den Handel, so läuft er Gefahr, durch seine Zurückhaltung wichtige Geschäfte zu verlieren. Wünschenswert wäre es, dass Handel und Hersteller mit dem indirekten und direkten Angebot abgestimmt vorgehen.

Die Beurteilung des Angebots von Leistungen, die Schlüsselkunden konkurrenzieren, ist von verschiedenen Aspekten abhängig (Belz 2003):

Konkurrenzierende Leistungen

- Attraktivität des Geschäfts im Vergleich zu bestehenden Aktivitäten mit den entsprechenden Kunden (heute und in Zukunft)
- Position des Unternehmens als Anbieter im bestehenden Geschäft (Auswechselbarkeit, Preisdruck usw.)
- Branchenentwicklung in Bezug auf multiple Angebote auf verschiedenen Wertschöpfungsstufen
- Ertrags- oder Bedrängungssituation der eigenen Kunden

Coopetition

Beispielsweise ist es die Automobilindustrie inzwischen gewohnt, dass verschiedene Marktpartner und Konkurrenten in unterschiedlichen Geschäftsbeziehungen verschieden zusammenarbeiten. Modell-Outsourcing der Automobilindustrie führt dazu, dass Zulieferer häufig in unterschiedlichen Konstellationen für Automobilhersteller tätig sind. Diese Zulieferer sind gleichzeitig Partner, in anderen Fällen Konkurrenten. Coopetition lautet ein Stichwort. Die Eigenkonkurrenzierung auch in Konzernen ist normal. In anderen Märkten sind die Strukturen vertikal und horizontal noch stärker gefestigt. Ein Durchbruch der bestehenden Spielregeln führt zu mehr oder weniger expliziten Vergeltungsmassnahmen oder Boykotten der Marktpartner.

Die Konkurrenzierung von Schlüsselkunden ist ein Nachteil für diese. Es stellt sich deshalb die Frage, ob durch diesen Nachteil die gesamte Zusammenarbeit im Vergleich zu Wettbewerbern weniger attraktiv wird. Kurz: Jeder Anbieter mit einer starken Position, mit klaren Kundenvorteilen, wird sich auch im Bereich der Kundenkonkurrenzierung mehr erlauben können. Lieferanten, die bei den Kunden ohnehin anstehen, laufend Schwierigkeiten haben oder sich stärker mit Zugeständnissen als mit positiven Themen beschäftigen, werden durch die Kundenkonkurrenzierung zusätzlich geschwächt.

Kundenkonkurrenzierung kann aber auch Vorteile für Schlüsselkunden bewirken (Belz 2004). Positiv kann das erhöhte Know-how sein, weil sich beispielsweise ein Lieferant in den nachgelagerten Märkten selbst betätigt. Verschiedene weitere Aspekte können eine Rolle spielen, beispielsweise lässt sich teilweise durch solche Engagements in nachgelagerten Märkten auch die Konkurrenzsituation besser erfassen.

Kundenkonkurrenzierung Kundenkonkurrenzierung kann für die Arbeit des Key-Account-Managers zur Belastung werden, wenn sie ein Element in der Verhandlung mit dem Schlüsselkunden wird. Es ist daher eine Entscheidung der Vertriebs- bzw. Geschäftsleitung notwendig, um hier bei allen Beteiligten für Klarheit zu sorgen. Zur Konkurrenzierung von Schlüsselkunden stellen sich verschiedene Fragen:

1. Unter welchen Voraussetzungen akzeptieren Schlüsselkunden, dass sie von ihren Lieferanten konkurrenziert werden?
2. Gibt es wichtige Unterschiede zwischen den Branchen? Akzeptieren gewisse Branchen die mehrfachen Aktivitäten, während andere Märkte und ihre Mitglieder sehr empfindlich reagieren?
3. Welche Formen der Kundenkonkurrenzierung gilt es zu unterscheiden?
4. Wie soll ein Unternehmen vorgehen, wenn es neue Aktivitäten lanciert, die in einer Konkurrenz zu Kunden stehen?

13.2 Basisvoraussetzungen für erfolgreiche Key-Account-Leistungen schaffen

© Prof. Belz/Dr. Müllner/Dr. Zupancic & Mercuri International 2003

In diesem Unterkapitel erfahren Sie, welche Fragen sich die Vertriebs- bzw. Geschäftsleitung beantworten muss, damit...

- ... Key-Account-Manager Kundenvorteile für Schlüsselkunden schaffen können.
- ... die geeigneten Rahmenbedingungen und Voraussetzungen für hochwertige Grundleistungen geschaffen werden.

Der Key-Account-Manager bearbeitet seinen Key Account nur dann erfolgreich, wenn er auf eine qualitativ hochwertige Kernleistung (Druckmaschine, Kosmetiksortiment oder Transportkapazitäten) zurückgreifen kann. Diese kombiniert er mit seinem persönlichen Einsatz und aussergewöhnlichen, personenbezogenen Service-Leistungen wie Beratung oder Management-Support. Infrastrukturelle Voraussetzungen sichern ein effizientes Arbeiten. Entscheidungen der Vertriebs- und Geschäftsleitung schaffen diese Voraussetzungen. Sie trägt Mitverantwortung für den Erfolg der Schlüsselkundenbearbeitung.

13.2.1 Rahmenbedingungen

Unternehmensindividuelle Rahmenbedingungen, die es zu berücksichtigen gilt, sind die leistungsstrategische Ausrichtung des Unternehmens, Kernkompetenzen und Kooperationen.

Leistungsstrategische Ausrichtung des Unternehmens
Wettbewerbs- und Kundenvorteile lassen sich grundsätzlich über eine Differenzierungs- oder eine Kostenführerschaftsstrategie erreichen. Diese können entweder auf den Gesamtmarkt oder auf einzelne Nischen zielen (Porter 1980). Bei der Kostenführerschaftsstrategie profiliert sich der Anbieter über günstigere Preise. Diese realisiert er über eigene Kostenvorteile, die er an seine Abnehmer bis zu einem gewissen Grad weitergibt. Bei der Differen-

Differenzierung oder Kostenführerschaft

zierungsstrategie profiliert er sich über eine höhere Qualität, die er seinen Abnehmern bietet.

Die Aufnahme eines strategisch bedeutsamen Kunden in ein Key-Account-Programm ist eng mit Mehrwertleistungen des Lieferanten verbunden. In gewisser Weise stellt die Berücksichtigung eines Kunden für ein entsprechendes Programm bereits einen Mehrwert dar. Die reine Kostenführerschaftsstrategie eines Unternehmens lässt demgegenüber keinen Raum für Vorzugsleistungen von Schlüsselkunden. Es überrascht daher kaum, dass reine Kostenführer kaum über ein Key-Account-Management-Programm verfügen (Müllner 2002, S. 87).

Kernkompetenzen

Kompetenz

Key-Account-Manager greifen auf das vorhandene Leistungsangebot des Unternehmens zurück. In der Regel haben sie auf die Qualität der Kernleistung (Werkzeugmaschine, Hardware oder Kosmetiksortiment) keinen oder nur geringen Einfluss (Beratung oder Projektkoordination). Die Zufriedenheit des Schlüsselkunden hängt jedoch auch damit eng zusammen. Daher ist es wichtig für die Geschäftsleitung, die Kompetenz für hochwertige Kernleistungen stets weiterzuentwickeln. Die Auseinandersetzung mit den eigenen Kernkompetenzen spielt daher gerade im Zusammenhang mit der Leistungserbringung an Key Accounts eine wichtige Rolle.

Kooperationen

Alles aus einer Hand

„Kunden verbinden seit jeher verschiedene Angebote von Spezialisten. Sie kombinieren Produkte und Dienstleistungen der Anbieter, um ihren Gesamtbedarf zu decken. Diese Koordination ist aufwändig, und die einzelnen Teile passen oft schlecht zusammen" (Belz 1999, S. 2). Versucht ein Unternehmen den Gesamtbedarf seiner Schlüsselkunden zu decken, stösst er schnell an Kapazitätsgrenzen. Die einzige Möglichkeit besteht dann oft darin, in Kooperation mit anderen Anbietern Gesamtpakete zu erstellen. Hierzu übernimmt ein Anbieter die Koordinationsaufgaben, die der Schlüsselkunde delegiert. Er bildet in Kooperation mit anderen, häufig kleineren Anbietern, ein Netzwerk in Form eines virtuellen Unternehmens. Calorifer zeigt ein Beispiel aus dem Wärmetechnikbereich.

> **Fallbeispiel:**
> **Kooperatives Leistungssystem für Key Accounts**
>
> (Quelle: Müllner 2002)
>
> Die Calorifer AG koordiniert Wärmetechnikprojekte für international tätige Schlüsselkunden. Dabei greift sie auf verschiedene Partnerunternehmen zurück. Das technische Know-how und die Beziehungen zu geeigneten, lokalen Partnern begründen die Führungsfunktion Calorifers. Dies stellt einen Garanten für den Vertrauensaufbau von Schlüsselkunden dar.
> Dem Know-how-Support für die lokalen Partner kommt eine grosse Bedeutung zu. Dies spielt für die Produktion und Montage vor Ort eine wichtige Rolle. Da die Einfuhr von Anlagen in vielen Ländern durch Importzölle nicht rentabel ist, werden die Wärmetechniksysteme lokal vor Ort gefertigt. Das nötige Know-how wird dazu „zollfrei" in Form von Präsentationen, Dokumentationen, Vorbereitungskursen und Weiterbildungsaktivitäten „eingeführt". Zudem dient eine schnelle, unkonventionelle Hilfe bei Problemen für einen reibungslosen Ablauf der Zusammenarbeit.
>
> Mit der Steuerung des so genannten „Virtual Global Account Networks" gewährleistet Calorifer, dass die Global Accounts, nach Anfertigung des Pflichtenhefts, vor weiterem Koordinationsaufwand geschützt werden. Zudem erhalten sie eine integrierte, schlüsselfertige Wärmelösung, deren einzelne Komponenten optimal aufeinander abgestimmt sind.

Erfolgsentscheidend ist die Qualität von einzelnen Elementen des Lieferanten-Netzwerks und jene der Zusammenarbeit. Wichtig ist es, gegenüber dem International Key Account die „Bottleneck-Funktion" zu erfüllen, wie es die Calorifer AG im Fallbeispiel zeigt. Referenzprojekte helfen, den Schlüsselkunden von der Funktionsfähigkeit der Marketing-Kooperation zu überzeugen und sein Vertrauen zu gewinnen.

Bottleneck

13.2.2 Voraussetzungen für hochwertige Key-Account-Leistungen

Voraussetzungen für ein erfolgreiches Key Account Management bilden beispielsweise das Commitment zu exklusiven Vorzugsleistungen, qualitativ hochwertige Grundleistungen, eine Qualitäts- oder Dienstleistungskultur, geeignete preispolitische Vorgaben oder professionelle Informations- und Kommunikationssysteme. Leistungen für Key Accounts basieren auf der Leistungsfähigkeit des Unternehmens.

Das Commitment zu Vorzugsleistungen lässt sich anschaulich am abschliessenden Praxisbeispiel der VIP-Leistungen bei Hilti erkennen. Dabei wird deutlich, dass sich ohne Commitment und ohne

Commitment

hochwertige Grundleistungen ein solches Leistungskonzept nicht umsetzen lässt. Die Rolle des Key-Account-Managers besteht vor allem darin, ein Commitment einzufordern und den Kommunikationsfluss zu den an der Leistungserstellung beteiligten Funktionen im eigenen Unternehmen sicherzustellen. Letztlich greift er aus dem vorhandenen Leistungskonglomerat auf einzelne Bausteine zurück, um kundenindividuelle Problemlösungen zu schaffen.

Patenschaften

Auch die Übernahme einer Patenschaft durch ein Geschäftsleitungsmitglied kann das Commitment zu Vorzugsleistungen und die Durchsetzbarkeit der Forderungen eines Key-Account-Managers zugunsten seines Schlüsselkunden fördern. Ein „Pate" aus der Geschäftsleitung schaltet sich entweder regelmässig beim strategischen Jahresgespräch mit dem Kunden ein, oder steht bei Eskalationen als eine Art „Beschützer" hinter dem Key-Account-Manager. Erfolgsentscheidend ist, dass das Geschäftsleitungsmitglied seine Rolle als „Pate" versteht, der im übertragenen Sinn die Hand schützend über den Key-Account-Manager hält, jedoch nicht als „Notnagel" für den Key Account wirkt. In letzterem Fall würde er die (externe Verhandlungs- und interne Durchsetzungs-) Autorität des Key-Account-Managers untergraben. Der Pate würde sich erheblich Mehrarbeit aufladen, während die Position des Key-Account-Managers geschwächt würde.

Casestudy Hilti AG: Leistungen für Key Accounts

„VIP"-Lösungen

Im Rahmen ihrer Mehrwertstrategie, deren Schwerpunkt auf Koordinations- und Vertrauensleistungen liegt, bietet die Hilti AG International Key Accounts sogenannte VIP-Module. Ausgangspunkt ist die Überlegung, dass die Ziele des International Key Account Management langfristig nur über eine globale Partnerschaft zu erreichen sind. Für Hilti gilt es, die Schlüsselkunden-Bedürfnisse in einem grösseren Zusammenhang zu begreifen und umfassend zu befriedigen. Kernprodukte werden durch Services ergänzt und zu ganzheitlichen Lösungen verschnürt.

Hiltis internationale Schlüsselkunden erwarten einen Beitrag zur Kostensenkung, einen organisationalen Fit und globale

Marktabdeckung, Unterstützung im Projekt-Management und im Engineering, vor allem zum Thema Sicherheit, konsistente globale Behandlung, rasche Kommunikationswege und die Möglichkeit, ihre Beschaffungsprozesse auf elektronischem Weg zu bestreiten. Hilti verspricht, seinen International Key Accounts im Gegenzug einen Zeitgewinn durch den Einsatz von Systemlösungen zu verschaffen, weltweit mit einem einheitlichen Konzept präsent zu sein, Schlüsselkundenprojekte auf verschiedenen Ebenen und mit geeigneter technischer Software zu unterstützen, eine Plattform für das E-Business zur Verfügung zu stellen und mit so genannten Global VIP-Packages spezifische Kundenprobleme exklusiv zu lösen.

Die Basis für die VIP-Pakete liefern Module – beispielsweise im Bereich Reparatur. Eine VIP-Reparatur kann je nach Baustelle oder geografischer Zweckmässigkeit vereinbart werden. Dies kann im besten Fall eine Erledigung innerhalb 24 Stunden – oder auch in Tagen beinhalten. Auf einer sehr entlegenen Baustelle (z. B. Staudämme in China) kann ein Service innerhalb einer Woche das Kundenbedürfnis sehr gut abdecken. Im Fleetmanagement bietet Hilti umfangreiche Lösungen für den Unterhalt von kompletten Maschinen und elektrischen Werkzeugparks an. Deren weltweite Realisierung erfordert eine globale Präsenz und Kompetenz, die für International Key Accounts aufgebaut und gepflegt wird.

Modulare Lösungen

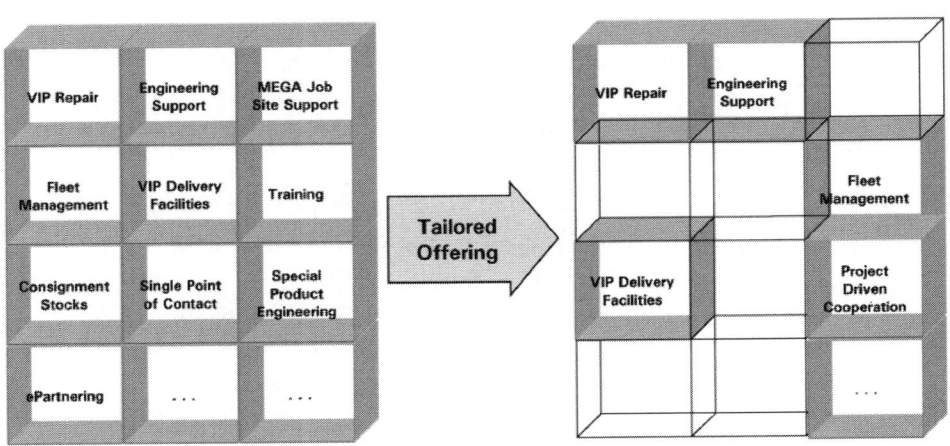

Abbildung 72: VIP-Modul für internationale Schlüsselkunden

Die Vorteile des VIP-Packages liegen unter anderem in der Systematisierung kernprodukt-begleitender Leistungen. Über die Systematisierung lassen sich sowohl die interne als auch die externe Leistungstransparenz erhöhen. Damit wird eine wichtige Voraussetzung eines erfolgreichen Managements kernprodukt-begleitender Leistungen geschaffen, da Leistungsstandards überprüft, Leistungen verständlich kommuniziert und leichter verrechnet werden können.

Handlungsempfehlungen für ein erfolgreiches Leistungsmanagement:
Die Vertriebsleitung sieht sich im Zusammenhang mit der Bereitstellung der Voraussetzungen erfolgreicher Schlüsselkunden-Leistungen mit vier Entscheidungsfeldern konfrontiert und muss folgende Fragen beantworten:

1. Diffusion des Wissens zu den geeigneten Stellen im Unternehmen:
    - Wie sorgen wir dafür, dass das Wissen diffundiert? (Stichworte: Wissensmanagement/Intranet)
    - Fördern wir die Kommunikation vom Key Account zu einzelnen Funktionen wie F&E, Engineering, Produktion, Kundendienst etc.?
    - Existieren Richtlinien über Informationswege?

2. Hochwertige Kern- und Zusatzleistungen:
    - Wie sichern wir die Leistungsqualität?
    - Verfolgen wir die Prinzipien eines Total Quality Management?
    - Konzentrieren wir uns auf unsere Kernkompetenzen?
    - Versuchen wir systematisch neue Kompetenzen für die Zusammenarbeit mit Schlüsselkunden zu entwickeln oder geeignete Kooperationspartner zu finden?

3. Konkurrenzierung von Schlüsselkunden:
    - Konkurrenzieren wir mit unseren Leistungen unsere Key Accounts?
    - Unter welchen Voraussetzungen akzeptiert der Key Account, dass wir ihn konkurrenzieren?

- Stimmt unser Vorgehen, wenn wir neue Aktivitäten lancieren, die in Konkurrenz zu einem Key Account stehen?

4. Bekenntnis zu Vorzugsleistungen für Schlüsselkunden:
    - Sind wir bereit, für bestimmte Schlüsselkunden neue und individuelle Leistungen zu erbringen?
    - Wie vermitteln wir Key-Account-Managern unser Commitment in Bezug auf Vorzugsleistungen und -konditionen?
    - Wie gewinnen wir das Commitment aller für die exklusive Abgabe von Vorzugsleistungen an Key Accounts?

14 „Skills" im organisatorischen KAM

14.1 Personalentwicklung für Mitarbeiter im KAM

© Prof. Belz/Dr. Müllner/Dr. Zupancic & Mercuri International 2003

In diesem Unterkapitel erfahren Sie ...

- ... welche Kompetenzen Key-Account-Manager und Teammitglieder im nationalen und internationalen Umfeld benötigen.
- ... mit welchen spezifischen Personalentwicklungsinstrumenten diese Kompetenzen aufgebaut werden sollten.
- ... wie das Profil eines Key-Account-Managers aussieht und wie es bewertet wird.

Key Account Management ist anspruchsvoll und für alle Mitarbeiter, die mittel- oder unmittelbar betroffen sind, fordernd. Es ist daher für Unternehmen nicht leicht, die richtigen Mitarbeiter zu finden und diese dazu zu befähigen, die Dinge richtig zu tun, das heisst das KAM zu beherrschen. Wie immer gilt auch hier: Je internationaler das Geschäft, desto grösser werden die Anforderungen an die Personen. Aber selbst bei einem rein nationalen Geschäft handelt es sich um eine echte Managementaufgabe mit entsprechenden Voraussetzungen für den Erfolg.

Erfolgsfaktor „Personal"

Wichtig ist die Erkenntnis, welchen Effekt gute Mitarbeiter vor allem an der Schnittstelle zum Kunden auf den Erfolg des Unternehmens haben. Hierzu die folgende Grafik.

Es wird deutlich, dass vor allem im Verkauf überdurchschnittliche Fähigkeiten zu grossen Erfolgen des Unternehmens beitragen. Unternehmen sollten daher an der Entwicklung ihrer Führungskräfte arbeiten. Belz/Bussmann konnten in einer umfangreichen Studie zum Performance Selling folgende Trends nachweisen, die sich leicht auf das KAM übertragen lassen:

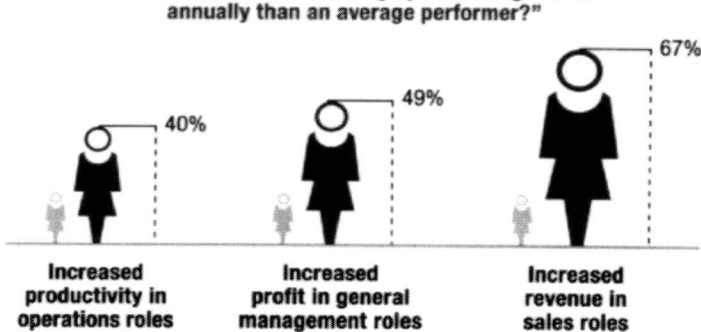

Abbildung 73: Gute Mitarbeiter machen bessere Geschäfte
Quelle: McKinsey 2000

- 85 Prozent erkennen, dass alle Mitarbeiter in allen Funktionen gemäss ihren Fähigkeiten anteilig auch Verkaufsaufgaben wahrnehmen.
- 80 Prozent erachten in Zukunft nur Teamplayer als erfolgreiche Verkäufer.
- 75 Prozent wollen sich auf vorausschauende Mitarbeiterprofile stützen, um die Fähigkeiten der Mitarbeiter zu entwickeln.
- 73 Prozent der Unternehmen brauchen mehr Generalisten im Verkauf, die flexibel verschiedenste Aufgaben für Kunden übernehmen.
- 70 Prozent erkennen, dass Verkäufer in Zukunft vermehrt Projektleiterfunktionen erfüllen.
- 59 Prozent meinen: In Zukunft sind Global Players gefragt, die sich in vielen Sprachen ausdrücken und in multikulturellen Teams effizient bewegen können.

Im Folgenden werden konkrete Handlungsempfehlungen genannt, wie man hier professionell vorgehen kann.

Personalentwicklung

Ausgangspunkt für jede Personalentwicklung bildet eine „Personalbedarfsbestimmung" (Scholz 2000, S. 251 ff.). Diese legt fest, wie viele Mitarbeiter welcher Qualifikation zu welchen Zeitpunkten an welchen Orten zur Verfügung stehen müssen. Anzahl, Ort und Zeitpunkte hängen zumindest bei bestehenden Key Accounts zum grossen Teil von den Entwicklungen in einer Geschäftsbeziehung ab. Ausgehend von der Strategie und den daraus abzuleitenden Aufgaben lässt sich der Bedarf vorhersagen. Viele Aufgaben eines Key-Account-Managers und seines Teams entstehen jedoch relativ spontan. Dies macht eine Vorausplanung schwierig. Ein Unternehmen ist daher gut beraten, seine Mitarbeiter auf breiter Basis in Bezug auf die Aufgaben des Key Account Management vorzubereiten.

Eine besondere Herausforderung besteht darin, dass sich das Anspruchsniveau an Key-Account-Manager in den letzten Jahren erheblich gesteigert hat. Beispiele sind die gesteigerten Anforderungen im Stahlhandel. Konzentrierten sich die Einkäufer von Stahl früher auf Materialeinstandspreise, Produktqualität und Lieferpräzision, steht heute die Optimierung von Prozesskosten im Mittelpunkt der Betrachtung. Damit werden nicht mehr eine bestimmte Anzahl von Tonnen Stahl verkauft, sondern Wirtschaftlichkeit und Erfolgsbeitrag. Die Anforderungen an Key-Account-Manager haben sich entsprechend gewandelt. Stand früher die Verkaufsleistung einzelner im Vordergrund, zählt heute das Know-how über Kundenbranche, -unternehmen und -prozesse. Der Key-Account-Manager koordiniert multiple Kontakte bei Kunden und sorgt für eine integrierte Leistung für Schlüsselkunden. Durch diese Entwicklung entsteht die zwingende Notwendigkeit, neue KAM-Mitarbeiter vernünftig auszubilden und vorhandene vernünftig weiterzuentwickeln.

Steigende Ansprüche

14.1.1. Anforderungsprofil für Mitarbeiter in Key-Account-Management-Teams

Ein „Anforderungsprofil" ist die zentrale Planungsgrundlage des qualitativen Personalbedarfs. Unabhängig von den Personen bietet es differenzierte Aussagen über Art und Höhe der Anforderungen an eine bestimmte Stelle. Im Folgenden wird ein KAM-Anforderungsprofil entwickelt, das als Muster dienen kann, und an die Unternehmensbedürfnisse angepasst werden muss. Anforderungsprofile können Änderungen unterliegen und sie können unterschiedlich detailliert ausformuliert sein (Steinmann/Schreyögg 1996, S. 643). Das Ziel besteht darin, Fähigkeitsprofile von Mitarbeitern mit den Anforderungsprofilen möglichst optimal abzugleichen. Die Komplexität und Vielfalt der Anforderungen an die Mitarbeiter im KAM erfordert eine flexible Auslegung und dynamische Anpassung. Die

Fähigkeiten

Kompetenzen Fähigkeiten von Mitarbeitern sind vorhanden, können aber auch durch geeignete Massnahmen weiterentwickelt werden. Letzteres wird im folgenden Abschnitt thematisiert. Anforderungsprofile können nach verschiedenen Gesichtspunkten gegliedert werden (Schircks 1994, S. 158). Für die folgende Darstellung wurde eine Teilung nach fachlichen, persönlichen und sozialen Kompetenzen gewählt. Vorhandene Arbeiten beschreiben die notwendigen Qualifikationen eines nationalen Key-Account-Managers (Zupancic/Senn 2000, S. 39; Senn 1997, S. 96; Bald 1994, S. 11 ff. oder Sidow 1991, S. 39 ff.). Darauf aufbauend werden die besonderen Herausforderungen im internationalen Key Account Management berücksichtigt. Die folgende Abbildung zeigt ein umfassendes Anforde-

Stufe	Fachliche Kompetenz	Persönliche und soziale Kompetenz
Key Account Management	• Fachkenntnisse in Bezug auf das eigene Unternehmen (z. B. Produkte, Funktionen, Prozesse, Strukturen) • Fachkenntnisse in Bezug auf den Kunden (z. B. Stärken/Schwächen, Bedürfnisse, Strategie, Strukturen, Buying/Relationship-Center) • Fachkenntnisse in Bezug auf Wettbewerber (z. B. Produkte, Funktionen, Strategie, Prozesse, Strukturen)	• Kundenorientiertes Denken und Handeln • Strategisches Denken und Handeln • Analytische Fähigkeiten • Fähigkeit zur Ausfüllung repräsentativer Aufgaben • Konzeptionelle Fähigkeiten • Flexibilität • aktives Zuhören • Kommunikativer Stil • Teamfähigkeit • Überzeugungsfähigkeit • Multilevel Koordination • Vernetzt Denken und Handeln • Schnelle Auffassungsgabe und Lernfähigkeit • etc.
International Key Account Management	• Weltweite Fachkenntnisse in Bezug auf das eigene Unternehmen • Weltweite Fachkenntnisse in Bezug auf den Kunden • Weltweite Fachkenntnisse in Bezug auf die Wettbewerber	• Fremdsprachen • Interkulturelle Kompetenz • Fähigkeit zur Arbeit in einer virtuellen Umgebung • Fähigkeit zur Arbeit in sekundären Organisationsstrukturen

Abbildung 74: Anforderungsprofil an Mitglieder eines KAM-Teams
Quelle: Zupancic 2001, S.166

rungsprofil, das aus verschiedenen Gesprächen und vorhandenen Konzepten zum Key Account Management entwickelt wurde.

Die fachlichen Kompetenzen richten sich nach den jeweiligen Aufgaben, die das Mitglied innerhalb des KAM wahrnehmen soll. Die Anforderungen erreichen hier im International Key Account Management neue Dimensionen, beruhen dennoch auf den gleichen Basisaufgaben, die auch im nationalen Key Account Management gefordert sind. Die persönlichen und sozialen Kompetenzen im KAM lassen sich fortsetzen. Kaum eine Kompetenz in diesem Bereich ist überflüssig. Hier können Auswahl und Gewichtungen in Abhängigkeit der Unternehmens- und Teamkultur vorgenommen werden.

Neue Qualitäten auf Ebene der persönlichen und sozialen Kompetenzen werden auf der IKAM-Ebene sichtbar. Auf diese Punkte soll daher hier etwas näher eingegangen werden.

„Fremdsprachen" scheinen selbst auf diesem hohen Mitarbeiterniveau noch ein Problem zu sein. In einer Befragung von Unternehmen, die über ein International Key Account Management verfügen, gaben immerhin 24 Prozent an, dass Sprachprobleme zu den Hauptherausforderungen gehören (Zupancic/Senn 2000, S. 45). Dazu Thillen, Global Account-Managerin bei Xerox: „When it starts going multi-national, it gets even more complicated because, as you know, you can be sitting in a meeting over there in Europe where you've got five different languages and you are speaking English and you are assuming everybody is hearing the same thing and you are coming away with the same concept and ideas but you have to assume that it may be the case that only 20-25 % of it was understood and so that, to me, is complexity – if you don't recognize that going into it you will recognize it quickly afterwards because people aren't always going on to – they nod their heads because they don't want to show, I guess, that they don't totally understand" (Zupancic 2001, S. 167). Es besteht also hier noch erhebliches Optimierungspotenzial, das in entsprechenden Trainingsprogrammen ausgeschöpft werden sollte.

Sprachprobleme

„Interkulturelle Kompetenz" ist im International Key Account Management von besonderer Bedeutung (Lockau 2000, S. 308; Millman/Wilson 1999; Müllner/Zupancic 1999). Man kann sie in die folgenden Aspekte untergliedern (Scholz 2000, S. 314 f.):

Interkulturelle Kompetenz

- *Interkulturelle Sensitivität:* Intuitiv-emotionale Aufnahme von Informationen und die Fähigkeit, sich in andere Denkkulturen und die nationale Analytik hineinzufühlen.
- *Interkulturelle Kommunikationsfähigkeit*: Fähigkeit zu einer befriedigenden und erfolgreichen Kommunikation mit Menschen aus anderen Kulturkreisen.
- *Interkulturelles Wissen:* Kenntnisse über unterschiedliche Bewertungen von persönlichen Beziehungen, dem Umgang mit der Zeit, Formalitäten und der Offenheit im Umgang.
- *Interkulturelles Perzeptionsvermögen:* Fertigkeit im Erfassen der internationalen Bedeutung von Ausdrucksmerkmalen, wie z. B. Missbilligungen durch Mienenspiel oder symbolische Handlungen.

Virtualisierung

Key Account Management wird in Netzwerken innerhalb des eigenen und des Kundenunternehmens umgesetzt. Diese „Virtualisierung" der Arbeitsumgebung ist vor allem auf Basis von technischen Innovationen im Bereich neuer Informations- und Kommunikationstechnologien möglich. Für KAM-Teams liegt hier ein erhebliches Potenzial, das von den Mitarbeitern eine entsprechende Fähigkeit erfordert, in einer virtuellen Umgebung effizient und effektiv arbeiten zu können. Die Fähigkeit zur Arbeit in sekundären Organisationsstrukturen hängt eng mit diesem Punkt zusammen. Hier besteht immer der Nachteil sich überschneidender Verantwortungs- und Ressourcenbereiche. Dies erfordert von den Führungspersonen viel Diplomatie, Überzeugungs- und Durchsetzungskraft, von den Mitarbeitern viel Flexibilität und Eigeninitiative.

14.1.2 Das Kompetenznetz als Instrument zur Beurteilung vorhandener Fähigkeiten

Natürlich ist es schwierig, eine lange Liste von geforderten Kompetenzen in der Praxis dazu zu benutzen, Mitarbeiterqualifikationen und Stellenanforderungen abzugleichen. Hier ist es erforderlich, die wichtigsten Kompetenzen zu bestimmen. Auf Basis der vorgeschlagenen Gesamtliste empfehlen wir 7+/-2 Einzelpunkte zu bestimmen und diese möglichst detailliert für die unternehmensindividuelle Situation zu beschreiben. In einem so genannten Kompetenznetz lassen sich die Anforderungen dann graphisch darstellen und den Mitarbeiterqualifikationen gegenüberstellen. Die folgende Abbildung zeigt ein solches Kompetenznetz.

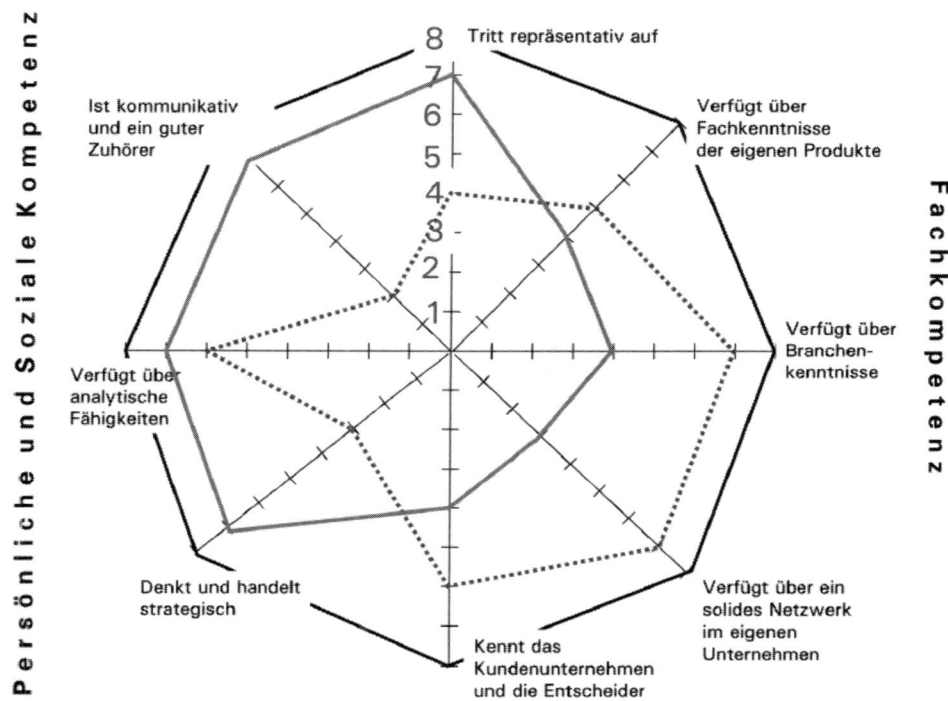

Abbildung 75: Beispielhaftes Kompetenznetz von zwei Mitarbeitern für das KAM

Das Beispiel zeigt ein Kompetenznetz mit acht Anforderungen, die besonders wichtig sind. Das Idealprofil, das sehr selten vorzufinden ist, ist durch die äusserste durchgezogene Linie gekennzeichnet. Zwei Mitarbeiter wurden mit einem solchen Netz beurteilt. Der erste Mitarbeiter (gestrichelte Linie) verfügt über klare Stärken im Bereich der fachlichen Kompetenz. Der zweite (durchgezogene Linie) verfügt über klare Stärken im Bereich der persönlichen und der sozialen Kompetenz. Unternehmen können ein solches Kompetenznetz für verschiedene Möglichkeiten nutzen, zum Beispiel:

Soll- und Istprofile

- Zur Auswahl von Mitarbeitern für die Besetzung von Stellen des KAM (Key-Account-Manager, KAM-Teammitglieder): Ziel ist es, die besten Personen für die Stelle zu finden.
- Zur Zusammenstellung von KAM-Teams: Ziel ist es, Personen zusammenzustellen, die sich in ihren Fähigkeiten ergänzen.
- Zur Bestandsaufnahme im KAM: Ziel ist es, Kenntnisse über die Stärken und gegebenenfalls Schwächen der vorhandenen Mitarbeiter zu gewinnen und geeignete Massnahmen für die Weiterentwicklung des Personals zu beschliessen.

Casestudy Hilti AG: Evaluation von Global Account Executives

Die Hilti AG arbeitet zur Evaluation Ihrer Global Account Executives ebenfalls mit einem Kompetenznetz. Ziel dieses Instrumentariums im Unternehmen ist:

- eine weitgehende Erreichung der Anforderungen gemäss Profil und
- die Sicherung einer sinnvollen Kontinuität in der Zusammenarbeit mit dem Kunden.

Stellenbesetzung

Die Erfahrung zeigt hier, dass Kompromisse das mittel- und langfristige Ziel nicht infrage stellen dürfen, dass es aber ohne Kompromisse in der Stellenbesetzung auch nicht geht.

Die strukturell und geografisch weit verzweigten Strukturen der Grosskunden erfordern bei allen organisatorischen Ausprägungen eine enge Zusammenarbeit mit lokalen Verkäufern aus anderen Geschäftseinheiten. Notwendige Kompetenzen sind:

- langjährige Erfahrung im Verkauf
- analytische Fähigkeiten
- Durchsetzungskraft
- kommunikations- und teamfähig
- Verhandlungsgeschick etc.

Auch bei der Hilti AG werden die Anforderungen an die internationalen Aufgaben im KAM als besonders wichtig herausgestellt. Die zusätzlichen Anforderungen in diesem Bereich beinhalten:

- Kommunikations- und Verhandlungskompetenz in Englisch
- weitgehende Erfahrung im internationalen Geschäft und im Umgang mit anderen Kulturen
- Fähigkeiten in der Motivation von Drittpersonen ausserhalb der eigenen Organisationseinheit
- Erfahrung und Ausbildung in Fachbereichen wie Internationale Vertragsgestaltung, Marketing und Preispolitik etc.

Die richtige Besetzung dieser Stellen steht vielfach im Konflikt mit dem Ziel einer hohen Kontinuität in der Kundenbetreuung, die sich vorgängig an nationalen Strategien orientiert hatten.

Profile of a Global Account Executive

- Senior sales or marketing person with extensive experience in an international, multicultural environment!
- Absolutely fluent in English as well as in the local language of the GA's HQ!
- Global perspective; global, corporate thinking and acting!
- Determined, tactful appearance! Prudent, persistent strategist! Leader!
- Used to make things happen through others, good motivator!
- Excellent communication and superior negotiation skills, experience in international contracts!
- Sound analytical skills and good commercial and technical knowledge!
- Outstanding interpersonal skills, focused to achieve goals in complex networks and organisations!
- Long-term commitment to the job in order to build on relations!

HILTI

Abbildung 76: Profil eines Global Account Executives bei Hilti

14.1.3 Personalentwicklungskonzept für KAM-Mitarbeiter

Ausgehend von den Anforderungsprofilen, gegebenenfalls in Form des beschriebenen Kompetenznetzes, gilt es, die Fähigkeitsprofile der Mitarbeiter zu analysieren. Die Methoden des Personalma-

Baustein	Ziele	Beispielthemen
Unternehmensindividuelle Grundlagen für KAM-Mitarbeiter	Die Mitarbeiter erhalten wichtige Informationen über das Unternehmen, die Kunden und die Wettbewerber.	• Informationen zu Strategie, Struktur und Kultur des eigenen Unternehmens • Informationen zu Strategie, Struktur und Kultur des Kunden • Informationen zu Strategie, Struktur und Kultur der Wettbewerber
Grundlagen des KAM	Die Teammitglieder verfügen über ein einheitliches Verständnis des KAM.	• KAM-Definitionen • St.Galler KAM-Konzept • Aufgaben • Strukturen • Probleme
Koordination im KAM Team	Die Teammitglieder erlernen die Koordinationsmethodik eines KAM-Teams für die zukünftige Zusammenarbeit.	• KAM-Strategien • KAM-Hauptprozesse • Ziele/Vision • Aufgaben/Subprozesse • Mitglieder und Leitung • Interdependenzen • Koordinationsinstrumente • Erfolgskontrolle • Konfliktmanagement
Instrumente und Tools für KAM-Teams	Die Teammitglieder lernen Instrumente und Tools für die eigene Arbeit und die Kooperation im Team kennen und anwenden.	Inhalte der Instrumente: • Analyse im KAM • Realisierung im KAM Plattformen der Tools: • Intranet/Extranet • Datenbanken • CRM
Persönlichkeiten und Verhalten in KAM-Teams	Die Teammitglieder erlernen Fähigkeiten für den persönlichen Umgang im Team und mit dem Kunden.	• Fremdsprachen • Interkulturelle Kompetenz • Führung, Motivation, Coaching • Konfliktmanagement • Teambuilding

Abbildung 77: Trainingskonzept für Mitarbeiter im KAM
Quelle: Zupancic 2001, S. 170

nagements in diesem Bereich sind vielfältig und ohne weiteres auf die Situation im KAM übertragbar (Schircks 1994, S. 158). Die Anforderungen an die persönlichen und sozialen Kompetenzen eines Mitglieds im Key Account Management sind häufig so hoch, dass viele Unternehmen Schwierigkeiten haben, Positionen intern zu besetzen. Auf der anderen Seite erfordern die notwendigen fachlichen Kompetenzen eine lange Zugehörigkeit zum Unternehmen. Die Folgerung ist simpel zu formulieren, aber - wie viele Beispiele zeigen - schwierig zu realisieren: Wenn das Key Account Management für ein Unternehmen von strategischer Bedeutung ist, sollte auch in der Personalentwicklung für diesen Bereich ein strategischer Fokus liegen. Die Mitarbeiter des KAM sollten mittel- bis langfristig intern aufgebaut werden. Bei Neuakquisitionen ist ein notwendiger Vorlauf nach Möglichkeit einzuplanen.

Hier bieten sich zwei parallel zu verfolgende Ansätze an: Spezielle „Trainingskonzepte" (Lockau 2000, S. 309) und „Karrierepfade" für die Mitglieder im KAM. Ein Trainingskonzept für KAM-Teams könnte gemäss Abbildung 77 gestaltet sein.

Trainingskonzept

Die Teilnahme sollte sich grundsätzlich an dem persönlichen Entwicklungsbedarf eines jeden Teammitglieds orientieren. Darüber hinaus können die Trainings unterstützende Funktionen für das Teambuilding haben und sollten bei bestimmten Modulen von allen Mitgliedern zugleich besucht werden.

Die Gestaltung von Karrierepfaden bedarf eher einer langfristigen Planung und wird von uns im Rahmen der Human Ressource-Strategie im nächsten Abschnitt behandelt.

Casestudy Hilti AG: Trainingsangebot im GAM

Das Training für Global Account Management Mitarbeiter der Hilti AG beinhaltet:

- Den Einsatz analytischer und strategischer Werkzeuge
- Präsentationsfähigkeiten und Verhandlungstechniken
- Teamarbeit
- Interkulturelle und internationale Aspekte im zwischenmenschlichen Umgang

Global Account Executive-Training

Know-how & Tools for

- Analysing Key Accounts
- Establishing Strategies & Account Development Plans

Training Modules

Specific skills
- cross cultural selling
- team selling
- high level negotiation
- presentations

Basics
- sales management
- sales techniques
- products & applications

HILTI

Abbildung 78: Global Account Executive-Training

Handlungsempfehlungen für die Personalentwicklung im KAM-Programm

Die folgende Checkliste gibt Hinweise zur Umsetzung:

- *Sind die Fähigkeiten, die man von Mitarbeitern im KAM erwartet, bekannt?* Wenn nein, sollte man ein solches Profil mit einem Kompetenznetz erstellen. Auf diese Weise macht man sich bewusst, was erwartet wird und wie geeignete Mitarbeiter gefunden bzw. entwickelt werden können.
- *Sind die Stärken und Schwächen der Mitarbeiter im KAM bekannt?* Das Profil eignet sich für eine Bestandsaufnahme der Mitarbeiter. So entdeckt man – im Idealfall zusammen mit den beteiligten Mitarbeitern – das Optimierungspotenzial, das es nun gezielt auszuschöpfen gilt.
- *Existieren KAM-spezifische Trainingsprogramme?* Die Antwort hängt häufig mit der Unternehmensgrösse zusammen. Wenn keine Inhouseprogramme aufgestellt werden können, sollte man die langfristige Zusammenarbeit mit einem externen Anbieter suchen, um eine identische Aus- und Weiterbildung aller Mitarbeiter zu erreichen.

14.2 KAM-Fokus in der Human-Ressource-Strategie

© Prof. Belz/Dr. Müllner/Dr. Zupancic & Mercuri International 2003

In diesem Unterkapitel erfahren Sie...

- ... wie Karrierepfade für das KAM in einem Unternehmen entwickelt werden können.
- ... wie Unternehmen langfristig Personal für das KAM entwickeln sollten.
- ... wie Key-Account-Manager und Teammitglieder entlohnt werden können.

14.2.1 Erfolgreiches KAM benötigt ein langfristiges und weitsichtiges Management des Personals

Die geforderten Qualifikationen der Key-Account-Manager und der Mitglieder der KAM-Teams sind sehr hoch. Es ist daher nicht leicht, geeignete Mitarbeiter für diese Aufgabe zu finden. Folglich müssen sich Unternehmen frühzeitig und intensiv mit diesem Thema beschäftigen. Eine nicht selten anzutreffende „Hire & Fire"-Politik ist nach unserer Meinung grundsätzlich falsch. Das Key Account Management benötigt eine gewisse Stabilität und Konstanz, die sich gerade durch eine langfristige Human-Ressource-Strategie sicherstellen lässt.

Stabilität und Konstanz

Geeignete KAM-Mitarbeiter müssen entweder neu für ein Unternehmen rekrutiert oder vorhandene Mitarbeiter (weiter-) entwickelt werden. Beide Elemente sind Aufgaben eines betrieblichen Personalmanagements (für einen allgemeinen Überblick siehe Scholz 2000). Bevor wir uns mit den Besonderheiten für das Key Account Management beschäftigen, wollen wir zunächst die Herausforderungen am Beispiel der Hilti AG darstellen.

Casestudy Hilti AG: Human Ressources im KAM

Die Hilti AG darf als kundenorientiertes Unternehmen bezeichnet werden. Im Unternehmen kommt der Stellenbesetzung für das Key Account Management eine besondere Bedeutung zu. Der Grund liegt in der Tatsache, dass diese Stellen das Scharnier zu den entscheidenden Kunden sind und somit Umsatz und Image massgeblich prägen.

Karrierewege

Während Key-Account-Manager nationale Aktivitäten als Einstieg in das Schlüsselkundenmanagement nutzen können, krönt das Global Account Management den Karriereweg im KAM. Bei der Hilti AG hat sich gezeigt, dass das Global Account Management (GAM) weder eine geeignete Stelle für die Nachwuchsförderung noch für „Vorpensions"-Aktivitäten ist. Zwei Karrierewege im GAM sind denkbar:

1.) Zwischenstufe für eine Funktion in der Geschäftsleitung von Vertriebsorganisationen oder
2.) Karriere-Abschluss im Vertrieb im Sinn eines längerfristigen Einsatzes.

Nach den Erfahrungen der Hilti AG lassen sich zwei Beweggründe bei Mitarbeitern ausmachen, die ein Interesse an Positionen im KAM/GAM haben: Attraktives Einkommen und Karrierevorstellungen. Ein langfristig ausgerichtetes Personalmanagement orientiert sich an diesen Bedürfnissen. Wichtig ist jedoch, dass in einer strategisch ausgerichteten Key-Account-Organisation sprunghafte Entlohnungssysteme nicht unbedingt zielführend sind. Insgesamt ist es angezeigt, bei Stellenbesetzungen vermehrt Karrierebetrachtungen zu berücksichtigen.

Ein Zielkonflikt ergibt sich nach den Erfahrungen im Unternehmen aus der Notwendigkeit, Schlüsselstellen im Kontakt zu Grosskunden mit Kontinuität zu organisieren. Gleichzeitig ist ein gewisses Mass an Job Rotation eher karrierefördernd und für die Entwicklung der Fähigkeiten der Mitarbeiter wichtig. Hier gilt es, durch individuelle Karrierepläne auf die Bedürfnisse von Mitarbeitern einzugehen.

14.2.2 Karrierepfade im KAM

Kompetenzen von KAM-Mitarbeitern können nur bedingt über Trainings vermittelt werden. Erfahrungen, die in verschiedenen Positionen, Unternehmenseinheiten und Ländern gemacht werden, sind nicht zu ersetzen. Unternehmen müssen geeignete Karrierepfade konzipieren, um Mitarbeiter für das Key Account Management aufzubauen. Dabei müssen Synergien zu anderen Tätigkeiten im Unternehmen systematisch analysiert werden. Die aktuellen Herausforderungen im allgemeinen Personalmanagement geben Anlass zu der Vermutung, dass es zumindest gewisse Basiskompetenzen für Mitarbeiter gibt, die nicht nur im Key Account Management von Bedeutung sind (Scholz 2000, S. 775 f.):

Herausforderungen im Personalmanagement

- Führung in virtuellen Strukturen
- Verschärftes Führungsklima durch steigenden Wettbewerbsdruck

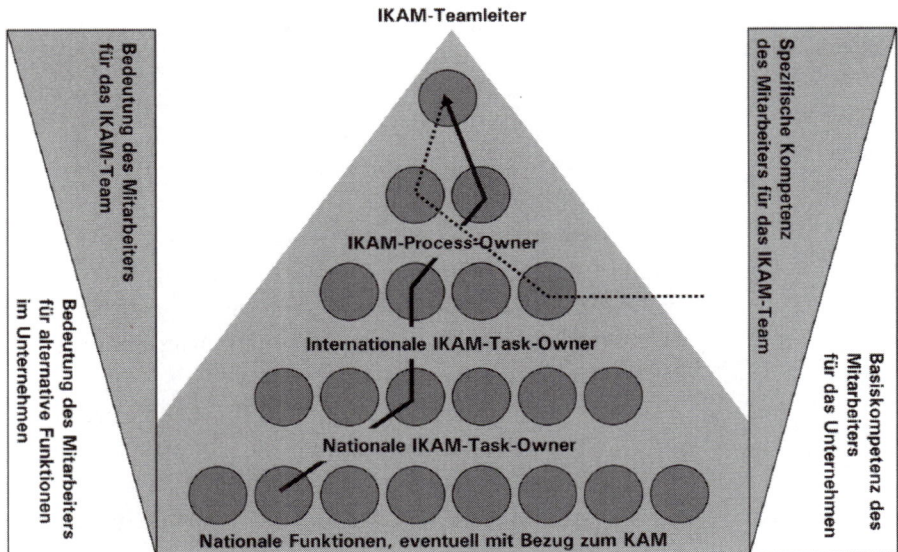

Abbildung 79: Idealtypische Karrierepfade eines Mitarbeiters in einem IKAM-Team
Quelle: Zupancic 2001, S. 172

- Erhöhte Geschwindigkeit in der Führung
- Karriere als individuelle Entwicklung von Kernkompetenzen
- Variabilisierung der Organisationsgrenzen
- Weltumspannendes Reengineering der Geschäftsprozesse
- Interkulturelle Führung

Diese Entwicklungen lassen sich leicht auch auf das KAM übertragen. Leitet man nun aus diesen Erkenntnissen Karrierepfade für KAM-Mitarbeiter ab, so können diese exemplarisch – wie folgt – aussehen.

Basiskarrierepfad

Unterteilt man die Aktivitäten im KAM in Aufgaben und Prozesse und berücksichtigt nationale und internationale Aktivitäten, so ergibt sich folgender idealtypischer Basiskarrierepfad. Ein Mitarbeiter ist zunächst in nationale Aktivitäten eingebunden, die einen gewissen Bezug zu Key Accounts haben können. Der Schwerpunkt liegt aber eindeutig in anderen Bereichen des Unternehmens. Hier können Kompetenzen auf- und ausgebaut werden, die das Gesamtunternehmen betreffen und diesem auch nutzen. Dieser Schwerpunkt verschiebt sich über erste Aktivitäten, die eindeutig einem IKAM-Team auf nationaler Basis zuzuordnen sind. Die Bedeutung des Mitarbeiters für das Team wächst, gleichzeitig können entsprechende teamspezifische Kompetenzen aufgebaut werden. Die Entwicklung setzt sich über internationale Aufgaben für das Team und Prozesse fort, bis der Mitarbeiter als Teamleiter eingesetzt werden kann. Die gestrichelte Linie zeigt einen Quereinsteiger-Pfad. Es wird deutlich, dass der Quereinsteiger aus nachvollziehbaren Gründen Defizite in der Basiskompetenz und in der speziellen Kompetenz für das IKAM-Team hat. Hier muss systematisch an einer Verringerung der Defizite gearbeitet werden.

Derartige Karrierepfade lassen sich für die internationale Perspektive plakativ darstellen. Auch für die nationale Perspektive sollten Mitarbeiter bewusst entwickelt und durch verschiedene Schritte auf die Position eines Key-Account-Managers oder Teammitglieds vorbereitet werden.

Folgende Massnahmen eignen sich darüber hinaus zu einem langfristigen und weitsichtigen Personalmanagement für das KAM:

Massnahmen

- *Assessment-Center* und systematische Auswahlregeln für KAM-Teammitglieder: Hierbei erscheint von besonderer Bedeutung,

dass erfahrene Mitarbeiter aus dem Key Account Management als so genannte Assesoren die Teilnehmer beurteilen sollten. Durch ein Assessorenteam, das aus Mitgliedern eines KAM-Teams besteht, erhält man darüber hinaus ein Instrument, um die interne Kultur eines KAM-Teams schon durch eine entsprechende Mitgliederauswahl zu stärken.
- *Job Rotation*: Dieser Aspekt ist implizit bereits mit den Karrierepfaden abgedeckt.
- *Traineeprogramme:* Eignen sich dort am besten, wo es um einen Einstieg in den Basiskarrierepfad im Key-Account-Management-Team geht.
- *Coach- oder Mentorenmodelle:* Gerade durch die unternehmensweite und gegebenenfalls weltweite Verteilung des Teams bietet sich die Ernennung so genannter Mentoren an. Diese erfahrenen KAM-Teammitglieder könnten für eine bestimmte Zeit neuen Mitgliedern oder Mitgliedern in neuen Funktionen mit Rat und Tat zur Seite stehen.

Hier sollten Unternehmen über eine geeignete Konzeption und Kombination nachdenken. Dies gilt grundsätzlich für alle Unternehmen. Ausgehend von dem Personalbedarf in mittel- und langfristiger Perspektive sollte ein geeigneter Mix aus den vorgeschlagenen Massnahmen der Personalentwicklung für die KAM-Teams zusammengestellt werden. Nur so lässt sich ein geeigneter Mitarbeiterstamm zukunftsorientiert aufbauen. Das folgende Fallbeispiel verdeutlicht diese Kombination.

Kombination von Personalmassnahmen

Fallbeispiel: **BOSCH**

Interkulturelle Sensibilisierung von Mitgliedern in internationalen Teams bei Bosch
(Quelle: Fröhlich/Gindert 1996, S. 485.)

Das Unternehmen Bosch wurde 1886 von Robert Bosch in Deutschland gegründet und ist heute in den Bereichen Kraftfahrzeugentwicklung, Kommunikationstechnik, Gebrauchs- und Produktionsgüter tätig. Das Unternehmen verfügt über zahlreiche Tochter- und Beteiligungsgesellschaften im In- und Ausland und ist schon seit der Jahrhundertwende international aktiv. Internationalisierung ist bei Bosch ein wichtiger Erfolgsfaktor und wird daher auch vom Personalmanagement unterstützt. Um die Mitarbeiter in der gesamten Bandbreite von Fach-, Methoden und Sozialkompetenz weiterzuentwickeln und auf die internationalen Herausforderungen vorzubereiten, nutzt das Unternehmen einen Mix verschiedener Bausteine zur interkulturellen Sensibilisierung:

- Bi- oder multikulturelle Projekte
- Internationale Förderseminare
- Interkulturelles Management Training
- Auslandsvorbereitungsseminare
- Integrationsworkshops
- Re-integrationsworkshops

Alle Bausteine werden in interdisziplinärer und internationaler Zusammensetzung der Teilnehmer durchgeführt.

14.2.3 Honorierungssysteme für das Key Account Management

Honorierungssysteme koordinieren gezielt gewählte Anreize, die über spezifische Kriterien für bestimmte Mitarbeitergruppen festgelegt werden (Wunderer 2000, S. 436). Sie umfassen fixe und variable Bestandteile und können aus monetären und nicht-monetären Teilen bestehen.

Im Folgenden werden zunächst einige grundsätzliche Überlegungen zu Honorierungssystemen angestellt. Sodann werden der Status quo und die Herausforderungen für das KAM beschrieben sowie Gestaltungsempfehlungen formuliert.

14.2.3.1 Motivationstheoretische Grundlagen der Honorierung

Anreize und Beiträge

Menschen arbeiten in Unternehmen, wenn sie dafür bestimmte Anreize erhalten. Nach Ansicht von March und Simon hängt das Verhalten von Personen in Organisationen von den Anreizen ab, die ihnen geboten werden und von der Art wie diese subjektiv von den Betroffenen wahrgenommen werden (March/Simon 1958). Diese Anreize bewirken bei Mitarbeitern nun eine extrinsische und/oder intrinsische Motivation. Die extrinsische Motivation, z. B. durch das Gehalt, dient einer mittelbaren oder instrumentellen Bedürfnisbefriedigung, die ausserhalb der eigentlichen Aktivitäten stattfindet. Die intrinsische Motivation, z. B. durch Freude an der Arbeit oder Erreichen gesteckter Ziele, ist direkt mit der entsprechenden Aktivität verbunden. Beide Motivationsformen sind miteinander verknüpft und lassen sich nicht trennen (Frey/Osterloh 2000,

S. 25). Mitarbeiter reagieren individuell verschieden auf Anreize; ihr Verhalten bzw. ihre Einstellung verändert sich im Zeitablauf. Es gibt einen „Mindestanreiz", der vorhanden sein muss, damit ein Mitarbeiter überhaupt seinen Beitrag leistet bzw. längerfristig zu leisten bereit ist. Ausserdem scheint es wichtig, den Ansätzen der intrinsischen Motivation einen höheren Stellenwert beizumessen als denen der extrinsischen (Scholz 2000, S. 117). McGregor geht aufgrund seiner wegweisenden Untersuchung davon aus (McGregor 1960), dass sich Menschen so verhalten wie sie behandelt werden und misst der intrinsischen Motivation eine höhere Bedeutung bei als der extrinsischen.

Intrinsische und extrinsische Motivation

14.2.3.2 Status quo der Honorierungssysteme im KAM

Key Account Management ist in vielen Unternehmen ein Vertriebsthema (Mühlmeyer 2001, S. 132). Im Vertrieb wird traditionell mit variablen Gehaltsanteilen gearbeitet. Diese werden heute folglich auch von vielen Mitarbeitern in Vertrieb und im KAM erwartet (Zupancic 2001, S. 154; Lockau 2000, S. 306). Individuell unterschiedliche Bedürfnisse werden jedoch selten berücksichtigt. Hier hat sich nach unserer Überzeugung im Zeitablauf ein Status quo etabliert, der nach wissenschaftlichen Erkenntnissen und nach den Erfahrungen in der Praxis keine optimale Lösung ist und der gründlich überdacht werden sollte.

Variable Gehälter im Vertrieb

Zusätzlich hat sich in Abhängigkeit der Branche gerade in der Bearbeitung von Grosskunden ein sehr hohes Niveau aufgebaut, das sehr schwer zurückzuführen sein wird. Brigitte Walkenbach, Global Account Director bei der SAP AG, berichtet z. B. von Vergütungen in der amerikanischen IT-Branche, die zum Teil mehrere hunderttausend Dollar betragen (Zupancic 2001, S. 155). Nicht selten verdienen die besten Vertriebsmitarbeiter mehr als das Topmanagement. Auch hier ist kritisch zu hinterfragen, ob dieser Status quo als Massstab für die Zukunft gelten soll.

Honorierungssysteme im Vertrieb gehen damit offensichtlich generell eher von einer schnellen Reaktionszeit auf Anreize in Form von Erfolgsboni aus. Interessanterweise lässt sich jedoch belegen, dass trotz der ausgeprägten Anreiz- und Motivationskultur im Vertrieb keine signifikant höhere Leistung oder Motivation im Vergleich zu anderen Unternehmensbereichen festzustellen ist (Bastian 2000, S. 299).

Motivationswirkung

In der Praxis finden sich die folgenden Optionen zur Entlohnung im KAM, die wir in der folgenden Tabelle mit einer Bewertung aufzeigen.

System	Vorteile	Nachteile
Festes Gehalt	• Einfach zu verstehen. • Einfach zu administrieren. • Langfristige Ziele können verfolgt werden.	• Schwierigkeit, das richtige Lohnniveau zu finden, um die richtigen Mitarbeiter zu akquirieren und zu halten. • Gegebenenfalls zu wenig Motivationswirkung. • Sollte in der langfristigen Perspektive auch nach unten korrigierbar sein.
Festes Gehalt mit Bonus bei Erreichen vereinbarter Ziele	• Einfach zu verstehen. • Einfach zu administrieren. • Gute Möglichkeit, Mitarbeiter am Unternehmenserfolg teilhaben zu lassen.	• Schwierigkeit, das richtige Lohnniveau zu finden, um die richtigen Mitarbeiter zu akquirieren und zu halten. • Gegebenenfalls zu wenig Motivationswirkung. • Der feste Bestandteil sollte in der langfristigen Perspektive auch nach unten korrigierbar sein.
Festes Grundgehalt (z. B. 50 %) mit variablem Anteil, der an detaillierte Ziele geknüpft ist.	• Gutes Steuerungspotenzial • Möglichkeit, komplexe Zielsysteme abzubilden.	• Schwierig zu verstehen. • Schwierig zu administrieren. • Schwierigkeit, ein faires System zu entwickeln.

Abbildung 80: Optionen für die Entlohnung im KAM

Länderspezifische Anpassung

In der internationalen Perspektive ergibt sich bei allen Optionen die Problematik einer länder- und kulturspezifischen Nivellierung.

Casestudy Hilti AG: Entlohnungssysteme im KAM

Je nach Einbindung in die Organisationsstruktur haben sich folgende Ansätze bei der Hilti AG als zielführend erwiesen:

- Basisgehalt je nach hierarchischer Einbindung
- Flexibler Gehaltsanteil
- Allfällige Beteiligung am Unternehmensergebnis

Dabei sind der variable Gehaltsanteil sowie der Bonus aus dem Unternehmensergebnis an die Erreichung von Zielen im Rahmen eines Management-by-Objectives-(MbO)-Programms geknüpft. Als Maxime gilt bei der Hilti AG: wenige, jedoch messbare Ziele.

Messbare Ziele

Qualitatives Ziel No. 1	z. B. Qualität des KundenEntwicklungsplans;
Qualitatives Ziel No. 2	z. B. Vertragsabschluss ...
Qualitatives Ziel No. 3	z. B. Organisation eines „Events" mit Kunden
Quantitatives Ziel No. 1	z. B. Umsatzentwicklung, Marktanteil (Trend)
Quantitatives Ziel No. 2	z. B. Preisentwicklung

14.2.3.3 Gestaltung von Honorierungssystemen für KAM-Teams

Die grundsätzliche Problematik im KAM besteht in der Komplexität der Aufgaben, die es zu erfüllen gilt. Wenn Unternehmen der Meinung sind, dass Mitarbeiter für diese Aufgaben durch variable Gehälter besser motiviert werden, dann müssten diese Aufgaben konsequenterweise bei der Konzeption berücksichtigt werden. Es ist inkonsequent, wenn man von den grossen Anforderungen an das KAM spricht und dann glaubt, durch eine umsatzbezogene Grösse den Erfolg messen zu können und die Mitarbeiter sogar danach zu bezahlen. Im Einzelnen ergeben sich die folgenden Schwierigkeiten:

Komplexe Aufgaben

Materielle und immaterielle Aspekte

Honorierungssysteme lassen sich grundsätzlich nach materiellen und immateriellen Aspekten unterscheiden. Zu den materiellen Bestandteilen gehören das Grundgehalt, variable Vergütungen und Zusatzleitungen, wie z. B. Versicherungen oder Firmenwagen (Hilb 2000, S. 99). Zu den immateriellen Honorierungssystemen gehören die Aspekte aus den Bereichen Unternehmensstrategie, -struktur und -kultur, die als Anreiz auf die Mitarbeiter wirken können. Die folgende Abbildung gibt einen Überblick.

Immaterielle Honorierungssysteme		
Kultur	**Strategie**	**Struktur**
• Positives Image des Unternehmens • Partizipation auf individueller und unternehmerischer Ebene (z. B. über Mitbestimmung) • Identitäts- und Motivationspotenzial des Unternehmens • Vertrauens- und Anerkennungskultur • Motivierende Führungs- und Kooperationskultur	• Partizipation an der Strategie- und Zielbildung (MbO) • Empowerment (z. B. durch Delegation von Kompetenzen) • Partizipative Karriereplanung • Personalentwicklung (z. B. Fortbildung) • Aufstieg aus den eigenen Reihen • Mehr Einsatz von Frauen und jüngeren Führungskräften	• Arbeitsstrukturierung • Arbeitsinhalte • Gestaltung der Arbeitsbedingungen (job enrichment, job enlargement, Projektaufgaben, Delegation von Verantwortung) • Autonome Arbeitsgruppen (z. B. Qualitätszirkel) • Informations- und Kommunikationsstrukturen (regelmässige, rechtzeitige und umfassende Information)

Abbildung 81: Immaterielle Honorierungssysteme
Quelle: Wunderer 2000, S. 439

Immaterielle Bestandteile sind grundsätzlich eher geeignet, die intrinsische Motivation zu fördern. Unternehmen sollten also ein stimmiges System von Strategie, Struktur und Kultur entwickeln und für dieses die richtigen Mitarbeiter finden. Wir empfehlen, einen grossen Teil der konzeptionellen Energien eher auf diese als auf die materiellen Faktoren zu lenken.

Anforderungen an Honorierungssysteme

Im Mittelpunkt der Diskussionen um Anreizsysteme stehen meistens die materiellen Honorierungssysteme. Die Anforderungen an Honorierungssysteme im Vertrieb und im KAM, wie z. B. die korrekte Abbildung von Zielen, Verursachungsgerechtigkeit,

Fairness im Vergleich zu Kollegen, Einfachheit, Individualität, Wirtschaftlichkeit usw. sind hoch und vielfältig (Bastian 2000, S. 301). Im internationalen KAM kommen zusätzlich noch interkulturelle Unterschiede hinzu. Dies erweist sich vor allem international vor dem Hintergrund der kulturell unterschiedlichen Wahrnehmung als schwirig (Welge/Holtbrügge 1998, S. 186). Während in maskulinen Kulturen (z. B. Japan, Deutschland, Österreich, Schweiz, Grossbritannien) Leistungslöhne und Statussymbole einen hohen Stellenwert haben, werden in eher femininen Kulturen (z. B. Schweden, Norwegen, Dänemark, Niederlande) eher motivierende Arbeitsinhalte, flexible Arbeitszeiten und Teamarbeit geschätzt.

Interkulturelle Unterschiede

Die Diskussion hat gezeigt, dass eine Lösung, die alle Aspekte berücksichtigt, nicht möglich ist. So widersprechen die korrekte Abbildung der Ziele und eine verursachungsgerechte Zuordnung der Bemessungsgrundlage sowie die Berücksichtigung individueller Unterschiede den Prinzipien der Einfachheit und der Wirtschaftlichkeit. Ein Honorierungssystem für das KAM wird daher immer ein Kompromiss bleiben.

14.2.3.4 Empfohlenes Honorierungssystem

Die folgende Abbildung zeigt das Honorierungssystem, das wir aus den oben geschilderten Gründen empfehlen. Ähnliche Ansätze finden sich bereits in verschiedenen Unternehmen. Sie sind aber eher die Ausnahme.

Das Grundgehalt sollte eine attraktive Basisgrösse aufweisen. Hier geht es vor allem darum, den Mitarbeiter längerfristig an das Unternehmen zu binden. Das Gehalt sollte also so hoch sein, dass nicht jeder Anruf eines Headhunters zu ernsthaften Überlegungen eines Stellenwechsels verleitet. Ausserdem wird ein Umdenken notwendig, sodass Basisgehälter, auf die man sich geeinigt hat, auch nach unten korrigiert werden können, wenn die Leistung nicht stimmt. Mit einem solchen Basisangebot lassen sich langfristige Ziele verknüpfen, die durch Mitarbeitergespräche im Rahmen eines MbO zu einem Führungsinstrument werden sollten.

Attraktives Grundgehalt

Darüber hinaus können Bonuszahlungen echte Mehrleistungen honorieren, wenn es dem Unternehmen insgesamt gut geht.

Bonus und Erfolg

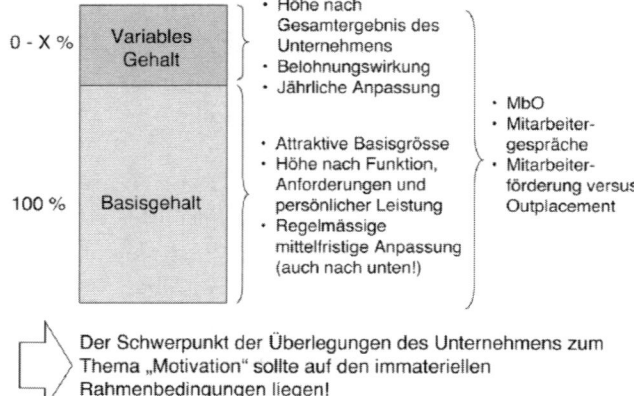

Abbildung 82: Empfohlenes Honorierungssystem für das KAM

Handlungsempfehlungen zur Honorierung und Motivation
Die folgende Checkliste gibt Hinweise für die Umsetzung:

- *Existieren langfristige Pläne für das Personal im KAM?* Key-Account-Manager sollten im Unternehmen aufgebaut und gefördert werden. Nur so ist eine gewisse Kontinuität für den Netzwerkaufbau im eigenen Unternehmen und zu den Kunden möglich. Auch Quereinsteiger sollten systematisch eingeplant und aufgebaut werden. Die Strategie, neue KAM-Mitarbeiter bei Bedarf einzustellen und gegebenenfalls wieder zu entlassen, ist kontraproduktiv.
- *Arbeiten Mitarbeiter gerne oder muss man sie zur Arbeit „motivieren"?* Nach unserer Erkenntnis und Überzeugung steckt viel Potenzial in einer angenehmen und gut bezahlten Arbeitsatmosphäre. Hier haben die meisten Unternehmen erhebliche Reserven.
- *Entspricht das Honorierungssystem unseren Empfehlungen?* Das ist aus unserer Sicht Grund genug, alles so zu belassen wie es ist. Honorierungssysteme sind immer ein schwieriges Thema, deren Neukonzeption viele Ressourcen bindet und deren Wirkung vorher nur schwer abzuschätzen ist. Handlungsbedarf besteht in vielen Unternehmen, die ein Honorierungssystem pflegen, das dem KAM-Gedanken widerspricht. Aber auch hier gilt es, behutsam und fundiert vorzugehen.

15 „Structures" im organisatorischen KAM

15.1 Implementierung von KAM Strukturen

© Prof. Belz/Dr. Müllner/Dr. Zupancic & Mercuri International 2003

In diesem Unterkapitel erfahren Sie ...

- ... wie man KAM systematisch implementieren und optimieren kann.
- ... was Unternehmen in der Phase der Implementierung beachten müssen, wenn die Kunden parallel erfolgreich weiter bearbeitet werden sollen.
- ... welche Rolle der Mensch im Implementierungsprozess spielt und wie man die betroffenen Personen zu Beteiligten macht.
- ... wie man durch interne Kommunikation den Prozess unterstützen kann.

Auch wenn das Key Account Management bzw. die Key-Account-Manager als Hauptakteure in einer Linienorganisation verankert sind, so müssen organisatorische Überlegungen doch wesentlich weiter greifen. Key Account Management ist kein Job für Einzelkämpfer, sondern sollte immer als Teamansatz verstanden werden.

Team versus Einzelkämpfer

Die Neueinführung von Key-Account-Management-Strukturen stellt Unternehmen vor grosse Herausforderungen (Zupancic 2001, S. 193 ff.). Aus der Sicht des Marketing handelt es sich um die Realisierung eines Konzepts (Belz 1999, S. 566 ff.). Mit Blick auf die organisatorischen Aspekte handelt sich um einen Bereich aus dem Gebiet der Organisationsentwicklung, das heisst eine Form des geplanten Wandels, bei der „unter Verwendung verhaltenswissenschaftlicher Erkenntnisse (meist aus der Kleingruppenforschung) ein organisationsweiter Veränderungsprozess eingeleitet und unterstützt wird" (Staehle 1999, S. 922). Beide Sichtweisen schliessen sich nicht aus, sondern lassen sich miteinander verbinden. Alte Strukturen müssen analysiert und überdacht, neue Strukturen implementiert werden. „Implementierung meint die Verwirklichung von Lösungen, die in konzeptioneller Form vorhanden sind und durch Umsetzen zu konkretem Handeln führen"(Hilker 1993, S. 4). Im Folgenden wollen wir ein Konzept vorstellen, das Unternehmen dabei unterstützt, entsprechende Strukturen für das KAM zu realisieren. Dabei zeigen wir zunächst mögliche Entwicklungsstufen in einem KAM-Programm auf, wie sie häufig in der Praxis anzutreffen sind. Anschliessend thematisieren wir die Herausforderungen einer professionellen Kundenbearbeitung im Wandelprozess. Auf dieser Basis entwickeln wir dann das bereits angekündigte Konzept für die systematische Implementierung.

15.1.1 Entwicklungsstufen des Key Account Management

In den meisten Unternehmen entwickelt sich das KAM-Programm eher intuitiv als dass es bewusst aufgebaut wird (Zupancic 2001, S. 194). Dies lässt sich nach unserer Einschätzung vor allem darauf

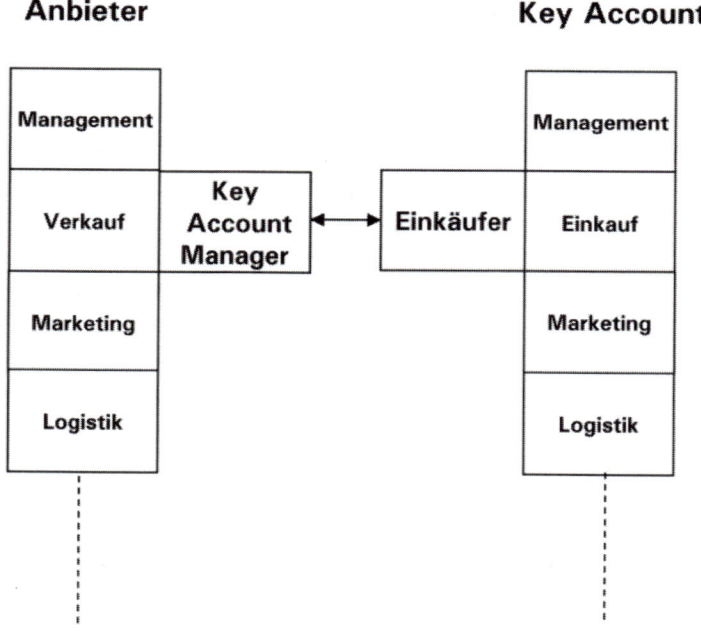

Abbildung 83: Ausgangssituation für das KAM: Die normale Kundenbeziehung
Quelle: Mercuri Deutschland 2002

zurückführen, dass es kaum Ansätze einer systematischen Implementierung gibt. Sehen wir uns zunächst typische Entwicklungsstufen an. Die folgenden fünf Professionalisierungsstufen im KAM sind idealisiert, lassen sich aber mit grosser Ähnlichkeit in vielen Unternehmen beobachten. Wichtig ist an dieser Stelle jedoch die Erkenntnis, dass das Ziel nicht immer die Stufe fünf sein kann und sollte. Darauf werden wir in den Erläuterungen im Einzelnen eingehen.

Diese Ausgangssituation findet sich z. B. bei „normalen" Geschäftskontakten oder bei der Neuakquisition eines Key Accounts (Abbildung 83). Der Erstkontakt und die Gespräche finden zwischen dem Key-Account-Manager, dem Verkauf oder dem Einkäufer bzw. anderer Bereiche auf Kundenseite in einem „1:1"-Kontakt statt. Wenn der Kontakt über einen Einkäufer stattfindet, sind auch die Inhalte zumeist vorgegeben: Es geht um das Volumen (Hauptinteresse des Anbieters) und den Preis (Hauptinteresse des Kunden). Andere An-

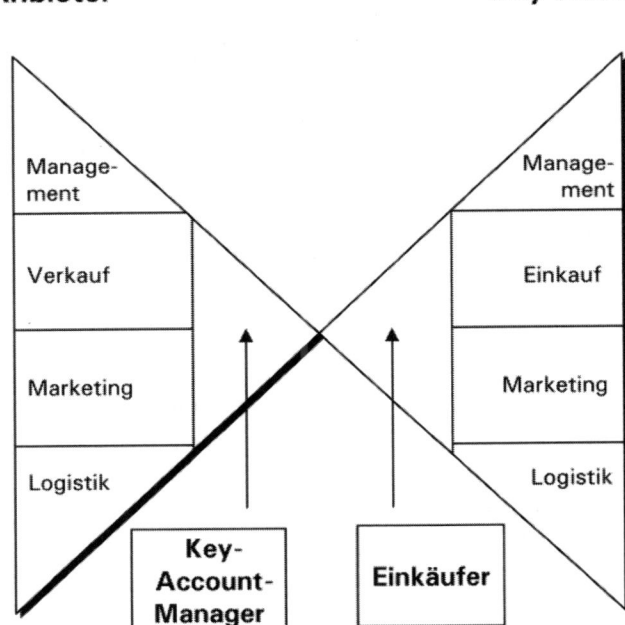

Abbildung 84: Frühes Key Account Management
Quelle: Mercuri Deutschland 2002

sprechpartner auf Kundenseite werden gegebenenfalls auch andere Akzente setzen, aber im Grunde wird der Preis in einem solchen Stadium ein wichtiges Kriterium bleiben, da es noch keine anderen Erfahrungswerte für die Qualität oder Zusatzleistungen gibt.

In der nächsten Phase lässt sich die Situation wie in Abbildung 84 darstellen.

Frühes Key Account Management

In diesem frühen Stadium eines Key Account Management stehen immer noch Key-Account-Manager und sein Hauptansprechpartner im Mittelpunkt. Im KAM sprach man früher von dem Ziel „One Face to the Customer", was hier zweifellos realisiert wird. Dieses Konzept schöpft die Möglichkeiten des Key Account Management jedoch bei weitem noch nicht aus, da vermutlich viele Informationen durch den Flaschenhals verloren gehen, den Key-Account-Manager und Einkäufer bilden.

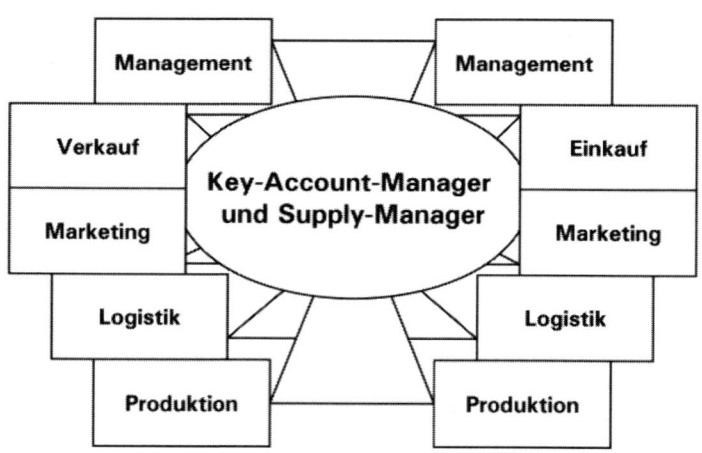

Abbildung 85: Semi-professionelles KAM
Quelle: Mercuri Deutschland 2002

Semi-professionelles Key Account Management

Im Stadium des semi-professionellen KAM haben sich aus den gelegentlichen cross-funktionalen Kontakten zwischen den Unternehmen teamähnliche Arbeitsweisen entwickelt (Abbildung 85).

Die Informationen fliessen auf offiziellen und ersten inoffiziellen Kanälen. Der Charakter des Gegenübers auf Kundenseite wandelt sich vom Einkäufer zum Supply Manager, dessen Interessen sich deutlich vom Preis (der immer wichtig bleibt!) auf andere Aspekte wie z. B. optimierte Logistik, Services und gemeinsame Projekte verlagert. Die Geschäftsbeziehung beruht auf einem flexiblen, virtuellen Netzwerk und ist durch Vertrauen und Offenheit geprägt. Auf der anderen Seite wird der Arbeitsaufwand für beide Parteien erheblich grösser und es ist fraglich, ob diese Konstellation für alle Geschäftsmodelle geeignet ist. Ein typischer Anbieter von C-Teilen wird ab dieser Stufe Schwierigkeiten bekommen mit dem Kunden derartig zu interagieren.

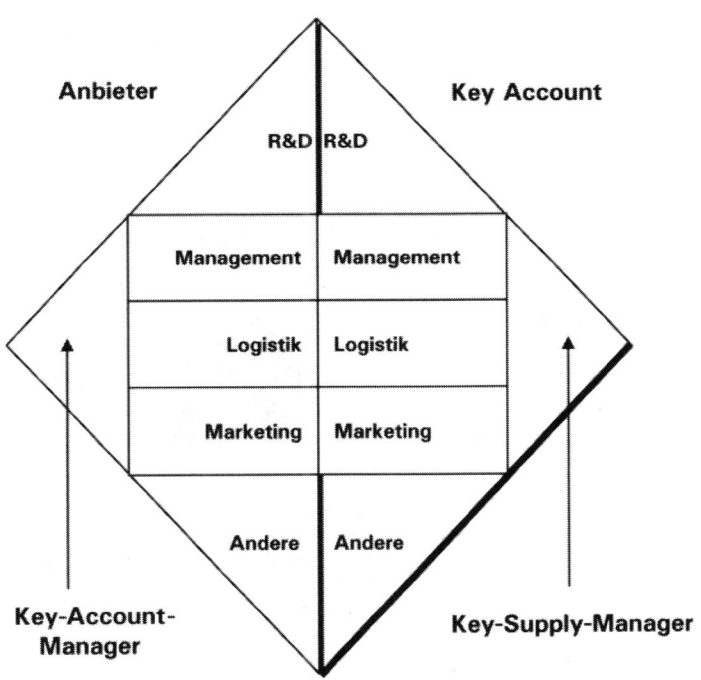

Abbildung 86: Partnerschaftliches KAM
Quelle: Mercuri Deutschland 2002

In einem partnerschaftlichen KAM (Abbildung 86) sind verschiedene Funktionen bzw. Personen langfristig in die Geschäftsbeziehung

Partnerschaftliches KAM

involviert. Alle Beteiligten werden durch den Key-Account-Manager auf Anbieterseite und durch einen Key Supply Manager auf Kundenseite koordiniert. Ziel aller Beteiligten ist die Optimierung der gesamten Geschäftsbeziehung auf Basis gemeinsamer langfristiger Pläne und Konzepte. Alle Aktivitäten werden von einem Key-Account-Manager und einem Key-Supply-Manager koordiniert. Dadurch kommt zum Ausdruck, dass eine solche Entwicklungsstufe in der Regel dann realisiert werden kann, wenn es sich um die Zusammenarbeit zwischen einem Schlüsselanbieter und einem Schlüsselkunden handelt.

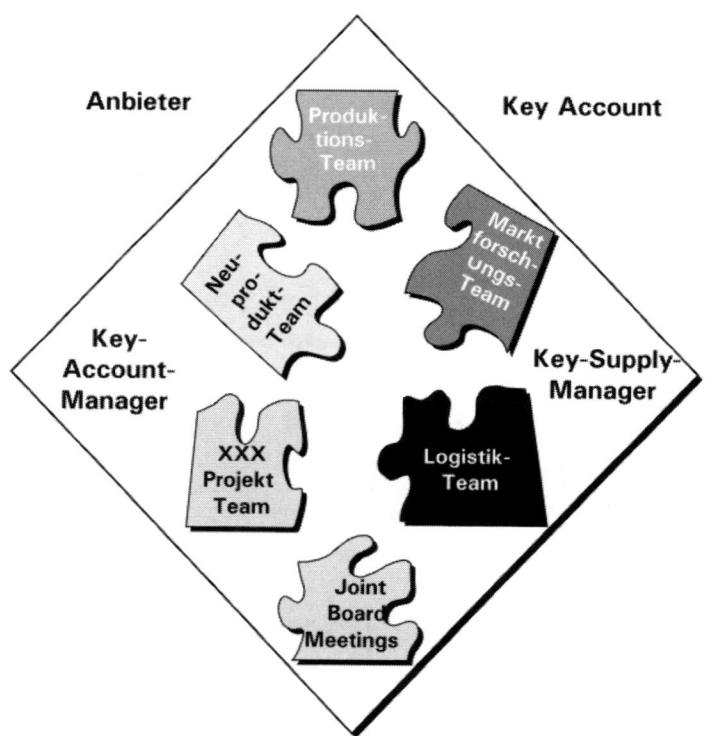

Abbildung 87: Synergetisches KAM
Quelle: Mercuri Deutschland 2002

Synergetisches KAM

Als letzte Stufe, die sicherlich für nur wenige Unternehmen infrage kommt, lässt sich ein synergetisches KAM feststellen (Abbildung

87). Unternehmensgrenzen werden hier zunehmend unbedeutend und cross-funktionale Teams arbeiten unternehmensübergreifend an gemeinsamen Zielen. Der Fokus liegt auf gemeinsamen neuen Entwicklungen in den Produkten und Dienstleistungen aber auch in den Prozessen. Plattform sollte eine gemeinsame Datenbasis oder zumindest transparente Daten, auch im Bereich der Kosten, sein. Gemeinsame Events und Trainings fördern darüber hinaus die Kultur und die Optimierung der Zusammenarbeit.

Cross-funktionale Teams

15.1.2 Zunehmende Internationalisierung des KAM-Programms während der Weiterentwicklung

Mit der Professionalisierung der strukturellen Aspekte einer Zusammenarbeit geht (zumindest bei internationalen Unternehmen) meist auch eine zunehmende Internationalisierung des KAM-Programms einher, wie das folgende Beispiel bei Hilti zeigt.

Casestudy Hilti AG: Internationalisierung und Globalisierung des KAM-Programms

Bis ungefähr 1990 wurde KAM bei der Hilti AG ausschliesslich national beziehungsweise lokal in den Länderniederlassungen betrieben. In den folgenden zehn Jahren erfolgte dann der Aufbau eines International KAM mit einer zentralen Koordination, die dann 2000 weiter in Form des Global Account Management ausgebaut wurde.

Vom KAM zum GAM

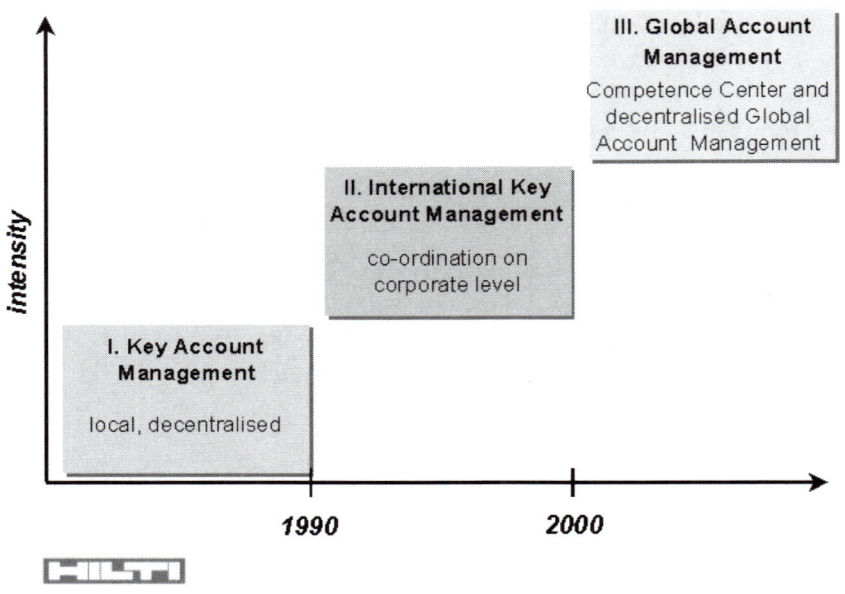

Abbildung 88: Stufen der Internationalisierung des Key Account Management bei Hilti

Auf die besonderen Auswirkungen der Internationalisierung gehen wir im separaten Abschnitt ein.

15.1.3 Zusammenhang von Implementierung und Kundenbearbeitung

Veränderungen in der Organisation

Unabhängig davon, ob Unternehmen ein Key-Account-Management-Programm neu initiieren oder bereits auf einer frühen Stufe KAM betrieben wird, mit dem Entschluss zur Optimierung der Strukturen kommen grössere Veränderungen auf die Organisation und die Mitarbeiter zu. Unternehmen bearbeiten Key Accounts, auch wenn sie nicht unbedingt so bezeichnet werden, zumeist immer schon in besonderer Art. Diese Strukturen werden also je nach Ausgangssituation mehr oder weniger stark verändert und im Weiteren optimiert, während die Bearbeitung der Schlüsselkunden parallel dazu weiter verfolgt werden muss (Zupancic 2001, S. 194). Hierzu Belz für die allgemeine Marketingrealisierung: „Wer Konzept und Realisierung trennt, erkennt die wesentlichen Herausforderungen der Realisierung nicht. Die Marketingrealisierung ist ein interaktiver, dynamischer Prozess. Verschiedene beteiligte Personen (inklusive Kunden!) sowie Organisationseinheiten fördern eine Idee, wenden sie an, klären, verändern, verbessern oder verhindern sie gesamthaft oder in Teilen" (Belz 1999, S. 570).

Die Mitarbeiter im Bereich des Key Account Management arbeiten häufig nahe an der Belastungsgrenze und eine Überschreitung ist nur im Ausnahmefall und nur für kurze Dauer möglich. Die Verfügbarkeit der Mitarbeiter ist also limitiert. Die Beanspruchung der Mitarbeiter mit zusätzlichen Aufgaben im Rahmen von Implementierungsprozessen führt damit zwangsläufig zu Ressourcenkonflikten. Der erforderliche Ressourceneinsatz konzentriert sich gerade zu Beginn einer professionellen Reorganisation zweiter Ordnung besonders stark auf die Aktivitäten zur Einführung neuer Strukturen. Der Implementierungsprozess kann dabei methodisch durch externes Personal, z. B. Berater unterstützt werden. Die Beteiligung von direkt Betroffenen ist jedoch erwiesenermassen ein kritischer Erfolgsfaktor jedes Wandelprozesses in Unternehmen (Picot/Freudenberg/Gassner 1999, S. 48 ff.; Kotter 1999, S. 21 ff.) Der Anteil der aufzuwendenden Zeit für die Implementierung wird sich erst im Zeitverlauf wieder mehr zugunsten der Bearbeitung der Key Accounts, nun in den neuen Strukturen, verändern. Die Implementierungszeit ist dabei so minimal wie möglich zu halten, um

Belastung der Mitarbeiter

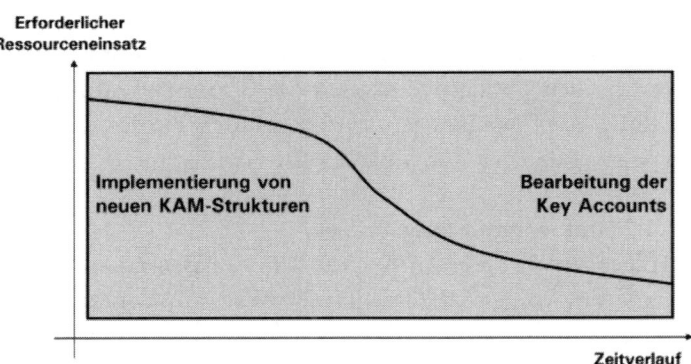

Abbildung 89: Implementierung und Bearbeitung im KAM
Quelle: Zupancic 2001, S. 196

sich möglichst schnell wieder der Bearbeitung von Key Accounts zuwenden zu können. Abbildung 89 verdeutlicht den Zusammenhang.

15.1.4 Ansätze zur systematischen Implementierung von KAM-Strukturen

15.1.4.1 Organisatorischer Wandel in Phasen

Unfreezing, Moving, Freezing

Organisatorische Veränderungsprozesse werden in aller Regel nach Phasenmodellen durchgeführt. Zu den bekanntesten gehört das dreiphasige Schema von Lewin (1947, S. 34): Auftauen des gegenwärtigen Gleichgewichts (unfreezing), Bewegung zum neuen Gleichgewicht (moving) und Einfrieren des neuen Gleichgewichts (freezing). Das Modell ist umstritten und die eher statische Sicht einer Organisation, die in drei Phasen gleichsam spielerisch verändert werden kann, trifft in der Praxis kaum zu. Organisatorischer Wandel ist nie als einfaches Projekt zu realisieren und gerade an der Schnittstelle zum Kunden als besonders schwierig anzusehen, da die Kundenprozesse parallel weiterlaufen und gegebenenfalls neue Beziehungen aufgebaut werden müssen (Bauer 2000, S. 81). Es gibt jedoch zur grundsätzlichen Einteilung in Phasen oder Stufen für das Key Account Management keine Alternative (Zupancic 2001, S. 198 ff.). Phasenschemata bieten auch für komplexe Zusammenhänge die einzige Strukturierungsmöglichkeit, da Vorgehensweisen immer sequenziell durchlaufen werden müssen. Man darf jedoch nicht der Illusion erliegen, abgeschlossene Phasen wirklich als abgeschlossen zu betrachten, sondern muss die Vor- und Rückschritte sowie die Interdependenzen beachten. Phasenmodelle spielen in verfeinerter Form bei allen gängigen Prozessen des organisationalen Wandels eine Rolle. Das Grundkonzept wird dabei für verschiedene Themen angepasst, in denen es um Veränderungen geht.

15.1.4.2 Implementierungsprozess

Phasen für die KAM-Implementierung

Im Folgenden wird ein KAM-spezifisches Phasenmodell zur Implementierung vorgestellt. Eine detaillierte situationsspezifische Anpassung ist immer erforderlich. Die Implementierung wird in der Phase „Multiplikation" abgeschlossen. Das Modell wird ausserdem der Tatsache gerecht, dass sich die Aktivitäten überschneiden und eine eindeutige Zuordnung zu bestimmten Phasen nicht immer möglich ist. Die vier Phasen „Exploration", „Konzeption", „Pilot" und „Multiplikation" können jedoch dann als abgeschlossen bezeichnet werden, wenn zumindest die im unteren Teil der Abbildung angegebenen Resultate vorliegen. Die folgende Abbildung zeigt das Modell zunächst im Überblick bevor eine detaillierte Erläuterung folgt.

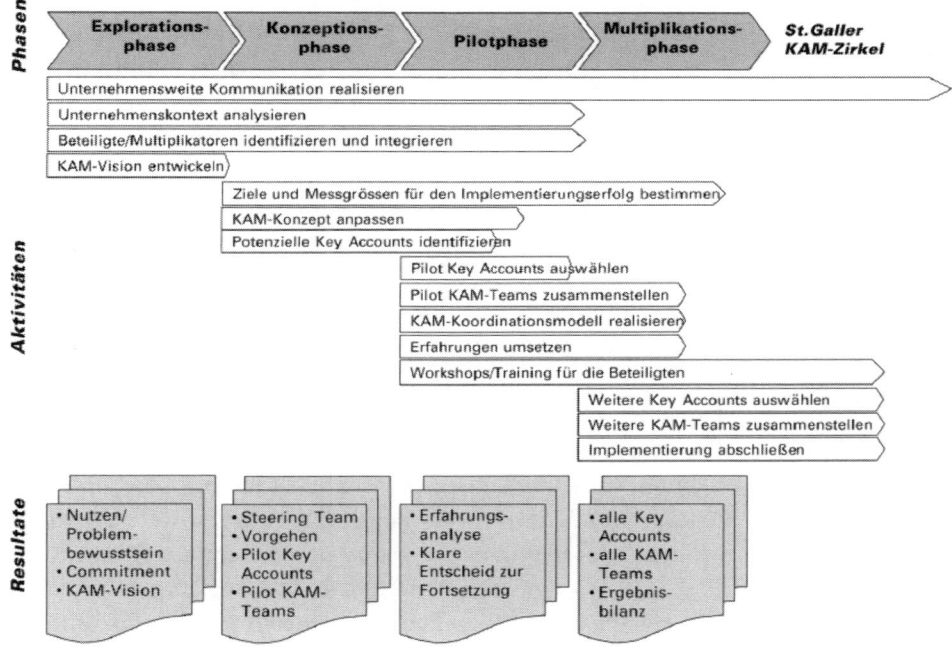

Abbildung 90: Implementierungsmodell für KAM-Strukturen
Quelle: In Anlehnung an Zupancic 2001, S. 200

Explorationsphase

Als wichtiger Ausgangspunkt für eine erfolgreiche Veränderung von Organisationen wird immer wieder der erforderliche „Leidensdruck" (Bauer 2000, S. 81) bzw. positiv ausgedrückt der zu erwartende Nutzen des Wandels (Fobb 1999, S. 42) thematisiert. Ein gewisser Druck oder Zwang ist in den meisten Wandelprozessen von Vorteil, führt jedoch langfristig fast immer zu Demotivation und

Leidensdruck

Frustration (Picot/Freudenberg/Gassner 1999, S. 46). Der Nutzen sollte also die treibende Kraft sein. Dieser sollte real, das heisst wirklich vorhanden und durch die Mitarbeiter nachvollziehbar sein, sich also nicht nur in den Worten des Managements wiederfinden. Der Nutzen muss entsprechend kommuniziert werden. Die Bedeutung der Vermittlung eines klar ersichtlichen Vorteils ist im Zusammenhang mit dem Key Account Management besonders hoch. Es geht nicht allein um einen erfolgreichen Implementierungsprozess, sondern zugleich um die Basis zur Koordination der KAM-Aktivitäten innerhalb der Organisation. Ein klar erkennbarer Nutzen und seine Kommunikation innerhalb des Unternehmens können als elementar für die Implementierung und die Koordination angesehen werden. Versäumnisse und Fehler bei der Implementierung sind im Nachhinein nur äusserst schwer wieder auszuräumen. Die Kommunikation aller Aktivitäten und besonders der Erfolge in der Implementierung von KAM-Strukturen ist besonders wichtig. Sie sollte kontinuierlich über den gesamten Prozess professionell realisiert werden.

Betroffene zu Beteiligten machen

Die Implementierung sollte mit einer ersten „Exploration" des Umfelds zukünftiger KAM-Strukturen starten. Am Ende dieser Phase sollte der Nutzen, den die neuen Strukturen dem Unternehmen stiften, offen liegen. Wichtig ist hierbei, dass ein gewisser Nutzen für alle betroffenen Einheiten erkennbar ist. Dabei sind die Multiplikatoren und Beteiligten zu berücksichtigen (Kotter 1995, S. 23 f.). Neben dem Topmanagement (Zupancic/Senn 2000, S. 47) gehören diejenigen Personen zu den Beteiligten, die zukünftig eine bedeutende Rolle für das KAM spielen. Ist man sich der Bedeutung bewusst, die Key Accounts für das Unternehmen haben und davon überzeugt, dass ein professionelles KAM-Programm einen wertvollen Beitrag leisten kann, so sollte man diese Überzeugung in einer KAM-Vision manifestieren (Kotter 1995, S. 23 f.).

Fallbeispiel:

Spezialstahl AG

Explorationsphase der Spezialstahl AG
(Quelle: Zupancic 2001, S. 202)

Die Spezialstahl AG ist ein weltweiter Anbieter von Spezialstahl für die Werkzeugmaschinenindustrie. Durch den steigenden Wettbewerbsdruck, aber auch durch konkrete Wünsche

> bzw. Forderungen der Kunden startete man 1999 mit der Implementierung eines International Key-Account-Management-Programms. Es wurde ein interner Initialworkshop mit den wichtigsten, weltweit Beteiligten für die zukünftigen IKAM-Teams in der Konzernzentrale durchgeführt. Zwei Mitglieder des Vorstands waren während des Workshops anwesend und unterstrichen so die Bedeutung des Projekts. Im Rahmen der Veranstaltung wurde die folgende Vision entwickelt und im Unternehmen kommuniziert:
>
> „International Key Accounts belong to our most important customers. We serve these customers with the attention that correspond to their importance for us.
> With extraordinary services we want to support our customer's growth and want to grow together with them. We, that means every coworker and every unit worldwide, work hard to make this vision reality."

Konzeptionsphase

In der Konzeptionsphase beginnt ein Steering Team mit der konzeptionellen Arbeit. Das Team setzt sich in aller Regel aus verschiedenen Beteiligten der Explorationsphase zusammen. Häufig sind es die Vertriebsmitarbeiter, die aus strategischen Überlegungen oder auf Druck der Key Accounts die Initiative ergreifen. Relativ früh sollte versucht werden, Ziele und Messgrössen für den Implementierungserfolg festzulegen. Mit merklichen Umsatzsteigerungen ist erst nach einiger Zeit zu rechnen. Kurzfristige Implementierungserfolge lassen sich aber z. B. durch Mitarbeiter- oder Kundenbefragungen ermitteln. Von diesen Messgrössen geht eine Signalwirkung für die weitere Implementierung aus, die vor allem in der internen Kommunikation genutzt werden sollte. Zum anderen können Fehlentwicklungen früh erkannt und vermieden sowie positive Aspekte verstärkt werden. Das Steering Team untersucht das Kundenportfolio in Bezug auf die potenziellen Key Accounts und stellt erste Überlegungen zu den besonderen Leistungsbedürfnissen an. Auf Basis dieser Informationen werden Pilot Key Accounts und die KAM-Teams in einer ersten Konfiguration entsprechend zusammengestellt (Zupancic/Müllner 2000, S. 54). Bei der Auswahl der Pilotkunden hat sich eine Zahl von vier bis fünf als geeignet erwiesen. Bei weniger Kunden ist die Gefahr zu hoch, negative Erfahrungen als repräsentativ zu bewerten. Mehr Pilotkunden übersteigen in der Implementierung in aller Regel die zur Verfügung stehenden Ressourcen (Zupancic/Müllner 2000, S. 24).

Steering Team

> **Fallbeispiel:**
>
> **Auswahl von Pilot International Key Accounts bei der Schurter-Gruppe**
> (Quelle: Senn/Suger 2000, S. 18-23)
>
> **SCHURTER** ELECTRONIC COMPONENTS
>
> Die Schurter-Gruppe mit Sitz in Luzern (Schweiz) ist ein weltweit aktiver Anbieter für Elektronik und Elektrotechnik. Mit einem International Key Account Management verfolgt man dort die folgenden Ziele: Verbesserung der Koordination im Rahmen der Preisharmonisierung, bessere Berücksichtigung von Kundenwünschen und Ausschöpfung von Umsatzpotenzialen. Von insgesamt 10'000 weltweiten Kunden wurden in einer ersten Phase fünfzehn International Key Accounts identifiziert, von denen wiederum fünf Pilotkunden ausgewählt wurden. Die Auswahl wurde nach verschiedenen Kriterien vorgenommen, die Entscheidung für die Pilot-International Key Accounts erfolgte nach einem persönlichen Besuch des IKAM-Projektteams bei den 15 Kunden. Einer offenen Kommunikation wurde besondere Beachtung geschenkt, um z. B. Vorbehalte internationaler Niederlassungen vorzubeugen. Hier bestanden gewisse Befürchtungen, ihnen würden durch ein zentrales IKAM-Programm lukrative Kunden weggenommen. Für die Pilotkunden wurden entsprechende IKAM-Teams gebildet, die aus einem hauptamtlichen International Key-Account-Manager als Teamleiter und aus drei bis sieben Spezialisten verschiedener Funktionen bestanden.

Workshops und Training

Pilotphase

Das Fallbeispiel Schurter hat bereits den Übergang zu dieser Phase mit der Auswahl der Key Accounts und der entsprechenden Teams eingeleitet (vgl. auch Abschnitt zur Selektion). Nach der Auswahl der Pilot-Accounts geht es darum, dass die KAM-Teams das operative KAM in geeigneter Weise ausfüllen. Begleitend dazu sollten die Mitarbeiter in Workshops zu den verschiedenen Themen vorbereitet und geschult werden. Ein solches Training kann aus verschiedenen fachlichen Modulen für den Bereich Key Account Management und verhaltensorientierten Ergänzungen zum interkulturellen Management (Lockau 2000, S. 320) sowie zum Teambuilding (Bösch/Schreiber/Wirbals 2000, S. 13) zusammengesetzt sein.

Erste Erfahrungen

    Elementar in dieser Phase ist die Auswertung der Erfahrungen von Pilot-KAM-Teams. Eine neutrale Auswertung der erzielten Resultate sollte die solide Grundlage einer Entscheidung für die Multiplikation der Implementierung von Key-Account-Management-Teams in der nächsten Phase bieten. Mögliche negative Erfahrungen lassen sich nur schwer unmittelbar auf die Güte eines Konzepts zurückführen. Ausserdem kommt es entscheidend darauf an, die Implementierungsaktivitäten und die -geschwindigkeit hochzuhalten wie das folgende Fallbeispiel zeigt.

> **Fallbeispiel:** *Antriebstechnik AG*
>
> **Mangelnde Dynamik im IKAM der Antriebstechnik AG**
> (Quelle: Zupancic 2001, S. 205)
>
> Die Antriebstechnik AG ist ein Schweizer Unternehmen, das weltweit spezielle Bauteile in den Bereichen Antrieb und Transport liefert. Die Produkte sind durch das Volumen für einen Kunden von eher geringer Bedeutung, bei bestimmten Maschinen können diese Produkte jedoch für den Kunden strategisch wichtig werden. Ohne grossen Druck der Kunden wurde ein Projekt zum Key Account Management initiiert. Daneben wurden andere Projekte ins Leben gerufen. Zwei kurzfristige Wechsel in der Geschäftsleitung erschwerten die Situation zusätzlich. Im Rahmen eines Vertriebsmeetings wurde das KAM-Projekt vorgestellt und in zwei Workshops vertieft. Während der Veranstaltung wurde das Gesamtvorhaben offen diskutiert und vom CEO infrage gestellt. Das Projekt lief nach wenigen Wochen aus.

Hier wurde es eindeutig versäumt, den Boden für eine erfolgreiche Projektfortsetzung zu bereiten. Selbst wenn das Projekt für das Unternehmen wichtig ist, sind die Voraussetzungen nach diesen Erfahrungen eher ungünstig. Sollten andere Gründe, z. B. zu viele parallele Projekte, ausschlaggebend gewesen sein, so hätten ein konstruktiver Umgang mit dem Thema KAM und eine Verschiebung hier mehr Optionen offen gelassen.

Als Beispiel für ein Zwischenfazit nach der Pilotphase können auch die Erfahrungen der Hilti AG dienen.

Casestudy Hilti AG: Erfahrungen in der Pilotphase

Im Folgenden werden die Erfahrungen der Pilotphase zur letzten Ausbaustufe der Hilti AG, dem Global Account Management, erläutert.

Zu den positiven Erfahrungen gehörten:

- klare Verantwortungen,
- erhöhte Transparenz bezüglich der globalen Geschäftspotenziale,
- stärkere Ausschöpfung dieser Potenziale,

Positive Erfahrungen

- höhere Kundenzufriedenheit durch international konsistente Leistungen.

Zu den optimierbaren Aspekten gehörten:

Optimierungspotenzial

- Schwierigkeiten in der Erfüllung von hochgesteckten Anforderungsprofilen der Global Account Executives
- Bedarf nach Anreizsystemen und viel Kompetenz in indirekter Führung
- Zeitlicher Aufwand zur GAM-Implementierung ist immens
- die interne Kommunikation muss sehr intensiv erfolgen, um die langfristige Akzeptanz zu fördern
- GAM, IKAM sind strategische Funktionen

Messbare Erfolge sind nicht immer kurzfristig erreichbar. Somit ist es entscheidend, dass das Konzept nicht nur nach aussen, sondern auch nach innen sehr gut „verkauft" und kommuniziert wird.

Multiplikationsphase

Kontinuierliche Verbesserung

Erfolgreich abgeschlossene Pilotphasen führen zu einer klaren Entscheidung für eine Multiplikation der Key-Account-Management-Strukturen. Hierzu werden die gewonnenen Informationen in die Konzeption eingearbeitet und das Programm auf alle Key Accounts ausgeweitet. Nach erfolgreicher Multiplikation wird die Implementierung abgeschlossen. Zukünftige Veränderungsbedarfe werden im Rahmen des Koordinationsmodells adaptiert und kontinuierlich realisiert. Hierbei ist zu beachten, dass eine gewisse Eigendynamik nicht kontraproduktiv für das Key Account Management wirkt.

15.1.4.3 Mitarbeiter in der Implementierung

Die Bedeutung der Mitarbeiter wurde bereits im vorangegangenen Abschnitt mehrfach erwähnt. Hier sollen in kompakter Form nochmals einige Erkenntnisse aus dem organisatorischen Wandel auf die besondere Situation der KAM-Implementierung übertragen werden.

Widerstand und Unterstützung

Menschen reagieren unterschiedlich auf anstehende Veränderung. Die folgenden Typen liessen sich z. B. in einem Forschungsprojekt zu Veränderungen in fünf deutschen Grossunternehmen identifizieren (Picot/Freudenberg/Gassner 1999, S. 48):

- *Nimmersatt*: Keine Opferbereitschaft in Folge der Reorganisation, statt dessen Hoffnung auf Karrieremöglichkeiten.
- *Macher*: Wünscht Partizipation und Aktivität, akzeptiert erhebliche Mehrleistungen in der Reorganisation.
- *Behaglicher*: Will Besitzstände bewahren, erwartet sich durch die Reorganisation keine Verbesserung.
- *Stressvermeider*: Vermeidet jede Mehrbelastung.
- *Karrierist*: Ist bereit, Einschnitte in Kauf zu nehmen, so lange es der Karriere dient.

Menschen in Verbesserungsprozessen

Diese idealtypischen Rollen lassen sich auf zwei Dimensionen zurückführen. Zum einen findet eine bewusste oder unbewusste Beurteilung der Situation im Wandel statt. Entweder man ist von dem geplanten Vorgehen und den Zielen überzeugt oder nicht. Zum anderen verhält man sich bewusst oder unbewusst in einer bestimmten Art, man übernimmt eine aktive Rolle oder verhält sich eher passiv. Diese Einstellung kann bewusst getroffen werden oder eher einen Charakterzug der Person widerspiegeln.

Überträgt man diese Erkenntnisse auf die Implementierung von Key-Account-Management-Strukturen, so konnten wir in der Zusammenarbeit mit verschiedenen Unternehmen vier Typen identifizieren. Diese differenzieren sich aufgrund ihrer Grundeinstellung gegenüber Veränderungen und ihres Aktivitätsgrads im Implementierungsprozess. Die folgende Abbildung zeigt diesen Zusammenhang im Überblick.

Diese unterschiedlichen Typen lassen sich in Implementierungsprozessen zum KAM fast immer ausfindig machen. Wichtig erscheint es hier, geeignete Taktiken zu entwickeln, um im Zeitablauf des Prozesses positive Kräfte in ihrem Verhalten zu bestärken und negative Kräfte zu einer positiven Einstellung gegenüber dem KAM zu bewegen.

„Sales Traditionalisten" sind grundsätzlich eher skeptisch gegenüber den angestrebten Veränderungen. KAM kann von diesen Typen z. B. als Modewelle tituliert und daher abgelehnt werden. Die typische Einstellung drückt sich durch die Überzeugung aus, dass es in der Vergangenheit doch auch gut lief und damit der Grund für

Sales Traditionalisten

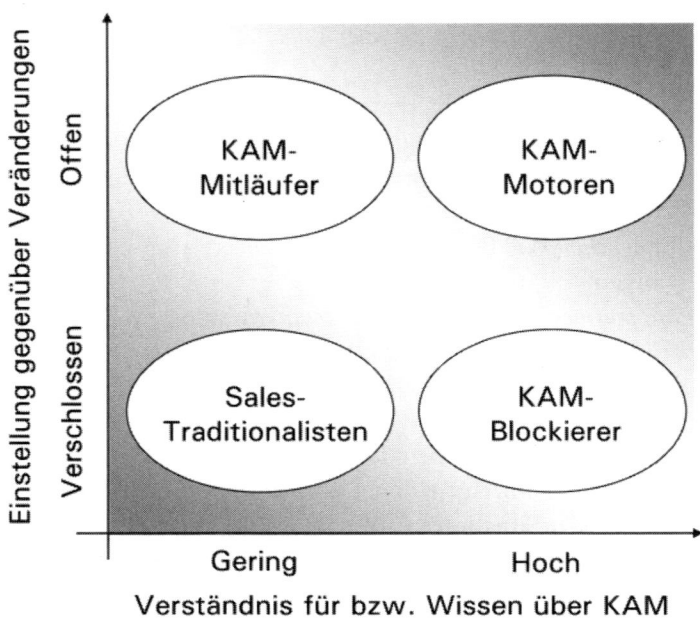

Abbildung 91: Typen im Implementierungsprozess
Quelle: Zupancic 2001, S. 208

eine Veränderung nicht gesehen werde. Gerade wegen ihrer grossen Erfahrung sind diese Mitarbeiter häufig besonders wertvoll für die zukünftigen Aufgaben. Obwohl sie nicht von den Ideen des KAM überzeugt sind, leisten sie keinen aktiven Widerstand und verhalten sich eher passiv. Die grundsätzliche Einstellung dieser Typen lässt sich nicht leicht verändern. Hier hilft nur eine „Integrationstaktik" mit mittel- bis langfristiger Perspektive und dem Schwerpunkt auf den Sachargumenten und der aktiven persönlichen Einbindung. Der Anteil dieser Typen ist in Traditionsunternehmen relativ hoch. Diese Mitarbeiter machen aber in den meisten Fällen keine grossen Schwierigkeiten, da sie gut einzuschätzen sind und sich häufig mit der Zeit anpassen.

KAM-Mitläufer

„KAM-Mitläufer" sind dem KAM wie anderen neuen Themen gegenüber positiv eingestellt. Mitarbeiter dieser Art sind keine treibenden Kräfte, aber durch ihre positive Einstellung relativ leicht in den Prozess einzubinden. Im Rahmen einer „Aktivierungstaktik" können z. B. zunehmend mehr und verantwortungsvollere Aufgaben an diese Mitarbeiter vergeben und so ihre Aktivität erhöht werden.

Bei „KAM-Blockierern" handelt es sich um die problematischsten Typen in den Veränderungsprozessen. Sie sind zum Teil sehr negativ gegenüber den anstehenden Veränderungen eingestellt. Die Ursache hierzu könnte auf mangelnden Informationen oder falschen Schlussfolgerungen der Betroffenen beruhen. Nicht selten befürchten sie den Verlust von Macht und die Aufgabe von Gewohnheiten. Die Sachargumente, die gegen die Einführung der neuen Strukturen vorgebracht werden, sind zum Teil vorgeschoben und beruhen auf persönlichen Ängsten oder Bequemlichkeit. Problematisch ist, dass diese negativ eingestellten Mitarbeiter eine aktive Rolle einnehmen, das heisst bewusst opponieren. Das Ziel besteht darin, diese Energie in positive Kräfte umzuwandeln oder sie aus dem Implementierungsprozess herauszulösen. Als schwierig erweist sich das Ergründen der wahren Motive des Widerstands (Staehle 1999, S. 977 ff.). Hier gilt es, die Vorteile der zukünftigen KAM-Strukturen im Rahmen einer „Überzeugungstaktik" eindeutig in die persönlichen Nutzen der KAM-Blockierer zu transferieren. Sind die Widerstände zu gross und zu hartnäckig, passen solche Charaktere nicht in die zukünftigen Strukturen und entsprechende Massnahmen einer „Outplacementtaktik" (Wunderer 2000, S. 251) können notwendig werden.

Blockierer

„KAM-Motoren" spielen die wichtigste Rolle im Implementierungsprozess. Sie sind aktiv und überzeugt. Im Rahmen einer „Verstärkungstaktik" kann ihr Part im Implementierungsprozess ausgebaut werden.

KAM-Motoren

Für die Implementierung von KAM-Strukturen gilt es, den Anteil der KAM-Motoren zu erhöhen. Es hat sich aber auch gezeigt, dass es wahrscheinlich im Bereich der Sales-Traditionalisten und der KAM-Blockierer immer eine gewisse Anzahl von Personen gibt. Erstere bereiten in der Regel keine grossen Probleme und können in gewissem Mass auch längerfristig toleriert werden.

Change Agents im Implementierungsprozess
Die Übersicht der vier Typen im Implementierungsprozess gibt einige Hinweise, mit welchen unterschiedlichen Mitarbeitern man im Implementierungsprozess konfrontiert ist. Durch ein Raster

Konflikte

kann eine gewisse Zuordnung vorgenommen und die Taktik darauf abgestellt werden. Gesamthaft besteht so eine gewisse Möglichkeit, Konflikte zu antizipieren und sie zu vermeiden bzw. zu lösen. Darüber hinaus geht es darum, die Mitarbeiter gemäss ihrer Einstellung und ihren Fähigkeiten im Implementierungsprozess optimal einzusetzen. Hier ist der Begriff des Change Agents von Bedeutung (Ottaway 1983, S. 372). Übertragen auf die Situation im Implementierungsprozess des Key Account Management können diese wie folgt definiert werden.

Begriff „Change Agent"

Als „Change Agent der Implementierung des KAM" werden die internen und externen Personen bezeichnet, die massgeblich den Wandelprozess gestalten. Diese Personen müssen in den Phasen unterschiedliche Aufgaben erfüllen.

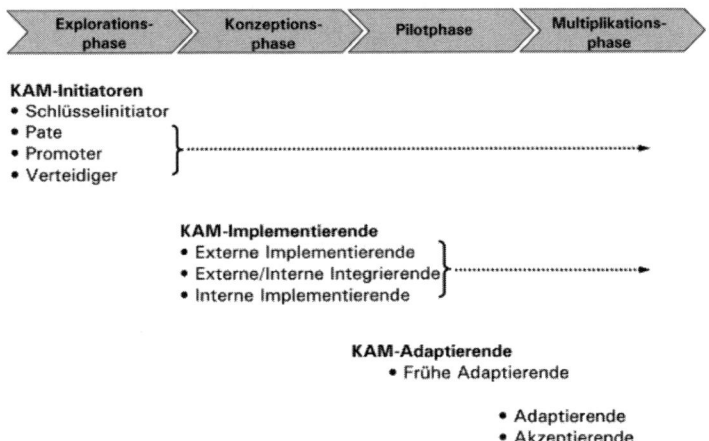

Abbildung 92: Change Agents in der Implementierung des KAM
Quelle: Zupancic 2001, S. 212

Initiatoren

Die Implementierung der Key-Account-Management-Strukturen wird von einer ersten Gruppe „Change Agents" initiiert, die als „KAM-Initiatoren" bezeichnet werden können. Der Schlüsselinitiator sollte dabei eine Person sein, die eine gewisse Ausstrahlung und Akzeptanz in der Organisation besitzt. Auch wenn der Prozess „von unten" initiiert wurde, empfiehlt es sich, einen Repräsentanten des Projekts zu bestimmen. Dieser vertritt den Implementierungsprozess nach innen und aussen. Die Aufgabe des Schlüsselinitiators kann in die Aufgabe des „Paten" übergehen, der neben dem repräsentativen Teil für das Projekt auch für die Zuteilung der Ressourcen zuständig ist. Gerade in der Anfangsphase eines Projekts muss die Implementierung der KAM-Strukturen als Investition im eigenen Unternehmen gerechtfertigt werden. Beide Rollen werden idealerweise von einer angesehenen und unternehmensweit akzeptierten Person des Unternehmens, zumeist aus dem Topmanagement, erfüllt. Die Rolle des Paten begleitet den gesamten Prozess, die Bedeutung nimmt jedoch ab, je breiter die KAM-Strukturen durch ein Unternehmen abgestützt sind. „Promoter" und „Verteidiger" sind alle Personen, die das Projekt unterstützen und gegen Widerstände verteidigen. Die Mitgliederzahl dieser Gruppe sollte möglichst schnell steigen, um die erforderliche Basis zu schaffen. Alle KAM-Teaminitiatoren sollten KAM-Motoren gemäss des vorangegangenen Abschnitts sein.

In der Konzeptionsphase sind die „KAM-Implementierenden" die Change Agents mit grosser Bedeutung. Die Integration externer Berater als Externe Implementierende spielt in fast jedem Wandelprozess eine Rolle. Für externe Unterstützung spricht (Staehle 1999, S. 974):

Implementierende

- Unbefangene Problemsicht
- Breiter Erfahrungsschatz aus anderen Implementierungsprojekten (des KAM)
- Bessere Akzeptanz durch das Topmanagement als Auftraggeber
- Mut zu einschneidenden Massnahmen

Für eine rein interne Durchführung spricht:

- Bessere Vertrautheit mit der eigenen Organisation
- Weitgehende Identität der Wertvorstellungen
- Leichtere Anerkennung auf den unteren Ebenen
- Eher evolutionäres Vorgehen

Die Erfahrung aus diversen Projekten der Praxis zeigt, dass gerade in der Anfangsphase die Zusammenarbeit mit einem externen Berater von Vorteil ist, da das Wissen über die komplexen Zusammenhänge des Key Account Management in der Regel zu gering ausfällt. Als erfolgskritisch erweist sich hier wie gut und wie schnell die „externen und internen Integratoren" es schaffen, den Transfer und die Überzeugung auf „Interne Implementierende" zu übertragen. Externe Berater können zugleich in Form eines Trainers als Integratoren eingesetzt werden. Sie bilden die internen Implementierenden aus. Hierbei handelt es sich um diejenigen Personen, die zur Besetzung der Pilot-KAM-Teams eingesetzt werden.

Adaptierende

In der Multiplikationsphase gilt es, die Erfahrungen der Pilot-Key-Accounts auf andere Teams zu übertragen. Dies betrifft die Gruppe der „KAM-Adaptierenden". Hier gibt es in aller Regel Mitarbeiter, die schnell überzeugt sind und als „frühe Adaptierende" bereit sind, die neuen Strukturen anzuwenden. Es handelt sich zumeist um die im vorherigen Abschnitt beschriebenen KAM-Mitläufer. Diese werden damit zu Befürwortern und helfen, die Akzeptanz weiter zu steigern. Es folgen die „Adaptierenden" und die „Akzeptierenden". Sie stammen häufig aus den Reihen der Sales-Traditionalisten und der KAM-Blockierer.

Die Betrachtung der Aufgabenträger im Implementierungsprozess erlaubt eine bewusste Integration von unterschiedlichen Menschentypen in den Ablauf. Sie weist ausserdem auf die Notwendigkeit hin, dass in den verschiedenen Phasen bestimmte Aufgaben durch Personen mit spezifischen Eigenschaften wahrgenommen werden sollten.

15.1.5 Interne Kommunikation zur Unterstützung des Implementierungsprozesses

Interne Kommunikation

Ein wesentliches Problem, das dem Key Account Management zu Grunde liegt, sind die Sekundärstrukturen. Die Koordination mit den anderen Funktionsbereichen beruht hier selten auf disziplinarischen Entscheidungen, sondern erfolgt durch Selbstabstimmung und Überzeugungsarbeit. Das gesamte Konzept im Account Management beruht auf der Prämisse, dass Key Accounts gemäss ihrer (potenziellen) Bedeutung für das Unternehmen bearbeitet werden. Dieser spezielle Einsatz sollte sich für das Unternehmen stärker auszeichnen als eine Bearbeitung in den üblichen Strukturen und Strategien. Die Erfahrung der Praxis zeigt jedoch, wie schwierig es ist, den Mitarbeitern diese Aspekte überzeugend zu vermitteln. Zudem gibt es viele Barrieren, die aufgrund verschiedenster Motive aufgebaut werden.

Für viele Unternehmen ist die mangelnde Akzeptanz des KAM die Ursache für Konflikte (Zupancic 2001, S. 175). Geht man davon aus, dass ein wesentlicher Grund der suboptimalen Unterstützung die mangelnde Information ist, so bietet sich eine spezielle Art der internen Kommunikationspolitik an, um den Gedanken des Key Account Management zu verbreiten, aber auch um Rückmeldungen der Mitarbeiter entgegenzunehmen. Dazu Lisa Napolitano, Executive Director der „Strategic Account Management Association": „Internal support is a constant challenge for a successful Key Account Management programme. Different tools must be combined to achieve the internal alignment" (Zupancic 2001, S. 175).

Die interne Kommunikation als Sprachrohr des Marketing hat die folgenden Aufgaben:

Sprachrohr des Marketing

- Die Mitarbeiter über die Vorgänge in der Geschäftsbeziehung mit Key Accounts informieren und die Meinungsbildung unterstützen.
- Standpunkte (insbesondere des Topmanagements) darlegen und die Kommunikation auf allen Ebenen, die in das Geschäft mit den Key Accounts eingebunden sind, fördern.
- Strategien und Massnahmen für Key Accounts verdeutlichen und die Mitarbeiter zur Unterstützung motivieren.

Zur Umsetzung bieten sich viele Instrumente an, die einzeln oder in Kombination eingesetzt werden können. Diese Instrumente können entweder individuell für die Belange des Key Account Management entworfen oder mit anderen unternehmensinternen Kommunikationsinstrumenten kombiniert werden. Für die folgende Darstellung wurde weiterhin zwischen mediengestützten und persönlichen Instrumenten unterschieden.

	Mediengestützte Instrumente	Persönliche Instrumente
Spezifisch für das Key Account Management	• KAM-Newsletter, KAM-Broschüre, KAM-Flyer etc. • KAM-Intranet • Direktmailing • Redaktionelle Beiträge in Fachzeitschriften über das KAM • etc.	• KAM-Infoveranstaltungen • KAM-Workshops • KAM-Roadshow • etc.
Integriert in die unternehmensinterne Kommunikation	• Integration von Prozessabläufen in Qualitätshandbüchern • Mitarbeiterzeitschrift • Unternehmensintranet • Jahresbericht • Redaktionelle Beiträge in Fachzeitschriften • etc.	• Unternehmensveranstaltungen (z. B. Mitarbeiterversammlung, internationales Sales-Meeting) • Topmanagement, Reden • Messen • Roundtable-Gespräche • Bewusstes Forcieren der informellen Kommunikation • etc.

Abbildung 93: Kommunikationspolitische Instrumente zur Unterstützung des KAM
Quelle: Zupancic 2001, S. 176

Handlungsempfehlungen zur Implementierung

Folgende Agenda ist eine Unterstützung, um das Key Account Management im Unternehmen erfolgreich einzuführen:

- *Auf welcher Entwicklungsstufe des Key Account Management befindet sich das Unternehmen derzeit?* In Abhängigkeit der Entwicklungsstufe erscheinen unterschiedliche Organisationsformen für das Key Account Management geeignet.
- *Exploration des Umfelds, in dem sich das Key Account Management befindet:* Wird der Nutzen verdeutlicht, der mit einer

KAM-spezifischen Unternehmensstruktur verbunden ist, steigt die Akzeptanz des Ansatzes.
- *Auswahl von Pilot Key Accounts:* Fehler sind alltäglich und häufig nicht zu vermeiden. Doch sollten sich Fehler nicht wiederholen. Hilfreich ist es, zunächst vier bis fünf Kunden als Key Accounts zu bearbeiten und erst nach einer Pilotphase zu entscheiden, ob das KAM-Konzept auf weitere Kunden ausgedehnt werden soll.
- *Unterstützung durch die richtigen Mitarbeiter und Kollegen:* Die Auswahl derjenigen, die die Implementierung des Key Account Management unterstützen, ist äusserst wichtig. Es gilt, die „KAM-Motoren" zu finden und um ihre Unterstützung zu werben.
- *Proaktive Kommunikation:* Change Projekte scheitern häufig daran, dass Personen Angst vor Veränderungen haben. Werden die Ziele und die Schritte der Implementierung stets klar kommuniziert, nimmt das die Ängste der Betroffenen. Transparenz schafft Vertrauen.

15.2 KAM-Fokus in der Unternehmensstruktur und -kultur

© Prof. Belz/Dr. Müllner/Dr. Zupancic & Mercuri International 2003

In diesem Unterkapitel erfahren Sie...

- ... wie ein KAM-Programm strukturiert sein sollte.
- ... welche organisatorischen Optionen zur Verfügung stehen.
- ... wie ein Unternehmen verändert werden sollte, um KAM-Strukturen zu implementieren und/oder zu optimieren.
- ... wie eine ideale KAM-Kultur aussieht.

15.2.1 KAM in der Unternehmensstruktur

15.2.1.1 Verankerung des Key Account Management in der Organisation

KAM als Zusatzaufgabe

Bevor es zu einer expliziten Verankerung des KAM in einem Unternehmen kommt, sollte geklärt werden, ob dies überhaupt erforderlich ist. In Abhängigkeit der Intensität einer Kundenbeziehung und des erforderlichen Bearbeitungsaufwands kann es durchaus sinnvoll sein, KAM als Zusatzaufgabe für Mitarbeiter zu bestimmen, die primär andere Aufgaben haben. So können Vertriebsleiter oder -mitarbeiter z. B. zwei bis drei Key Accounts und darüber hinaus ein bestimmtes Verkaufsgebiet bearbeiten. Ein Projektleiter, der sehr häufig für bestimmte Kunden tätig ist, kann diesen Kunden zusätzlich als Key-Account-Manager zur Verfügung stehen. Hier sollten zwei Aspekte berücksichtigt werden:

- Derartige Zusatzbelastungen bergen immer ein höheres Konfliktpotenzial in sich und im Zweifel sollte eine volle Position im KAM angestrebt werden.
- Die Position des Key-Account-Managers erfordert eine bestimmte Einstellung und bestimmte Charaktereigenschaften. Nicht jeder Mitarbeiter eines Unternehmens bringt diese auch tatsächlich mit.

Ist der Entschluss jedoch für eine explizite KAM-Struktur, das heisst einem institutionellen KAM gefallen, bieten sich die folgenden Optionen.

Institutionelles KAM

Optionen für die KAM-Organisation
Key Account Management kann nach den klassischen Organisationsformen in einem Unternehmen implementiert werden. Alle Formen können grundsätzlich national oder international in der Unternehmensorganisation verortet werden.

KAM als Linienorganisation

KAM als Matrixorganisation

KAM als Stabsorganisation

Abbildung 94: Optionen für die KAM-Organisation

KAM als Linienorganisation
Hierbei handelt es sich um die Variante, die am häufigsten anzutreffen ist. KAM ist hier z. B. Teil des Vertriebs oder aber auch dem Vertrieb als separate Einheit gleichgestellt. Normalerweise sind in diesem Fall die Positionen der Key-Account-Manager primär in eine eigene KAM-Linie oder in eine Verkaufslinie (zusammen mit den Verkäufern) eingebettet.

KAM als Teil des Verkaufs

Vorteile:

- Klare Eingliederung in die vorhandenen Strukturen
- Klare Kosten- und Ertragszuordnungen
- Konzentration auf KAM-Aufgaben
- Kommunikation der Bedeutung des KAM nach aussen

Nachteile:

- Niedrige hierarchische Eingliederung kann zu geringer Durchsetzungsfähigkeit der Key-Account-Manager führen
- Gefahr, dass das Gesamtziel zu Gunsten eines Bereichsegoismus aufgegeben wird
- Formal klare Struktur kann zu Bürokratie in der Zusammenarbeit mit anderen Bereichen führen
- Gefahr der Zweiklassengesellschaft, bei dem einige Kunden und Mitarbeiter „besser" sind als die anderen

KAM als Matrixorganisation

Komplexität einer Matrix

Unter einer Matrixorganisation im engeren Sinn versteht man eine Organisationsform, in der Mitarbeiter zwei direkte Vorgesetzte mit unterschiedlichen Verantwortungsbereichen (z. B. Länder und Produkte) haben (Staehle 1999, S. 710). Der vermeintliche Vorteil einer Matrix, dass sie komplexe Zusammenhänge, die z. B. durch Kundenbedürfnisse entstehen, auch organisatorisch abdecken kann, hat sich in der Praxis selten gezeigt. Häufig bleibt diese Organisationsform hinter den Erwartungen zurück und birgt viel Konfliktpotenzial in sich. Heute ist man in vielen Beispielen von der Matrix im engeren Sinn jedoch abgekommen. Gerade im KAM findet man häufig eine primäre Linienorganisation, die allerdings nicht selten mit einer impliziten Matrixform kombiniert ist. KAM ist als eine Querfunktion zu anderen Bereichen, wie z. B. Forschung und Entwicklung, Produktion, Logistik und IT etabliert und kann so eine Koordination dieser Funktionen mit Fokus auf die Key Accounts erfüllen. Die Koordinationsprobleme sind damit keinesfalls gelöst, aber sie werden offen und konstruktiv behandelt.

Vorteile:

- Transparenz der Notwendigkeit von Querbeziehungen zwischen Bereichen
- Offener Umgang mit den Koordinationsnotwendigkeiten

Nachteile:

- Verzögerung von Entscheidungen

- Tendenz zur Bürokratisierung
- Persönliche Belastung der Mitarbeiter
- Hohe Koordinationskosten

Trotz der nicht unbedeutenden Nachteile bleibt an dieser Stelle festzuhalten, dass es fast keine Alternative zu einer impliziten Matrixorganisation gibt. Wie bereits von uns erläutert, sollte das KAM selbst in einer Linie fest verankert sein. Die Key-Account-Manager fungieren allerdings als Teamkoordinatoren und ihre Teammitglieder sind ihnen de facto über eine Art Matrix zugeordnet.

KAM als Stabsstelle

Stabsstellen haben in Unternehmen beratende und unterstützende Funktionen. Key Account Management sollte grundsätzlich im Unternehmen mehr Einfluss haben. So ist es eigentlich nur sinnvoll von dieser Organisationsform Gebrauch zu machen, wenn man den Key-Account-Managern Unterstützung im operativen Geschäft bieten möchte. Hierbei kann es sich zum Beispiel um die Entwicklung neuer Tools, dem KAM-Plan oder dem Betrieb eines KAM-Intranets handeln. Ansonsten empfiehlt sich die Stabsstelle mangels Einfluss und Koordinationsmöglichkeit weniger.

Stab mit wenig Durchgriff

15.2.1.2 Hierarchische Verankerung

Nach der Entscheidung zur Verankerung eines institutionellen KAM stellt sich die Frage der hierarchischen Einordnung. Das Grundproblem in diesem Bereich wird sehr transparent, wenn wir zunächst wieder einen Blick auf die Fallstudie Hilti werfen.

Casestudy Hilti AG: Position des KAM und GAM in der Hierarchie

Zwischen einer schlanken Hierarchie und einer nach aussen markanten Positionierung der Key-Account-Verantwortlichen gibt es einen starken Zielkonflikt. Hier ist zu berücksichtigen, mit welchen Entscheidungsebenen bei den Partnerfirmen verhandelt und zusammengearbeitet wird. Zwar gibt es verschiedene Entlastungsmöglichkeiten wie beispielsweise Titel und „aufpolierte" Visitenkarten, diese werden allerdings

„Aufpolierte" Visitenkarten

von Kunden schnell enttarnt, wenn die Kompetenz fehlt. Aber selbst wenn schlussendlich die Kompetenz des Kundenbetreuers entscheidend ist, sollte noch das Bedürfnis nach einer entsprechend hoch positionierten Ansprechperson berücksichtigt werden. Grundsätzlich ist es möglich und wichtig, dass Key-Account-Manager regelmässig von Top-Führungskräften bei Kundenbesuchen begleitet werden. Dies darf jedoch keine Einschränkung der notwendigen Entscheidungskompetenzen seitens des Key-Account-Managers mit sich bringen.

Bedürfnis nach einer hohen Position des Ansprechpartners

Bei der Hilti AG ist ein nationaler Key-Account-Manager in der Regel im Vertrieb auf der Ebene des mittleren Managements angeordnet. Diese Stufe entspricht also z. B. den Area Managern oder Distriktverkaufsleitern.

Der Global Account Executive hingegen ist auf der Ebene Regionalverkaufsleiter bzw. Abteilungsleiter Marketing angesiedelt und einem Mitglied der Geschäftsleitung zugeordnet.

Verankerung an hoher Stelle

Grundsätzlich sollte der Key-Account-Manager so weit oben in der Hierarchie positioniert sein, dass er genügend Macht besitzt, seine Koordinationsfunktion vernünftig auszufüllen. Das heisst, ein nationaler Key Account sollte nicht in der Regionalstruktur verankert sein. Zusätzlich gilt es, die Einordnung der Gesprächspartner auf Seiten des Kunden zu berücksichtigen. So ist es z. B. keine gute Variante, wenn der Key-Account-Manager im regionalen Vertrieb eingeordnet ist, der Supply Manager hingegen auf Kundenseite mit nationaler Verantwortung direkt unter der Geschäftsleitung.

Sitz in der Nähe des Kunden

Die folgende Abbildung zeigt die Optionen, um nochmals den Zusammenhang zwischen nationalen und internationalen KAM-Strukturen zu erläutern. International- oder Global-Key-Account-Manager sollten in der Regel in der Nähe des Headquarters des Kunden sitzen und sind damit fast immer in einer Länderorganisation und nicht in der Zentrale des eigenen Unternehmens ansässig. Dieser Konflikt kann nur über einen entsprechenden Topmanagement-Support, über eine geeignete Unternehmenskultur und über Teamstrukturen gelöst werden.

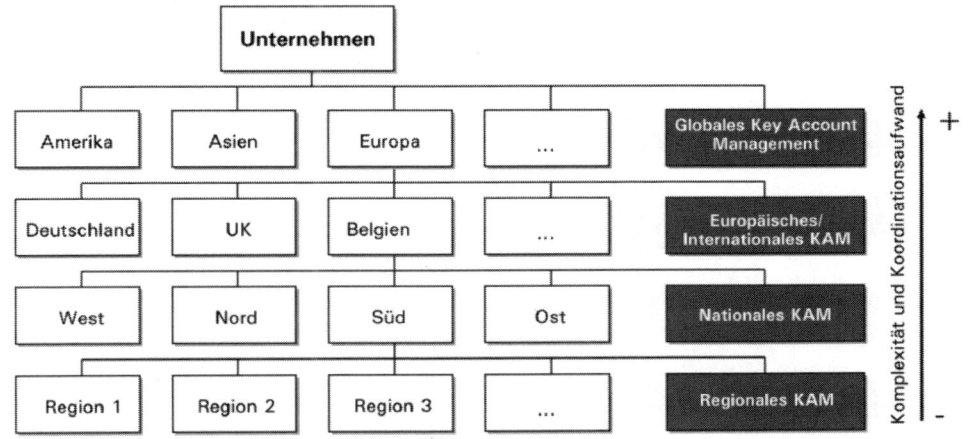

Abbildung 95: Hierarchische örtliche Verteilung des KAM in der Organisation
Quelle: in Anlehnung an Senn 2000

15.2.1.2 Ergänzungsteams zur KAM-Realisierung

Je komplexer das KAM-Programm ist, desto mehr Zusatzaufgaben entstehen. Diese können nicht durch Key-Account-Manager erledigt werden, die sich auf das Geschäft mit den Kunden konzentrieren sollten. Hier kann es hilfreich sein, so genannte Ergänzungsteams aufzubauen (Zupancic 2001, S. 185 ff.). Ihre Aufgaben können sich spezifisch auf das KAM beziehen oder Synergien zu anderen Bereichen des Unternehmens aufweisen. Sind diese Synergieeffekte vorhanden, sollten sie genutzt werden. Die Zusammensetzung dieser Teams ist in jedem Falle durch einen geeigneten Mix verschiedener Fachspezialisten sicherzustellen. Der Unterschied liegt eher in der Reichweite der Ergebnisse und Handlungen dieser Teams. KAM-spezifische Ergänzungsteams arbeiten für die KAM-Organisation, übergreifende Teams entsprechend darüber hinaus.

Synergieeffekte

Des Weiteren gilt es zu unterscheiden, ob die Ergänzungsteams befristet oder unbefristet eingesetzt werden sollen. Im ersten Fall handelt es sich um typische Projektaufträge, darüber hinaus um institutionalisierte Teams. Die folgende Abbildung zeigt die Ergänzungsteams einer KAM-Organisation im Überblick.

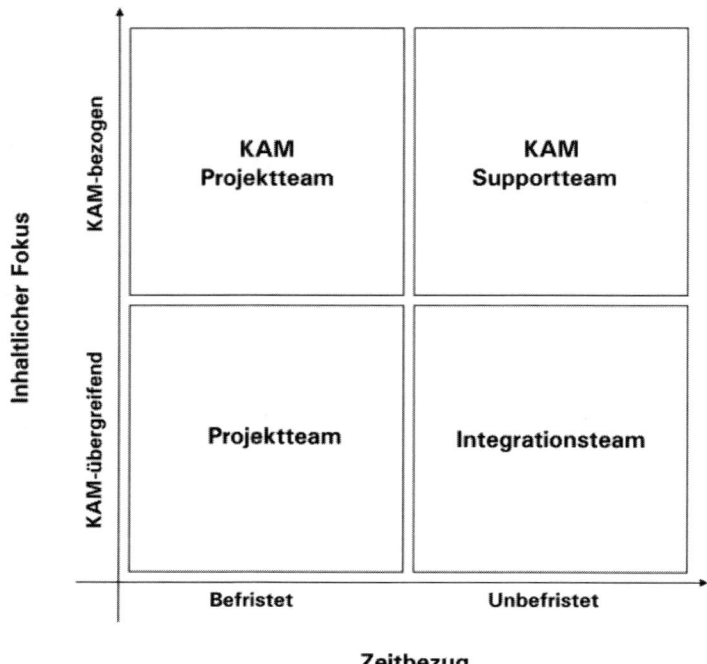

Abbildung 96: Ergänzungsteams für das KAM
Quelle: in Anlehnung an Zupancic 2001, S. 187

Im Folgenden sollen die Themenfelder und die vorgeschlagenen Ergänzungsteams im Key Account Management verbunden werden. Hierzu werden typische Aufgabenstellungen, die das KAM betreffen, für die einzelnen Teams beschrieben:

Projektteam (zeitlich begrenzt/KAM-übergreifend):
- Die Implementierung neuer Informations- und Kommunikationstechnologien im Unternehmen: Die spezifischen Bedürfnisse des Key Account Management müssen bei der Konzeption und Realisierung berücksichtigt werden. Daneben sind IT-Spezialisten und Vertreter der Unternehmensfunktionen in den Teams vertreten.
- Die interne Kommunikation im Unternehmen soll generell verbessert werden: Die Interessen des Key Account Management

können gleichzeitig zu denen anderer Unternehmensbereiche verfolgt werden. Kommunikationsexperten und Vertreter anderer Bereiche des Unternehmens sind zu integrieren.
- Die Honorierungssysteme eines Unternehmens sollen insgesamt neu konzipiert werden: Die besonderen Bedürfnisse im KAM sind Teil des Ganzen und sollten in das Gesamtkonzept integriert sein. Experten für die Gestaltung von Anreizprogrammen sowie deren Implementierung sind neben den Vertretern anderer Bereiche gefordert.

Integrationsteam (zeitlich unbefristet/KAM-übergreifend):
- Erfolgreiches Wissensmanagement und organisationales Lernen eines Unternehmens sollen dauerhaft sichergestellt sein: Das Unternehmen muss längerfristig zumindest für die strategisch wichtigen Bereiche einen Wissenstransfer sicherstellen. Unternehmensweite Integrationsteams, unter Einbezug der Erkenntnisse aus dem Key Account Management, werden hierbei integriert. Neben den Fachexperten, die das Wissen vorhalten, sind Methodenexperten notwendig, die z. B. durch geeignete Moderationstechniken zur Wissensverbreitung beitragen.
- Personalmanagement zur Rekrutierung und Entwicklung von hochqualifizierten Mitarbeitern: Die Attraktivität eines Unternehmens für so genannte High-Potentials entwickelt sich zu einer Hauptherausforderung für viele Unternehmen. Neben dem externen spielt gerade der interne Arbeitsmarkt für Mitglieder von KAM-Teams aber auch für andere Bereiche mit Bedarf an hochqualifizierten Mitarbeitern eine grosse Rolle. Integrationsteams können hier dauerhaft koordinierend wirken und gemeinsam an neuen Konzepten zur Bewältigung der Herausforderung arbeiten. Dem unternehmensinternen Personalmanagement kommt hier eine führende Rolle zu.

KAM-Projektteams (zeitlich befristet/KAM-bezogen):
- Der Erfahrungsaustausch zwischen den KAM-Teams weist erhebliche Defizite auf: Durch ein KAM-Projektteam sollen Möglichkeiten erarbeitet werden, wie man zukünftig sicherstellen kann, dass bedeutsames Wissen möglichst schnell an andere KAM-Teams weitergegeben wird. Mitglieder dieser Teams sind gleichzeitig die Mitglieder der KAM-Teams.
- Steigerung der Akzeptanz des Key Account Management durch gezielte Massnahmen der internen Kommunikation: Die KAM-

Teams beklagen mangelndes Wissen über Key Accounts in diversen Bereichen eines Unternehmens. Durch eine gezielte Informationskampagne, die von einem KAM-Projektteam konzipiert und realisiert wird, sollen diese Defizite beseitigt werden.

KAM-Supportteam (zeitlich unbefristet/KAM-bezogen):
- Realisierung eines kontinuierlichen Wissenstransfers zwischen den KAM-Teams: Das Supportteam im Key Account Management übernimmt operative Aufgaben im Wissensmanagement, z. B. in der kontinuierlichen Performance-Messung und –analyse sowie in der Weitergabe der gewonnenen Erkenntnisse an die KAM-Teams.
- Sicherstellung einer kontinuierlichen Kommunikation der Ideen und Erfolge des KAM im eigenen Unternehmen: Alle Aktivitäten und Erfolge sollten kontinuierlich im Gesamtunternehmen weiterkommuniziert werden. Diese Aufgaben werden vom Supportteam übernommen.

Entlastung der KAM-Teams

Das KAM-Supportteam steht den verschiedenen KAM-Teams gegebenenfalls weltweit zur Verfügung. Damit hat diese Art des Ergänzungsteams eine nicht zu unterschätzende Rolle im Rahmen der Key-Account-Management-Organisation. Seine Aufgabe ist es, die Teams von bestimmten kontinuierlichen Aufgaben zu entlasten und in den Themenfeldern zu unterstützen. Damit stellt sich zugleich wiederum die Frage, ob es sinnvoll ist, dieses Team in Form einer Primärorganisation zu implementieren und als eine Art KAM-Stabsstelle zu führen. Folgende Argumente sollten abgewogen werden:

- *Die Grösse des Unternehmens:* Je grösser ein Unternehmen und damit in aller Regel die Breite und Tiefe des Key-Account-Management-Programms, desto eher scheint es sinnvoll, bestimmte Themenfelder hauptamtlich zu besetzen.
- *Die Bedeutung des Key Account Management für ein Unternehmen:* Je bedeutender die Key Accounts in Relation zu anderen Kunden im Unternehmen sind, desto bedeutender ist auch die KAM-Organisation für das Unternehmen. Mit steigender Bedeutung scheint eine hauptamtliche Besetzung sinnvoll.
- *Die Akzeptanz des Key Account Management im Unternehmen:* Von einem KAM-Supportteam im Rahmen einer Primäror-

ganisation geht eine höhere Signalwirkung in einem Unternehmen aus als von sekundären Strukturen. Ist die Akzeptanz eines KAM-Programms im Unternehmen relativ gering, kann es sinnvoll sein, der Bedeutung des Key Account Management durch neu geschaffene Stellen Ausdruck zu verleihen.
- *Die Belastung der Mitglieder in der KAM-Organisation und in den Teams:* Die Anforderungen an und die Belastungen von Mitgliedern in KAM-Teams und insbesondere eines KAM-Teamleiters sind hoch. Es muss eine realistische Einschätzung vorgenommen werden, wie gross der Entlastungsbedarf bei kontinuierlichen Aufgaben dieser Mitarbeiter ist und welche Ressourcen für die zu besetzenden Themenfelder benötigt werden. Je grösser hier der Bedarf ist, desto eher sollte man über eine Realisierung in Primärorganisationen nachdenken.

Die Hilti AG arbeitet beispielsweise mit einem solchen GAM-Supportteam.

Casestudy Hilti AG: GAM-Supportteams

Um einen konsistenten Marktauftritt und Kundenservice sicherzustellen, werden die Global Account Executives der Hilti AG durch ein GAM-Supportteam, genannt „GAM Competence Center", unterstützt. Dieses hat die folgenden Aufgaben:

GAM Competence Center

- Die Effizienz des weltweiten GAM sicherzustellen und zu verbessern
- Die Entwicklung der Marktanteile, Umsätze und Deckungsbeiträge weltweit zu monitoren
- Die Qualität der Strategien, eingesetzten Methoden und Systeme im Bereich des GAM zu sichern
- Die Motivation zum Informationsaustausch zwischen den beteiligten Unternehmensbereichen zu steigern
- Die Qualität der Kommunikation im internationalen Zusammenspiel der Kräfte sicherzustellen

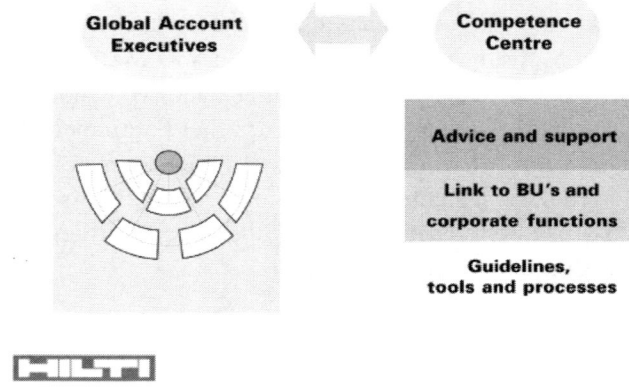

Abbildung 97: Zusammenarbeit GAE und GAM Competence Center

„Dotted Line"

Beim GAM-Competence Center handelt es sich um ein kleines Führungsteam mit den Funktionen Marketing, Controlling und die Hilti-spezifische Steuerung der Grossbaustellen-Bearbeitung. Das Team koordiniert die GAEs strategisch, das heisst indirekt über eine „dotted line". Die GAEs sind jeweils direkt in die Organisation des so genannten „Lead"-Markts eingebunden. Neben dem Kompetenzzentrum werden die Global Account Executives fallweise durch Task Forces unterstützt.

Im individuellen Fall muss ein Unternehmen die Faktoren für die eigene Situation abwägen und entsprechend entscheiden, ob ein KAM-Supportteam eine sinnvolle Einrichtung wäre und ob es primär oder sekundär realisiert werden soll.

Wie Themenfelder im Rahmen der Ergänzungsteams insgesamt konkret eingesetzt werden, zeigt das folgende Beispiel.

> **Fallbeispiel:** ☐ Standardsoftware.AG
> **KAM Ergänzungsteams bei der Standardsoftware AG**
> (Quelle: Zupancic 2001, S. 190 f.)
>
> Zur Koordination von Aktivitäten innerhalb der International Key-Account-Management-Teams der Standardsoftware AG werden verschiedene Instrumente genutzt. Im Mittelpunkt der gesamten Kommunikation steht eine Anwendung aus der eigenen Produktfamilie, die alle Informationen (inkl. Dokumentenverwaltung) über den Kunden verwaltet und den Mitgliedern der IKAM-Teams zur Verfügung stellt. Das Unternehmen nutzt die eigenen Produkte auch in Versionen, die noch nicht an Kunden verkauft werden und fungiert in bestimmten Bereichen so selbst als Lead-User. „Integrationsteams" stellen hier einen kontinuierlichen Lerntransfer in die eigene Forschung, Entwicklung und Programmierung der eigenen Anwendungen sicher.
>
> Im Headoffice der „Standardsoftware AG" befindet sich eine Stabsstelle, die für die weltweite Konzeption und Weiterentwicklung des IKAM verantwortlich ist. Dieses „IKAM – Supportteam" hat eine beratende und unterstützende Funktion. Es stellt bei Bedarf finanzwirtschaftliche Zahlen über International Key Accounts zur Verfügung bzw. wertet sie aus. Es unterstützt das obere Management der Standardsoftware AG und die IKAM-Teams weltweit.

15.2.2 KAM in der Unternehmenskultur

Vertrauen und Teamgeist

Die vorangegangenen Ausführungen konzentrierten sich vor allem auf die „harten" Faktoren, das heisst die Strukturen im KAM. Die meisten Quellen, die sich mit dem Thema beschäftigen, thematisieren jedoch immer auch „weiche" Komponenten, wie z. B. Vertrauen, Zugehörigkeitsgefühl, Teamgeist etc. Aus unserer Sicht kann die Unternehmenskultur wesentlich zum Erfolg eines Key-Account-Management-Programms beitragen (Zupancic 2001, S. 121 ff.). Im Folgenden wollen wir zunächst einige grundsätzliche Aspekte zum Thema Kultur thematisieren, danach folgen einige Hinweise im Zusammenhang zur Unternehmenskultur und zum Key Account Management.

15.2.2.1 Grundsätzliches zur Kultur

Begriff „Kultur"

Unter einer Kultur versteht Schein: „Ein Muster gemeinsamer Grundprämissen, das die Gruppe bei der Bewältigung ihrer Probleme externer Anpassung und interner Integration erlernt hat, das sich bewährt hat und somit als bindend gilt; und das daher an neue Mitglieder als rational und emotional korrektiver Ansatz für den Umgang mit diesen Problemen weitergegeben wird." (Schein 1995,

Hierarchieprinzip der Kultur

S. 25) In dieser Definition werden keine Angaben über die Grösse von Gruppen gemacht, auf die diese Definition zutrifft. Grundsätzlich geht man davon aus, dass es keine Beschränkung der Grösse gibt, dass aber bei grösseren Gruppen so genannte Subkulturen existieren. Dieses Phänomen wird im „Hierarchieprinzip" anschaulich dargestellt.

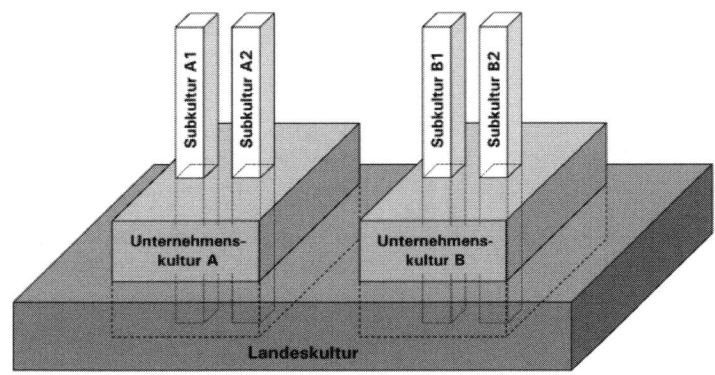

Abbildung 98: Hierarchieprinzip der Kultur
Quelle: Scholz 2000, S. 807

Jeder Mensch ist gleichzeitig fast immer Mitglied in verschiedenen Kulturen, da er verschiedenen Gruppen angehört (Hofstede 1993, S. 25). Die Abbildung verdeutlicht, dass Subkulturen (z. B. Abteilungen oder auch KAM-Teams) eingebunden sind in übergeordnete Kulturen (z. B. Unternehmenskultur), die wiederum in Landeskulturen verwurzelt sind. „Die Unternehmenskultur umfasst die Gesamtheit der in einem Unternehmen tradierten, wandelbaren, zeitspezifischen jedoch auch über Symbole und Artefakte erfahrbaren Wertvorstellungen, Denkhaltungen und Normen, die das Denken und Verhalten von Mitarbeitern aller Stufen sowie das Erscheinungsbild des Unternehmens prägen" (Wunderer 2000, S. 193). Der Unternehmenskultur werden die folgenden Funktionen zugeschrieben (Ulrich 1984, S. 312 f.):

Funktionen der Kultur

- Die Unternehmenskultur begründet Identität
- Die Unternehmenskultur vermittelt Sinn und Motivation

- Die Unternehmenskultur stiftet Konsens
- Die Unternehmenskultur ermöglicht Orientierung und Koordination
- Die Unternehmenskultur eröffnet Lernpotenziale

International aktive Unternehmen können eine Unternehmenskultur besitzen, die über Landeskulturen hinwegreicht oder sie sogar überlagert. Diese Kulturen können zueinander passen oder im Widerspruch stehen. Hier wird bereits deutlich, dass mit dem Thema Unternehmenskultur auch gewisse Gefahren verbunden sind. Dazu gehören (Steinmann/Schreyögg 1997, S. 621 f.):

- Tendenz der Abschliessung
- Blockierung neuer Orientierungen
- Implementierungsbarrieren
- Fixierung auf traditionelle Erfolgsmotive
- Kollektive Vermeidungshaltung
- Kulturdenken
- Mangel an Flexibilität

Gefahren der Unternehmenskultur

Diese negativen Aspekte münden alle in einer gewissen Zurückhaltung oder Blockade gegenüber Neuerungen und schränken die Flexibilität eines Unternehmens ein.

An dieser Stelle bleibt festzuhalten, dass das Phänomen Kultur eine interessante Perspektive für das Key Account Management bietet. Beispielsweise sind KAM-Teams bereichs- und länderübergreifend zusammengesetzt. Ihre Teammitglieder sind damit in verschiedenen Kulturen und Strukturen verwurzelt. Betrachtet man unter diesen Gesichtspunkten die positiven Effekte, die Kulturen haben können, so wird klar, dass ein grosses Potenzial in der Gestaltung einer KAM-Kultur bzw. einer Unternehmenskultur liegt, die den Anforderungen im KAM Rechnung trägt (Jackson/Tax 1995, S. 34). Dabei sind die negativen Aspekte natürlich kritisch zu beobachten, um bei ersten Anzeichen frühzeitig gegensteuern zu können. Wichtig ist allerdings die Feststellung, dass kulturelle Kräfte im Spannungsfeld des KAM in jedem Fall wirken. Die Frage ist also nicht, ob man sich diesem Thema widmen sollte oder nicht. Die Frage ist vielmehr, inwieweit es gelingt, positiv steuernd einzugreifen. Diese Überlegung wird im Folgenden konkretisiert.

15.2.2.2 Gestaltungsansätze

Kultur gestalten

Wenn also das Thema Unternehmenskultur einen wesentlichen Beitrag zu einem funktionierenden KAM leisten kann, dann stellt sich die Frage, wie man eine solche KAM-Kultur gestalten könnte. Ausgangspunkt einer Konkretisierung soll hier das Kulturmodell von Schein sein, das in weiten Wissenschafts- und Praxiskreisen Anerkennung gefunden hat (Scholz 2000, S. 790; Staehle 1999, S. 499; Steinmann/Schreyögg 1997, S. 607).

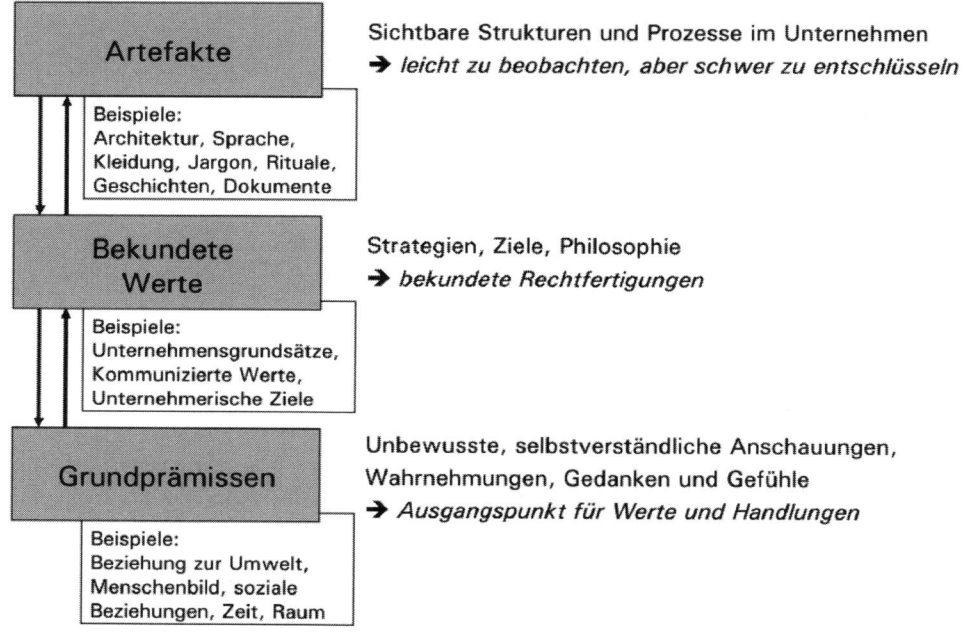

Abbildung 99: Ebenen der Kultur
Quelle: in Anlehnung an Schein 1995, S. 30

„Die Kultur jeder Gruppe [und damit auch die Kultur des Key Account Management, Anmerkung der Verfasser] lässt sich auf der Basis der drei angesprochenen Ebenen studieren. [...] Wenn man die Struktur der Grundprämissen einer Kultur nicht entschlüsselt, kann man auch die Artefakte nicht richtig interpretieren und die Glaubwürdigkeit der artikulierten Werte nicht angemessen beurteilen" (Schein 1995, S. 33). Gleichzeitig liegt in diesen Ebenen der Ansatzpunkt für die aktive Gestaltung der Kultur innerhalb des Key Account Management. Zunächst sollen daher mögliche Grundwerte zusammengestellt werden. Unter Grundwerten für das Key Account Management sollen Vorstellungen oder Leitlinien verstanden werden, wie die KAM-Mitarbeiter miteinander, innerhalb des eigenen Unternehmens und mit dem Key Account zusammenarbeiten sollten (Zupancic 2001, 127 ff.):

- *Orientierung aller Aktivitäten an den Bedürfnissen der Key Accounts.* Key Accounts sind die wertvollsten Kunden, die das Unternehmen hat. Entsprechend sollte sich das Unternehmen darauf konzentrieren diese Kunden zu akquirieren und zu binden.
- *Abgestimmter Einsatz von eigenen Ressourcen auf Basis des Kundenwerts:* Mitarbeiter im Key Account Management sind auf die Abstimmung mit anderen Unternehmenseinheiten angewiesen. Egoistisches Durchsetzen von Interessen des KAM wäre ebenso fatal, wie eine Blockadepolitik anderer Unternehmensbereiche durch ein extremes Bereichsdenken. Als gemeinsamer Konsens kann hier die Bedeutung des Kundenwerts eines Key Accounts für die Unternehmen gelten (Rudolf-Sipötz/Tomczak 2001). Der Einsatz von Ressourcen sollte sich grundsätzlich danach richten.
- *Vertrauen in der Zusammenarbeit:* „In den Netzwerken und virtuellen Teams des Informationszeitalters ist Vertrauen eine unverzichtbare Voraussetzung für produktive Beziehungen" (Lipnack/Stamps 1998, S. 265). Dies trifft auch für das Key Account Management zu. Die Entfernung zwischen den Teammitgliedern und die teilweise differierenden Informationsbasen in unterschiedlichen Unternehmensbereichen machen es z. B. erforderlich, dass man sich auf verbale Aussagen verlassen muss. Die Virtualität der KAM-Strukturen stellt sich jedoch gleichzeitig als besondere Schwierigkeit heraus, um Vertrauen aufzubauen (Staehle 1999, S. 409). Dies braucht Zeit und Toleranz.
- *Parität der Mitarbeiter, Akzeptanz der gegenseitigen Leistungen und Orientierung am Gesamtergebnis:* Die Gesamtleistung des KAM ist ein Gemeinschaftsergebnis. Jeder Mitarbeiter handelt nach bestem Wissen und Können. Alle Leistungen und Ideen

Grundwerte einer KAM-Kultur

sind unabhängig von der Person, die sie erbracht hat, objektiv zu bewerten.
- *Offene Kommunikation und gemeinsames Wissensmanagement:* Ein gemeinsames Wissensmanagement ist für das Key Account Management von grosser Bedeutung, stellt gleichzeitig jedoch eine grosse Herausforderung dar (Arnold/Belz/Senn 2001). Informationstechnische Lösungen stossen in der Praxis schnell an ihre Grenzen. Sei es, weil IT-Plattformen eines Unternehmens nicht über Bereichs- und Ländergrenzen hinweg kompatibel sind oder sei es, dass es sich um Wissen handelt, das überhaupt nur schwer über elektronische Medien weitergeleitet werden kann. Das Teilen von Wissen ist nach wie vor in Organisationen ein Problem. „Trotz aller Teamarbeit, gilt Know-how als Besitz des Einzelnen. So gaben zwei Drittel der Betriebe, die die Unternehmensberatung Kienbaum zum Thema Wissensmanagement befragte, die Devise ‹Wissen ist Macht› als eines der Haupthindernisse für das Teilen von Wissen an. Bemerkenswert: Nicht an mangelnder EDV scheitere ein effizientes Wissensmanagement, sondern an der Einstellung der Beschäftigten zum Umgang mit ihrem geistigen Kapital" (Below 2000, S. 1). Das Zitat macht deutlich, warum eine Aufnahme dieses Grundwerts sinnvoll erscheint. Im Key Account Management ist eine offene Kommunikation nötig, wobei jeder Mitarbeiter auch bewusst entscheidet, welche Informationen für die anderen nützlich sein können. Dialog ist hier die Devise: „Beim Dialog erforscht eine Gruppe schwierige, komplexe Fragen unter vielen verschiedenen Blickwinkeln. Der Einzelne legt sich nicht auf seine Meinung fest, aber er teilt seine Annahmen offen mit" (Senge 1997, S. 293).
- *Mittel- bis langfristige Erwartungshaltung und gemeinsames Lernen:* Kurzfristiger Erfolgsdruck erweist sich im KAM als kontraproduktiv. Die nach traditionellem Vertriebscontrolling messbaren Erfolge wie z. B. Umsatz, Gewinn und Kundendeckungsbeitrag, stellen sich in der Regel mittel- bis langfristig ein. Der Weg dorthin muss von den Mitarbeitern bewusst als Lernprozess wahrgenommen werden.
- *Produktiver Umgang mit Konflikten:* In einem professionellen KAM-Programm pflegt man einen produktiven Umgang mit Konflikten. KAM ohne Konflikte ist eine Illusion. Konflikte gehören beim KAM fast schon zur Tagesordnung und man muss

einen positiven Umgang mit ihnen etablieren. Damit die Mechanismen des Konfliktmanagements erfolgreich sind, muss in den Grundwerten eine Akzeptanz vorhanden sein.

Die Reihe der Grundwerte liesse sich verlängern oder verändern. Eine Anpassung sollte spezifisch für Unternehmen vorgenommen werden. Welche Ansatzpunkte bieten sich nun den Mitarbeitern im KAM, um die Kultur zu gestalten? Schein unterscheidet zwei Arten von Mechanismen zur Verankerung (Schein 1995, S. 186): Primäre Mechanismen der Verankerung und sekundäre Mechanismen der Artikulation und Bekräftigung. Übertragen auf das Key Account Management heisst das, die Grundwerte „zu leben". Auch Hofstede betont die Bedeutung von Praktiken gegenüber den Werten in der Unternehmenskultur (Hofstede 1993, S. 204 ff.). Hierzu ist z. B. ein regelmässiger persönlicher Kontakt der KAM-Mitarbeiter und eine relativ konstante Zusammensetzung notwendig.

Kultur leben

Handlungsempfehlungen zum KAM in der Unternehmensstruktur und -kultur
Die folgende Checkliste fasst diesen Abschnitt zusammen und gibt zugleich Hinweise für die Umsetzung.

- *Ist das KAM im Unternehmen institutionalisiert?* Ab wann es tatsächlich einen separaten Bereich KAM im Unternehmen geben sollte, kann nicht generell beantwortet werden. Je wichtiger jedoch die Key Accounts für das Gesamtunternehmen sind, desto wichtiger wird auch ein separater Bereich.
- *KAM in der Linie, als Stab oder als Matrix?* Für die meisten Unternehmen bietet sich ein Linien-KAM im Unternehmen an. Wir empfehlen jedoch, Verbindungen des Key-Account-Managers zu anderen Bereichen aufzuzeigen, um den Koordinationsanspruch im KAM zu verdeutlichen und die Akzeptanz zu erhöhen. KAM als echte Matrix, das heisst mit einem Key-Account-Manager, der auch Vorgesetzter seiner Teammitglieder ist, erhöht unserer Meinung nach die Komplexität. Eine Stabsstelle KAM empfehlen wir nur zur Unterstützung von Linienaufgaben.
- *Welche Potenziale stecken in der Unternehmenskultur?* Nach unserer Überzeugung birgt die Unternehmenskultur ein grosses Potenzial, um die bereichs- und gegebenenfalls länderübergrei-

fende Zusammenarbeit zu optimieren. Kann man Unternehmenskultur denn willkürlich gestalten? Wir denken ja. Irgendeine Kultur entsteht immer, wenn Menschen zusammen arbeiten. Unternehmen sollten diese Chance nutzen, um eine Kultur zu schaffen, die die Bedürfnisse des KAM nach Kooperation und Kommunikation unterstützt.

16 „Scorecard" im organisatorischen KAM

16.1 Lernen und Knowledge Management

© Prof. Belz/Dr. Müllner/Dr. Zupancic & Mercuri International 2003

In diesem Unterkapitel erfahren Sie ...

- ... welche Controllingansätze unterschieden werden können.
- ... wie das System zur Erfolgsmessung im KAM und die unternehmensweiten Informations- und Kontrollsysteme im Idealfall aufeinander abgestimmt werden sollten.
- ... wie man eine KAM-Balanced Scorecard als Insellösung nutzen kann.
- ... wie der Abstimmungsprozess ablaufen sollte.
- ... wie KAM und unternehmensweites Knowledge-Management integriert werden sollten.

16.1.1 Unterschiedliche Kontrollansätze im Management

In der Managementliteratur unterscheidet man strategische Überwachung, Prämissen- und Durchführungskontrolle (Steinmann/Schreyögg 1997, S. 236). In Bezug auf das Key Account Management lassen sich diese spezifisch anpassen. Unter strategischer Überwachung soll die Erfolgsermittlung des Gesamtprogramms KAM eines Unternehmens verstanden werden. Sie bildet den Überbau der operativen Durchführungskontrolle, die sich auf die Ergebnisse mit einzelnen Key Accounts oder gar einzelnen Projekten oder Aktivitäten für den Key Account konzentriert. Die Durchführungskontrolle steht im Fokus der Ausführungen zum KAM Zirkel bzw. zur Erfolgsmessung des KAM auf Kundenebene. Einer gewissen Dynamik in der Geschäftsbeziehung wird man nur dann gerecht, wenn man auch die Voraussetzung für die festgelegten Ziele und Messgrössen immer wieder auf den Prüfstand stellt, das heisst die Controllinginstrumente selbst kontrolliert. Dies ist Aufgabe der Prämissenkontrolle im KAM (Müllner/Zupancic 2002).

Strategische Überwachung, Prämissen- und Durchführungskontrolle

Die folgenden Ausführungen beziehen sich hauptsächlich auf die strategische Kontrolle im KAM.

16.1.2 Eine unternehmensweite Balanced Scorecard als Ideal

Balanced Scorecard im Unternehmen

Der einfachste Fall liegt dann vor, wenn das Gesamtunternehmen bereits mit einer Balanced Scorecard arbeitet, wie sie im Rahmen des KAM-Zirkels vorgeschlagen wurde. Ihre Vorteile als Führungsinstrument sind mittlerweile bekannt und weitestgehend akzeptiert. Unternehmen, die dieses Instrument nutzen, verfügen über Mitarbeiter, die sich mit dem Umgang auskennen. Die Anwendung ist akzeptiert und die Ziele lassen sich so leicht mit Führungstechniken, wie z. B. Management by Objectives abgleichen.

Im Idealfall stellt sich die Hierarchie verschiedener Balanced Scorecards wie folgt dar:

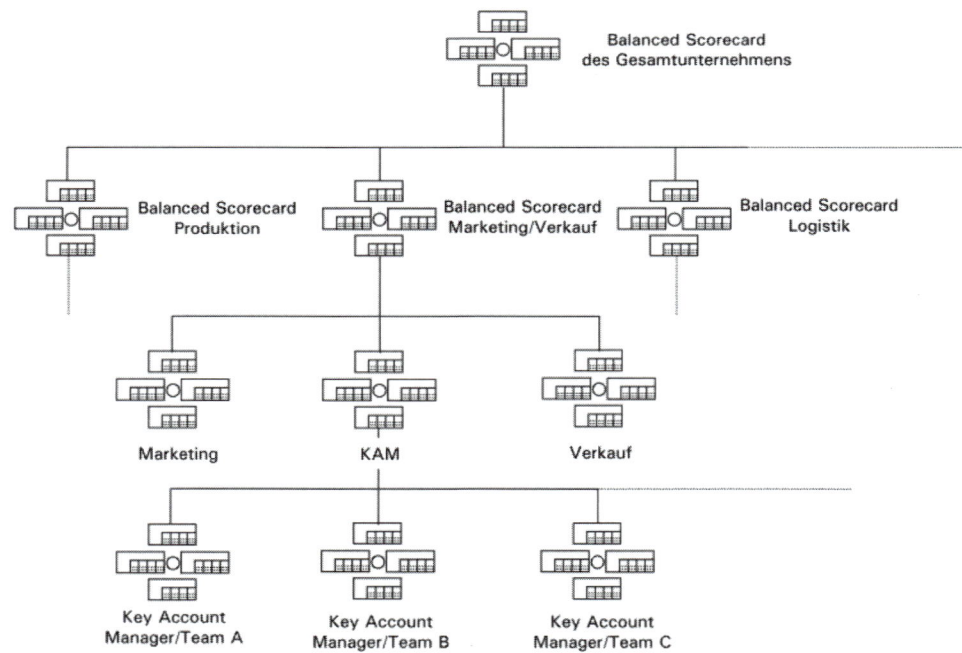

Abbildung 100: Hierarchie verschiedener Balanced Scorecards im Unternehmen

Die Balanced Scorecards, die nach den Vorschlägen im KAM-Zirkel für einzelne Key Accounts entwickelt wurden, werden addiert und ergeben so eine Gesamtcard des KAM-Programms. Sie dient der strategischen Kontrolle des Gesamtprogramms.

Aggregiert man weiter, so erhält man eine Balanced Scorecard für den Bereich Marketing und Verkauf. Hier können sich bereits gewisse Kennzahlen ergeben, die sich nicht einfach addieren lassen, da es im Bereich Marketing andere Kennzahlen bzw. Messgrössen geben kann als im KAM. Es ist jedoch keine Schwierigkeit, bereichsspezifische Zahlen nicht zu aggregieren, sondern für die Bereiche einfach einzeln auszuweisen. So können dann die Kennzahlen des Bereichs Marketing und Verkauf weiter mit anderen Funktionsbereichen verdichtet werden, bis auf Gesamtunternehmensebene eine kompakte Übersicht entsteht.

Aggregation der Messgrössen

16.1.3 Eine KAM-Balanced Scorecard als Insellösung

Unternehmen, die keine Balanced Scorecard gesamthaft nutzen, sollten sich zu einer "Insellösung" für den KAM-Bereich entscheiden. So lassen sich zumindest Vergleiche zwischen den einzelnen Key-Account-Managern bzw. den Teams anstellen. Die strategische Kontrollfunktion mithilfe der Balanced Scorecard ist sichergestellt. Zu anderen Bereichen können Teilintegrationen hergestellt werden, wo dies möglich ist. Die Finanzkennzahlen lassen sich in der Regel leicht integrieren. Kundenzufriedenheit und Kennzahlen des Beschwerdemanagements gibt es in der Regel auf Marketing und Verkaufsebene.

Die Schwierigkeit besteht hier vor allem in der internen Akzeptanz von Erfolgsgrössen, die nur im Key Account Management angewendet werden. Ein Unternehmen, das hauptsächlich durch Finanzkennzahlen gesteuert wird, tut sich in der Regel schwer, die qualitativen und längerfristigen Ziele des KAM als Erfolgsnachweis zu akzeptieren. Musterlösungen gibt es hier wohl keine. Vielmehr liegt die Verantwortung im KAM-Bereich, die BSC-Ansätze intern durchzusetzen.

Interne Akzeptanz

16.1.4 Planungs- und Abstimmungsprozess

"What if we don't plan?", fragt John Preston vom Boston College und gibt auch gleich die Antwort: "The nicest thing about not planning is that failure comes as a complete surprise and is not preceded by a period of worry and depression." Wer es sich einfach machen möchte, verzichtet also auf einen professionellen Planungsprozess, um sich vorher nicht zu viele Sorgen machen zu müssen. Professionelles KAM fusst jedoch auf einem professionellen Planungs- und Abstimmungsprozess im KAM und zwischen KAM und anderen Unternehmensbereichen.

Top-down versus Bottom-up

Grundsätzlich lassen sich Top-down- und Bottom-up-Planung unterscheiden. Häufig erhalten die Key-Account-Manager bzw. die Teams Zielgrössen von „oben" (top-down) vorgesetzt. Die Grössen orientieren sich dann z. B. an Extrapolationen von Werten aus der Vergangenheit oder an Zielen des Gesamtunternehmens, die einfach heruntergebrochen werden. Ein grosser internationaler Anbieter von Datenbanken handelte in der Vergangenheit z. B. immer nach der Devise: „Plus zwanzig Prozent Umsatz pro Jahr". Diese Vorgabe wurde einfach auf alle Bereiche und Personen heruntergebrochen. Aus KAM-Sicht kein geeignetes Verfahren, da sich Zielgrössen an der Realität orientieren und damit aus den Ergebnissen der Analyse im KAM-Zirkel ergeben sollten.

Eine Bottom-up-Planung findet sich selten in Reinform. Sie liegt dann vor, wenn der Key-Account-Manager in Zusammenarbeit mit seinem Team die Planungsziele selbst entwickeln könnte. Dies würde er durch die Analyse des Key Accounts tun.

Die richtige Vorgehensweise ist ein so genannter Abstimmungsprozess im Gegenstromverfahren. Die Unternehmensleitung hat die Gesamtstrategie zu verantworten und ermittelt Zielgrössen durch die Datenlage, die für das Gesamtunternehmen wichtig ist. Das Key Account Management sollte über detailliertere Informationen verfügen. Diese müssen dazu dienen, die Zielvorstellungen der Unternehmensleitung zu korrigieren. Die Planung im Gegenstromverfahren ist damit eine Kombination von top-down und bottom-up. Sie wird auch als Down-up-Planung bezeichnet. Ein strukturierter Planungs- und Abstimmungsprozess hat die folgenden Ziele:

Planung und Abstimmung

- Er fördert ziel- und zukunftsorientiertes Denken und Handeln.
- Er koordiniert die Entscheidungen und Massnahmen im KAM-Bereich und zu anderen Unternehmensbereichen.
- Er dient der Mitarbeiterinformation hinsichtlich der Ziele, der geplanten Aktivitäten, der benötigten Ressourcen und ist somit wesentliche Voraussetzung für den internen Dialog.

- Er trägt zur Identifikation von Chancen und Risiken bei.
- Er motiviert die Organisationsmitglieder.
- Er schafft die Voraussetzung für die Leistungsbeurteilung und Kontrolle im KAM.
- Er bildet die Basis zum Realisieren von Lerneffekten im KAM.

16.1.5 Wissensmanagement und Organisationales Lernen im Key Account Management

Wissensmanagement und Organisationales Lernen sind zwei Themenfelder, die zusammenhängen (Staehle 1999, S. 920) und in der aktuellen Literatur diskutiert werden. Themen, die heute unter dem Schlagwort „Knowledge Management" diskutiert werden, wurden früher bereits im Rahmen des Informationsmanagement behandelt: „Information ist handlungsbestimmendes Wissen über historische, gegenwärtige und zukünftige Zustände der Wirklichkeit und Vorgänge in der Wirklichkeit"(Heinrich 1992, S. 7). In der aktuellen Diskussion unterscheidet man Information von Know-how, da sie sich in der Generierung, Speicherung und Weitergabe unterscheiden (Nonaka/Takeuchi 1997; Kogut/Zander 1994). Information und Lernen bezeichnet Wissen, das bereits in der Organisation vorhanden ist. Arnold/Belz/Senn unterscheiden nach Informationen und Know-how im Rahmen des Global Account Management und nach den Kategorien Planung, Kundeninteraktion und Führung. Diese Ansätze lassen sich ohne Weiteres auf die nationalen Ansätze übertragen.

Knowledge-Management

	Areas of Knowledge in GAM		
	Planning	Customer Interaction	Leadership
GAM Information	Customer-Strategies Customer Websites	E-Mailsystem Web-conferencing	Sales tracking
GAM Know-how	Planning templates, tools (e.g. to forecast sales)	Workflow-module, sales call checklist	Discussion groups, cases of problem solutions

Abbildung 101: Beispiel für GAM-Knowledge
Quelle: Arnold/Belz/Senn 2001, S. 6

Lernen bezeichnet den Wandel im Verhalten durch Übung und Erfahrung (Staehle 1999, S. 207). Lernen beruht auf vorhandenem Wissen, das sich zugleich durch den Lernprozess verändert. Bei dem Thema „Wissen und Lernen" geht es darum, wie diese beiden Aspekte miteinander verknüpft werden können.

16.1.5.1 Realisierung des Organisationalen Lernens für das KAM

Kodifizierung versus Personalisierung

Hansen/Nohira/Tierney (1999) unterscheiden aufgrund einer Untersuchung bei Unternehmensberatungen zwei Strategien des Wissensmanagements. Die „Kodifizierungsstrategie" beruht auf einheitlichen Wissensobjekten, die relativ allgemeingültig sind und die sich strukturiert in Informationssystemen ablegen lassen. Die „Personalisierungsstrategie" steht dort im Mittelpunkt, wo es sich z. B. um strategisches Wissen oder Know-how handelt, das nur persönlich weitergegeben werden kann. Die Autoren empfehlen einen parallelen Einsatz beider Strategien jedoch mit einem klaren Schwerpunkt. Für das Key Account Management lässt sich hier der Bedarf nach einer situationsspezifischen Betrachtung einzelner Unternehmen ableiten. Der Fokus im Produktgeschäft kann z. B. eher auf einer Kodifizierungsstrategie liegen, da Produktinformationen sich relativ leicht kodifizieren und speichern lassen. Hingegen wird er im Anlagengeschäft eher auf einer Personalisierungsstrategie liegen. Die komplexen Projekte, in denen eine grosse Erfahrung der beteiligten Personen erforderlich ist, lassen sich nur bedingt kodifizieren. Wichtig erscheint jedoch die Erkenntnis, dass ein Unternehmen beide Aspekte berücksichtigen sollte. Das heisst, es sollte Möglichkeiten einer entsprechenden Plattform für strukturierte Informationen geben und gleichzeitig sollte ein Wissensaustausch im persönlichen Kontakt stattfinden (Arnold/Belz/Senn 2001, S. 6 ff.).

16.1.5.2 Bedeutung der Informations- und Kommunikationstechnologien

Grundsätzlich lassen sich beide Strategien im Wissensmanagement durch Informations- und Kommunikationstechnologien unterstützen. Wichtig erscheint jedoch die Erkenntnis, dass eine mangelnde Informations- und Kommunikationsinfrastruktur zwar kein Vorteil ist, genauso wenig aber auch als Hinderungsgrund gesehen werden sollte, das Thema Wissensmanagement für das Key Account Management offensiv anzugehen. Das folgende Fallbeispiel verdeutlicht dies.

Fallbeispiel:

„Manuelles Informationsmanagement" innerhalb der Teams bei der Degussa Goldschmidt AG
(Quelle: Zupancic 2001, S. 182f.)

degussa.
Goldschmidt Polyurethane Additives

Die Degussa Goldschmidt AG arbeitet seit drei Jahren mit einer Globalen Team-Organisation (GTO). Die wichtigsten Gründe lagen in der zunehmenden Macht und Internationalisierung der Kunden. Durch globale Key-Account-Teams werden insgesamt zehn Key Accounts bearbeitet. Da die Kunden selten von mehreren Einheiten der Degussa Goldschmidt AG gleichzeitig betreut werden, war es nicht erforderlich, das Programm über mehrere Business Units hinweg zu verankern. Die Anzahl derjenigen Personen, die z. B. im Rahmen der Business Unit Polyurethan-Additive koordiniert werden müssen, ist daher begrenzt. Ein wichtiger Initialpunkt für den Teamansatz war die Beobachtung, dass sich im Unternehmen viele Know-how-Monopole gebildet hatten. Es war daher ein Ziel, dieses Know-how durch die Teamstrukturen innerhalb der Business Unit verfügbar zu machen. Innerhalb der Business Unit Polyurethan-Additive sind ca. fünfzig bis sechzig Mitarbeiter in zehn KAM-Teams involviert. Ausser den KAM-Teams gibt es noch Industry Teams, die das Know-how für entsprechende Branchen vorhalten, regionale Teams, die sich um die Besonderheiten in bestimmten Märkten oder Handelszonen kümmern und Projektteams, die situativ eingesetzt werden. Die Mitarbeiter der Business Unit sind jeweils in verschiedenen Teams aktiv. Degussa Goldschmidt nutzt für Marketingaktivitäten ein Informationssystem. Dieses System wird jedoch nicht unternehmensweit eingesetzt und die Datenpflege für die GTO erwies sich in diesem dezentralen System als schwierig. Da es kein umfassendes Informationssystem gab, das sich zur Unterstützung des Teamansatzes eignete, die Bedeutung der Information jedoch als sehr hoch eingeschätzt wurde, suchte man nach Lösungen. Die zunächst eingeschlagene Push-Informationsstrategie erwies sich wegen des Informations-Overflows als nicht optimal. So entwickelte man eine Informationsmatrix, die alle wichtigen Informationen und die Personen, die für die Pflege verantwortlich sind, enthält. Die Informationsbeschaffung ist nun eine Holschuld der Teammitglieder, es handelt sich also um eine Pull-Strategie. Dennoch sind die Teammitglieder in der Verantwortung, die zuständigen Personen mit relevanten und den aktuellsten Informationen zu beliefern bzw. bestimmte Informationen zu pflegen. Die Informationen selbst werden auf Dateien in üblichen Office-Standardformaten, wie z. B. Winword oder Excel von Microsoft, erstellt und zur Verfügung gestellt.

Das Beispiel der Degussa Goldschmidt AG zeigt, dass eine Teamstruktur an sich schon ein wesentlicher Bestandteil eines Wissensmanagements ist und dass es Alternativen zu (noch) nicht vorhandener Technik gibt.

Umfassend lassen sich die alternativen Informationstechniken anschaulich in der so genannten Anytime-Anyplace-Matrix verdeutlichen.

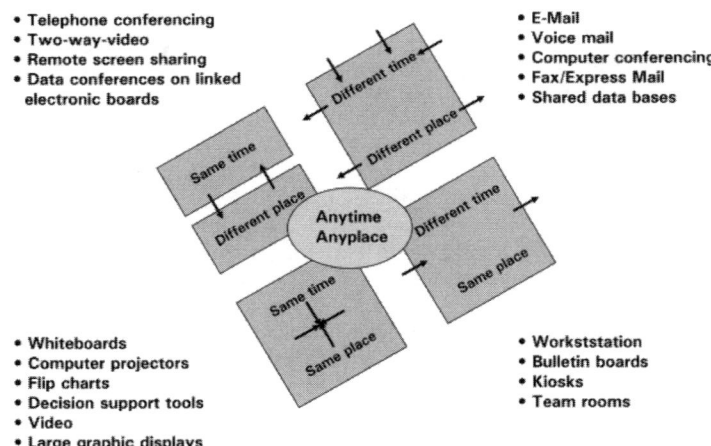

Abbildung 102: Anytime-Anyplace Matrix
Quelle: O'Hara-Devereaux/Johansen 1999, S. 199

Workflow

Die Matrix zeigt, welche Aktivitäten in Abhängigkeit des Standorts und der Anwesenheitszeit der Ausführenden durch welche Informations- und Kommunikationstechnologien unterstützt werden können. Darüber hinaus können so genannte Workflow-Systeme in allen vier Situationen eingesetzt werden. Diese Systeme bilden Geschäftsprozesse ab und unterstützen die beteiligten Mitarbeiter in einer koordinierten Abwicklung (Flory 1995, S. 146).

Für die KAM-Organisation ergeben sich zwei Anknüpfungspunkte. Erstens die räumliche Verteilung der Mitarbeiter, die im internationalen KAM sogar über Zeitzonen hinweg realisiert werden muss. Hier sollte ein geeigneter Mix der Instrumente in Abhängigkeit der Verteilung erfolgen. Zweitens die KAM-Teaminterdependenzen zwischen den Prozessen und Aufgaben. Gepoolte Interdependenzen zwischen den Mitgliedern eines KAM-Teams aber auch zwischen den Teams können durch Instrumente aus allen vier Feldern unterstützt werden. Sequenzielle Interdependenzen können durch geeignete Workflow-Systeme unterstützt werden.

Sind diese nicht verfügbar, müssen die Process-Owner innerhalb der Teams die Koordination mithilfe der Instrumente aus den vier Bereichen aktiv koordinieren. Reziproke Interdependenzen erfordern in aller Regel einen gewissen persönlichen Abstimmungsbedarf und sollten zumindest in bestimmten Abständen gemeinsam (Same Time, Same Place) mit den entsprechenden Instrumenten koordiniert werden.

Fallbeispiel:

Kommunikationsmix im IKAM-Team bei Hewlett Packard
(Quelle: Zupancic 2001, S. 184 f.)

Hewlett Packard (HP) arbeitet seit 1991 in einem Account-Management-Programm. HP hat damit die Komplexität im weltweiten Geschäft mit den strategisch wichtigsten Kunden sehr früh erkannt und mit dem Teamansatz versucht eine Lösung herbeizuführen, die heute als sehr erfolgreich gilt. Dazu Charles Bellaiche, *HP*-Global Account-Manager für Hoffmann La Roche: „The Account Team is the lens that focuses, translates and filters the vast complexity of information, relationships and resources between customers and HP and our partners." Um dies zu gewährleisten, benötigen die Teams eine gemeinsame Kommunikationsplattform. Diese besteht bei HP aus den beiden Welten IT und persönlichen Meetings. Dazu gehören:

- Mobile office (E-Mail, Voicemail, Intranet remote access)
- Voice conference/Netmeeting: weekly/monthly/ad hoc
- Knowledge management intranet
- Face to face meetings
  - weekly to two-weekly with Global Business Team
  - one to four per year with local country teams in their location
  - one major global meeting per year
  - customer project meetings as needed

Der Aufbau einer ausgereiften Infrastruktur erfordert viel Know-how und eine entsprechend lange Laufzeit. Doch sind die Potenziale der IKAM-Teams nur auf diese Weise in vollem Masse auszuschöpfen.

Handlungsempfehlungen: Lernen und Knowledge-Management
Folgende Fragen helfen, die Prinzipien des Wissensmanagements für das Key Account Management zu nutzen:

- *Verfügt das Unternehmen über ein funktionierendes Knowledge-Management?* Die Generierung und Nutzung von Wissen wird zunehmend zu einem strategischen Wettbewerbsfaktor. Unternehmen sollten daher fundierte Überlegungen dazu anstellen, wie sie mit diesem Thema umgehen können. Das Key Account Management könnte durch seine besonderen Anforderungen hier durchaus auch als Pilotprojekt dienen.

- *Wird Wissen persönlich und technisch genutzt?* Aus unserer Sicht muss sich ein professionelles Wissensmanagement auf zwei Säulen stützen: Der persönlichen Weitergabe von Informationen und einem technischen System. Beide Ansätze sollten im Unternehmen aufgebaut und kultiviert werden.

16.2 KAM-Fokus im unternehmensinternen Controlling und Reportingsystem

© Prof. Belz/Dr. Müllner/Dr. Zupancic & Mercuri International 2003

In diesem Unterkapitel erfahren Sie ...

- ... welche Bezugsebenen im KAM unterschieden werden können.
- ... warum der Balanced Scorecard-Ansatz auch für das Gesamtunternehmen wichtig ist.
- ... wie man das unternehmensweite Controllingsystem und die Erfolgskontrolle im KAM miteinander verbinden sollte.

Im Folgenden soll aufgezeigt werden, welche Veränderungen des Controlling- und Reportingsystems eines Unternehmens erforderlich sind, damit die Anforderungen für die Erfolgsmessung im KAM erfüllt sind. Dazu wollen wir zunächst einen Blick auf die Bezugsebenen im Controlling werfen, um daraus einige wichtige Erkenntnisse abzuleiten. Grundsätzlich bauen wir auf den Grundüberlegungen der Balanced Scorecard auf, wie wir sie in Kapitel 10 erarbeitet haben.

16.2.1 Bezugsebenen im Controlling eines Unternehmens

Das Controlling hat sich in den letzten Jahren von einer vergangenheitsorientierten Kontrolle der Unternehmenstätigkeit zu einem zukunfts- und aktionsorientierten Controlling entwickelt. Heute hat das Controlling den Status einer Führungsunterstützungsfunktion, das massgeblich an der Informationsversorgung, der Budgetierung, den Planungs- und den Koordinationsaufgaben beteiligt ist.

Zukunfts- und aktionsorientiertes Controlling

Die Bezugsebenen im Controlling sind in der folgenden Abbildung veranschaulicht.

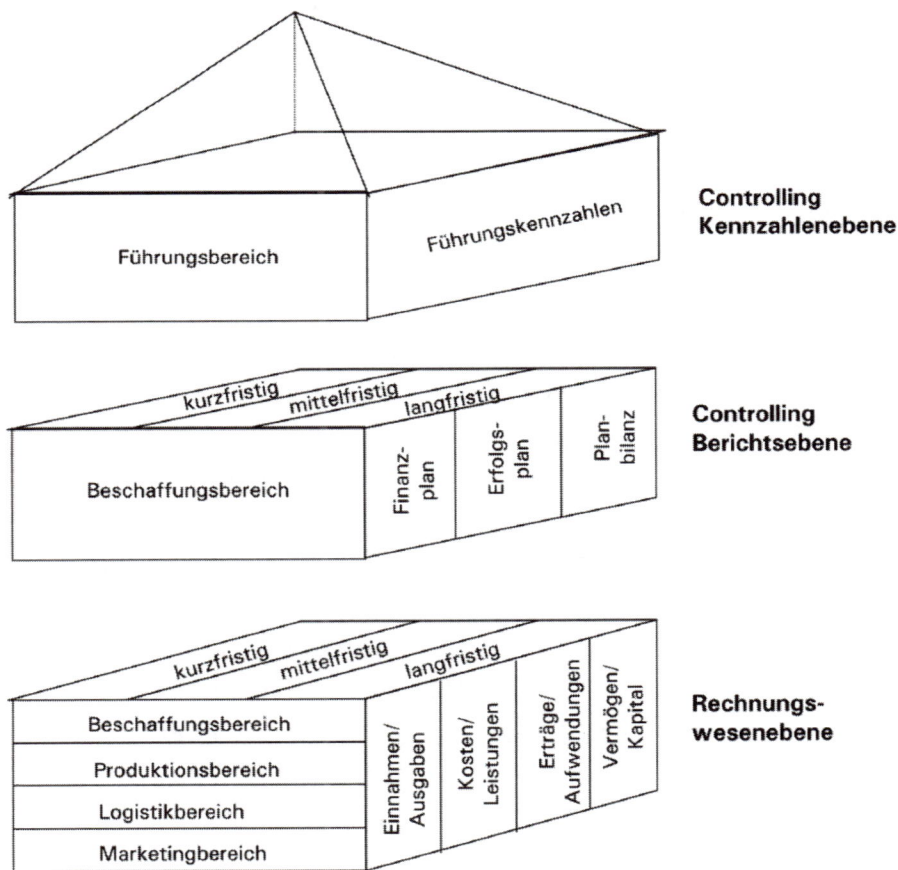

Abbildung 103: Bezugsebenen im Controlling
Quelle: Reichmann 1995, S. 6

In dieser Darstellung ist das Key Account Management am ehesten dem Marketing und damit der Ebene des Rechnungswesens zuzuordnen. Geht man jedoch wieder von der aussergewöhnlichen Bedeutung einzelner Kunden für das Unternehmen aus, so wird deutlich, dass bereits das Geschäft mit einem einzelnen Key-Account alle Ebenen massgeblich beeinflussen kann. Eine zu starke Aggregation der Daten könnte auch für die Unternehmensleitung zuwenig Transparenz für die Führung schaffen. Das folgende brisante Beispiel soll dies verdeutlichen:

> **Ein schwerer Verlust für die Stadtwerke Hochdamm**
>
> **Hochdamm** – Katerstimmung herrschte gestern bei den Stadtwerken Hochdamm. Am Abend zuvor hatte die Chemie AG in einer Pressekonferenz mitgeteilt, dass ihre Produktionsstätten in Hochdamm und Seeheim ab 2002 von der EVB (Energie-Vertriebsgesellschaft Bayern) mit Strom beliefert werden. Die Stadtwerke Hochdamm haben damit ihren grössten Kunden verloren. Allein im Stromsektor brechen fast 30 Prozent des Jahresumsatzes von jährlich 152 Millionen Euro weg.

Abbildung 104: Artikel des Falls Hochdamm
Quelle: auf Basis eines realen Falls

Wenn einzelne Kunden derartig grossen Anteil am Gesamtgeschäft eines Unternehmens haben, muss sichergestellt sein, dass Informationen über diese Kunden nicht auf Key-Account Ebene „stecken bleiben". Vielmehr sollte sichergestellt sein, dass diese Kunden auch bei der Unternehmensplanung einzeln berücksichtigt werden.

Unternehmensplanung

16.2.2 Cockpit zur Steuerung des Key Account Management

Ausgehend von der Idee der Balanced Scorecard gilt es ein System zu entwickeln, das es der Vertriebsleitung ermöglicht, den Erfolg des gesamten Key Account Management zu steuern. Hierfür bedarf es einiger wichtiger Voraussetzungen. Basierend auf den Erfolgskennzahlen individueller Kundenbeziehungen gilt es, ein aggregiertes System zu entwickeln und zu implementieren.

Entwicklung einer KAM Balanced Scorecard

Für die Entwicklung und Umsetzung bietet sich ein stufenförmiges Vorgehen an, wie es in Abbildung 105 dargestellt ist.

Sammlung von Inhalten und Messgrössen einer KAM-Balanced Scorecard.

Auswahl einer begrenzten Anzahl geeigneter Inhalte und Verbindung der KAM-BSC mit Aktivitäten

Planung von Aktivitäten gemäss der geplanten BSC-Ziele

Lernen und Anpassen von Zielen und Strategien

Abbildung 105: Entwicklung einer KAM-Balanced Scorecard
Quelle: Müllner/Zupancic 2002

Strategische und operative Kontrolle

In einem ersten Schritt bietet es sich an, generelle Inhalte und Messgrössen zu identifizieren. Die zuvor beschriebenen vier Perspektiven und deren Inhalte können dabei als Orientierung genutzt werden. Wichtig erscheint hier zunächst einmal zusammenzutragen, welche Inhalte und Messgrössen überhaupt infrage kommen könnten. In der Praxis ergeben sich durch die Anwendung der Brainstormingtechnik erstaunlich kreative Ansätze, die man zunächst einmal sammeln sollte. Für die Entwicklung unternehmensindividueller Lösungen bieten sich z.B. Workshops an.

Aus dem vorhandenen Katalog möglicher Ziele und Messgrössen müssen geeignete ausgewählt und mit den Aktivitäten verknüpft werden. Dabei unterscheiden sich die Ansätze in der strategischen und der operativen KAM-Kontrolle. Die Erste umfasst den Gesamtbereich, während die Zweite speziell auf bestimmte Key Accounts bzw. die Teams, die diese bearbeiten, zugeschnitten ist. Wichtig erscheint es auf dieser Stufe, die Inhalte und Messgrössen zu limitieren. In der Regel sollte man hier eine Anzahl von 7+/- 2 anstreben, um den Überblick zu sichern.

Die Planungen im KAM können nun unter Einbezug eines ausgewählten Kriterienkatalogs vorgenommen und später kontrolliert werden. Nur so ist es möglich, aus den Aktivitäten einer Planungsperiode zu lernen. Grundsätzlich gilt: „Was nicht gemessen wird, wird auch nicht durchgeführt." Zusätzlich kann man ergänzen, was nicht gemessen wird, kann auch nicht analysiert und so für zukünftige Lernprozesse genutzt werden.

Im letzten Schritt stehen nun Abweichungskontrollen im Mittelpunkt. Nur wenn zu Beginn einer Planungsperiode Ziele und Aktivitäten in geeigneter Weise verknüpft wurden, können Lernprozesse initiiert werden. Ausserdem gilt es an dieser Stelle wiederum, die Prämissenkontrolle miteinzubeziehen um sicherzustellen, dass das zu Beginn einer Planungsperiode entwickelte Ziel- und Messgrössensystem noch adäquat ist.

Handlungsempfehlung: KAM-Fokus im unternehmensweiten Controlling und Reportingsystem
Arbeitet das Unternehmen bereits mit einer Balanced Scorecard? Wenn ja, gilt es, diesen Ansatz mit den Grössen der KAM-BSC zu verknüpfen. Wenn nein, gilt es zu überdenken, diesen Schritt für das Gesamtunternehmen einzuleiten. Zumindest sollte es aber möglich

sein, dass die Ergebnisse im KAM anders gemessen werden als nur über die Finanzkennzahlen bzw. das KAM-Controlling Akzeptanz findet.

Berücksichtigt das Unternehmen im Controlling die Bedeutung des KAM? Es ist aus unserer Sicht wichtig, dass das Controllingsystem in der Lage ist, die Bedeutung des KAM wiederzugeben. Das heisst, die Ergebnisse aus der Geschäftsbeziehung mit den wichtigsten Kunden sollten wiedergegeben werden können. Nur so wird man der Bedeutung dieser Kunden gerecht.

17 Fazit und Ausblick: Schlüssige Systeme für das Key Account Management

Dieses Buch handelt von den Chancen, die bestehen, wenn Unternehmen mit ihren aktuellen und potenziellen Schlüsselkunden professionell zusammenarbeiten. Im funktionalen und organisatorischen Key Account Management definierten wir manche Aufgaben und Voraussetzungen. Den Leser könnte die Diskrepanz von eigener Situation, Unternehmenssituation und aufgezeigten Lösungen ernüchtern. Es fehlen häufig die Willenskraft und die Ressourcen, um alle Schauplätze des Key Account Management wirksam anzugehen.

Mangelnde Willenskraft

In dieser Zusammenfassung weisen wir deshalb auch auf die Grenzen des Key Account Management hin. Nur wer mögliche Grenzen des Ansatzes realistisch einschätzt, kann professionell damit umgehen. Unzulänglichkeiten und Kompromisse liegen im Wesen und der Aufgabe des Key Account Management. Tatsächlich trafen wir bisher kaum ein Thema in Unternehmen an, bei dem verantwortliche Führungskräfte ähnlich viele Widersprüche akzeptierten.

Grenzen des KAM

Zwei Bereiche sind uns dabei wichtig. Erstens gibt es spezifische Risiken des Key Account Management, die es zu bedenken gilt. Zweitens ist es Aufgabe des Key Account Management, die richtigen und wichtigen Aspekte für das eigene Unternehmen auszuwählen.

17.1 Risiken im Key Account Management

Mehrheitlich wird Key Account Management positiv interpretiert. Die Chancen einer gemeinsamen Entwicklung, des gemeinsamen Wachstums von Lieferanten und Key Accounts, werden erörtert. Ziel ist es, zwischen Lieferanten und Key Accounts eine Gewinnsituation für beide Parteien zu erreichen. Risiken werden damit relativiert, da leistungsfähige Partner immer gegenseitig aufeinander angewiesen sind. Das Beispiel eines Gesprächs zwischen Einkäufer und Verkäufer zeigt eine Wunschsituation.

Fallbeispiel: Gespräch zwischen Einkäufer und Key-Account-Manager

Ein Zulieferer für die Automobilindustrie steht für verschiedene Bauteile. Er trifft sich mit dem verantwortlichen Automobil-Einkäufer.

Key-Account-Manager: „Ich bin froh, dass wir etwas Zeit finden, um unsere Chancen in einer operativen und strategischen Zusammenarbeit stärker auszuloten. Die verschiedenen Reserven haben wir bereits im schriftlichen Dokument zur Vorbereitung der Sitzung zusammengefasst."

Einkäufer: „Auch ich erkenne in unserer Zusammenarbeit verschiedene Chancen. Wir verfolgen ein Programm der Lieferantenkonzentration. Tatsächlich haben Produkt- und Lieferantenanalysen gezeigt, dass wir den bestehenden Einkaufsumsatz mit Ihnen um 80 Prozent für nächstes Jahr steigern könnten. Gestützt auf die positive Zusammenarbeit sind wir auch motiviert, diesen Weg mit Ihnen einzuschlagen."

Key-Account-Manager: „Produkt- und Mengengerüste nach Ihren Vorgaben haben wir gerechnet. Die Zusammenfassung und Erweiterung der Zusammenarbeit bringt auch uns Vorteile. Die Gesamtkosten für die beschafften Güter lassen sich für Sie um zehn Prozent senken."

Einkäufer: „Dieser Schritt ist für mich wesentlich, wird doch von uns auch eine entsprechende Kostensenkung verlangt. Ich übertreffe mit Ihrem Vorschlag das Gesamtziel von acht Prozent jährlich. Gleichzeitig gelingt es auch, die internen Abläufe zu vereinfachen und zu straffen."

Key-Account-Manager: „Wir sind von einem integrierten Gesamtbedarf Ihres Automobilunternehmens ausgegangen. Wie können wir gemeinsam sicherstellen, dass die angefügten Mengen und Preise auch bei einer teilweise dezentralen Beschaffung durchgesetzt werden?"

Einkäufer: „Deswegen brauchen Sie sich keine Sorgen zu machen. Wir verfügen bei den erwähnten Komponenten über das Recht für eine zentrale Vorgabe. Andere als die vorgegebenen Produktbezeichnungen und Lieferanten können nur mit einem spezifischen und aufwändigen Spezialantrag erreicht werden. Wir können also davon ausgehen, dass wir die Zusagen auch mit den dezentralen Aktivitäten durchsetzen und den entsprechenden Durchgriff sicherstellen können. Die Vorteile einer Zusammenarbeit mit Ihnen als Lieferant werden zudem im Motivationsprogramm für die dezentralen Einkäufer sorgfältig besprochen, sodass es auch an einem entsprechenden Engagement nicht fehlen dürfte."

Key-Account-Manager: „In den nächsten Schritten scheint es darum zu gehen, die Mengen- und Produktvorgaben auf den Bedarf von einzelnen Einheiten im Jahresablauf herunterzubrechen."

Einkäufer: „Ich meine, dass wir diese Arbeit am besten gemeinsam durchführen."

Key-Account-Manager: „Noch etwas erkenne ich als wesentliche Wirtschaftlichkeitsreserve: Sowohl in unserem Unternehmen als auch bei Ihnen als Automobilhersteller werden immer noch zu grosse Zwischenlager gehalten. Zudem schlägt der Bedarf in der Fabrik noch zu wenig direkt auf uns als Zulieferant durch. Die Folge ist, dass teilweise bestellte Ware nicht abgerufen wird oder Lieferengpässe durch Schwankungen entstehen. Mit verschiedenen Kunden haben wir neue Logistiklösungen entwickelt, die einen direkten Bezug zur Fabrikation

> herstellen. Damit gelingt es uns, Zwischenlager zu senken und gleichzeitig die Verfügbarkeit von Produkten in der Produktion zu steigern. Voraussetzung dazu ist allerdings, dass bisherige Logistikleistungen innerhalb Ihres Unternehmens von uns direkt übernommen werden könnten."
>
> Einkäufer: „Tatsächlich verfolgen wir unsere Logistikkosten sehr genau. Ich gebe hier eine Übersicht über die zahlenmässige Entwicklung. Es ist unser Ziel, mehr in diesem Bereich outzusourcen und die Gesamtkosten zu senken."
>
> Key-Account-Manager: „Natürlich gilt es, die Logistiklösung und die Kosten gemeinsam mit unseren Spezialisten einzeln aufzuführen. Mit vergleichbaren Anbietern liessen sich weit kostengünstigere Gesamtlösungen entwickeln, als es bei Ihnen bisher der Fall war. Ich bin froh über die Darlegung Ihrer Kosten, Sie geben uns eine Basis mit dem Mengengerüst usw. für ein seriöses Angebot. Übrigens ist unser Logistiksystem kompatibel, sodass daraus für Sie keine Abhängigkeit als Kunde entsteht."
>
> Einkäufer: „Ich würde gerne mit Ihnen den nächsten Schritt für ein Kick-off-Meeting eines Logistik-Projekts festlegen. Der Umfang der Zusammenarbeit kann unterschiedlich aussehen. So wäre es beispielsweise möglich, im Bereich der Kleinteile-Logistik auch verschiedene weitere Lieferanten im System zu integrieren. Unser Ziel ist es, auf die Kosten von 1995 zurückzukommen (minus 20 Prozent). Ihre Fortschritte in der eigenen Lagerhaltung, Produktionsauslastung usw. machen die Zusammenarbeit für uns beide noch attraktiver."

Abbildung 106: Fiktives Gespräch zwischen Einkäufer und Verkäufer

In der Literatur bekommt man den Eindruck, dass sich inzwischen Einkäufer und Verkäufer gegenseitig helfen, um bessere Lösungen zu bestimmen. Das Gespräch ist aber vollständig unrealistisch und dürfte höchstens einem Wunschbild entsprechen. Jede Leistung und Gegenleistung ist einer harten Verhandlung ausgesetzt. Offenheit, Informationsaustausch und Transparenz sind Stichworte, die die Zusammenarbeit von Lieferanten und Kunden nur im Ausnahmefall prägen. Information bedeutet Macht.

Prinzip Konzentration

Key Account Management beruht auf dem Prinzip der Konzentration: Das Unternehmen fokussiert seine Anstrengungen auf Schlüsselkunden. Jede Konzentration fördert gleichzeitig die Risiken, denn die Mittel werden auf wenige ausgewählte Bereiche konzentriert. Bisherige und potenzielle Aktivitäten werden abgebaut oder eingestellt. Kritisch ist dabei auch, ob es Unternehmen gelingt, sich auf die richtigen Kunden, Leistungen und Märkte zu fokussieren.

Abhängigkeiten

Key Account Management fördert also Abhängigkeiten; es gilt, diese Risiken professionell einzuschätzen und zu gestalten. Die häufig beschworene Situation eines Key Account Management, bei dem ein Lieferant mit seinem Kunden einvernehmlich und hochmotiviert die beste gemeinsame Lösung entwickelt, entspricht leider häufig nicht der Realität. Krisen sind Bestandteile einer anspruchsvollen Zusammenarbeit. Auch für Kunden scheinen Trouble Shooters oder klar definierte Ansprechpersonen beim Anbieter für Schwierigkeiten besonders wichtig zu sein. Wir vermuten, dass die Geschäftsbeziehungen mit Key Accounts häufig sehr stark durch solche Schwierigkeiten geprägt sind und getrieben werden.

In der Folge listen wir verschiedene Risiken im Key Account Management auf, die teilweise zusammenhängen. Einige Risiken lassen sich durch das Unternehmen recht einfach einschätzen und führen. Andere Risiken schaffen unerwartete Krisen. Es geht dann häufig nur noch darum, die entstandenen Krisen erfolgreich zu bewältigen, wenn sie schon nicht rechtzeitig erkannt wurden. Immerhin ist eine Beobachtung wichtig: In der Zusammenarbeit mit Key Accounts neigen manche Verantwortliche zu einem Wunschdenken. Deshalb ist es wichtig, sich aktiv mit den Risiken zu beschäftigen und diese Diskussion auch in den Entscheidungsprozessen des Managements zu integrieren – sie also nicht einfach den Kundenverantwortlichen zu überlassen.

Hausaufgaben

Risiko: Enttäuschte Kundenerwartungen

Manche Anbieter befassen sich intensiv mit neuen Ansätzen des Key Account Management. Die Orientierung an Schlüsselkunden ist rasch angekündigt, der Entwicklungsprozess zu einer optimalen Zusammenarbeit mit Kunden aber langwierig und anspruchsvoll. Schnell werden Kunden enttäuscht, weil die versprochenen Effekte des Key Account Management in der konkreten Zusammenarbeit mit dem Kunden nicht umgesetzt werden. Die Erwartungen des Kunden steigen schneller als die Verbesserung des Unternehmens. Bestehende Kundenbeziehungen können dadurch gefährdet werden.

Folgerung: Ein Unternehmen sollte zuerst die Hausaufgaben lösen, bevor es grossspurig mit Programmen des Key Account Management am Markt auftritt. In den anspruchsvollen Entwicklungsprozess ist auch die Veränderung beim Kunden zu integrieren.

Risiko: Erhöhter Druck durch Kunden und Machtmissbrauch
Key Account Management fördert bei Kundenunternehmen eine Koordination der Beschaffung von unterschiedlichen Produktionseinheiten, Ländereinheiten und Beschaffungsstellen. Der Kunde erhält einen integrierten Überblick über sämtliche Aktivitäten zwischen spezifischen Lieferanten und dem eigenen Unternehmen. Damit wird dem Kunden seine Bedeutung für den Lieferanten oft erst bewusst. Die Verhandlung richtet sich nicht mehr nach spezifischen Konditionen für abgegrenzte Einheiten oder Aufträge, sondern nach den Gesamtumsätzen mit Lieferanten. Das gesamte Einkaufspotenzial wird in die Waagschale geworfen, obschon im Einkaufsmanagement häufig keine Gegenleistungen geboten werden können, indem beispielsweise bevorzugte Lieferanten weltweit in der Kundenorganisation vorgegeben werden. Im Key Account Management wird ja auch ein starkes Wachstum mit dem Kunden angestrebt, deshalb steigt im Zeitablauf das Volumen mit einem Kunden und die Abhängigkeit. Einkaufsmacht kann auch zu einem gewissen Machtmissbrauch führen. Key Account Management läuft Gefahr, dass der Kunde in der Zusammenarbeit seinen Druck steigert. Stichworte lauten: Konditionenverbesserungen, Leistungsdruck, Risikoabwälzung auf den Lieferanten, harte Nachverhandlungen oder rechtliche Auseinandersetzungen. Begleitet werden solche Ansätze durch taktische Druckmittel (Lieferanten werden vor vollendete Tatsachen gestellt, Anforderungen an die Zusammenarbeit werden schrittweise erhöht, ohne die Rahmenbedingungen des Vertrags anzupassen; Schwierigkeiten in der Zusammenarbeit werden dramatisiert usw.). Die Abhängigkeiten des Lieferanten führen dazu, dass er sich teilweise nicht wehrt, auch wenn er unfair behandelt wird. Die Diskussionen um verbesserte Konditionen für Key Accounts werden besonders intensiv geführt, weil Schritte in diesem Bereich für alle Beteiligten ausgesprochen gut fassbar sind und als Erfolgsausweis dienen.

Einkaufsmacht und Missbrauch

Um diesen Risiken zu begegnen, gibt es nur generelle Folgerungen: Wichtig ist es, dass ein Unternehmen die Spielregeln für eine attraktive Zusammenarbeit mit dem Kunden klar definiert (darin sind auch Gegenleistungen und Verhalten des Kunden eingeschlossen). Zudem muss es möglich sein, die Entwicklung der Kundenbeziehung und ihren Erfolg zu überprüfen, z. B. Transparenz über die Entwicklung der Kundenrentabilität usw.

Risiko: Know-how-Abfluss vom Lieferanten zu Kunden und zu Konkurrenten

Ein erfolgreiches Key Account Management beruht auf einem umfangreichen Know-how des Lieferanten und einem Austausch mit dem Kunden, einer intensiven Vernetzung von Angebots- und Kundenorganisation sowie einer anspruchsvollen und umfassenden Zusammenarbeit. Offensichtlich sind viele Personen beteiligt. Auch sind in der Zusammenarbeit mit Key Accounts oft neue Lösungen nötig, die im Markt bisher noch nicht entwickelt sind. Im Laufe dieser Zusammenarbeit fliesst Know-how des Lieferanten an den Kunden (und natürlich umgekehrt). Gefährlich wird es dabei, wenn der Kunde durch seinen Lernprozess vom Lieferanten unabhängig wird und sein Know-how benutzt, um weniger qualifizierte, aber günstigere Lieferanten zu berücksichtigen oder gar Lösungen des Lieferanten an Konkurrenten weitergibt, die ohne Entwicklungsaufwand günstiger anbieten und profitieren.

Know-how-Verteilung kontrollieren

Massnahmen in diesem Bereich sind schwierig zu treffen. Klare Organisationsstrukturen und Informationssysteme erlauben eine gewisse Kontrolle über die Know-how-Verteilung. Der Anbieter wird auch versuchen, sein Know-how so zu strukturieren, dass er gewisse Schlüsselkomponenten nicht dem Kunden überträgt. Eine entsprechende Verschlossenheit kann notwendig sein, obwohl sie eine vertrauensvolle und offene Zusammenarbeit zwischen Lieferant und Kunden erschwert. Lieferanten haben unterschiedliche Fähigkeiten. Kunden stellen in ihrer Zusammenarbeit mit Lieferanten unterschiedliche Ansprüche. So kann es in einer Umstellungs- und Erneuerungsphase für den Kunden ausgesprochen wichtig sein, mit dem qualifiziertesten Lieferanten zusammenzuarbeiten. Sind entsprechende Restrukturierungen, Anpassungen und Umstellungen vorgenommen, ist es möglich, wieder mit Standardlieferanten zusammenzuarbeiten. Know-how wird also nur in spezifischen Phasen von Lieferanten beansprucht. Mit diesen Umständen gilt es realistisch umzugehen. Auch in der Zusammenarbeit mit Kunden lassen sich entsprechende Phasen bewusst gestalten, so dass nach einer aufwändigen Zusammenarbeit auch eine sehr schlanke Kooperation möglich ist.

Risiko: Leistungsdefizite gefährden die gesamte Zusammenarbeit

Wichtiges Ziel im Key Account Management ist für viele Anbieter das Cross Selling. Bei Kundenbeziehungen, die sich beispielsweise nur auf eine Abteilung, auf spezifische Produkte des Lieferanten oder nur auf eine Sparte beschränken, soll es gelingen, die Zusammenarbeit zu erweitern: Weitere Angebote des Unternehmens sollen in die Kundenbeziehung eingebracht werden. Leistungssysteme für Kunden integrieren oft verschiedene Angebote, schaffen eine Gesamtlösung (die Cross Selling berücksichtigt). Auch im Bereich des Leistungsmanagements besteht das Risiko, dass ein Unternehmen eine Gesamtleistung für Kunden weniger gut erbringt als die bisherige Teilleistung in einer Sequenz. Der Verlust eines Auftrags als Gesamtanbieter kann sogar dazu führen, dass bisherige engere Beziehungen zwischen Lieferant und Kunden aufgelöst werden. Zusammenfassend prägt das schwächste Glied diese Gesamtlösung und schlechte Einzelleistungen in einem Gesamtpaket können die gesamte Zusammenarbeit gefährden.

Kompetenz für Cross-Selling

Auch hier lassen sich nur generelle Massnahmen zur Verminderung der Risiken aufführen. Wichtig ist es, Gesamtleistungen abzusichern und sie genügend robust zu gestalten. Auch Ängste der eigenen Sparte, dass weitere involvierte Unternehmensbereiche die bestehende Zusammenarbeit mit dem Kunden gefährden können, sollen ernst genommen werden. Interne, gegenseitige Akzeptanz der Leistungsfähigkeit zwischen Unternehmenseinheiten ist die Voraussetzung für eine Akzeptanz im Markt.

Klumpenrisiken durch Leistungsgarantien

Oft erhält jener Lieferant den Zuschlag, der die grössten Risiken in der Zusammenarbeit mit dem Kunden eingeht. Im Extremfall übernimmt er das unternehmerische Risiko für den Kunden. Der Umgang mit Leistungsgarantien, Konventionalstrafen usw. ist kritisch. Grundsätzlich geht der Lieferant davon aus, dass die Zusammenarbeit mit dem Kunden planmässig realisiert werden kann. Eingegangene Risiken sind deshalb in seinen Konditionen häufig Positionen, mit denen er eigentlich gar nicht rechnet. Entsprechend gross können sich bei Key Accounts, Grossprojekten oder bei mehreren Kunden eingegangene Verpflichtungen auswirken, wenn sie

Aktives Risikomanagement

sich nicht einlösen lassen. Inzwischen sind solche Risiken auch mit der Verantwortlichkeit von Lieferanten verbunden.

Aktives Risikomanagement ist die Antwort. Es gilt, die eingegangen Risiken kritisch und professionell abzuschätzen und mögliche Auswirkungen des „worst case" einzubeziehen.

Risiko: Lieferantenwechsel des Kunden

Gemeinsame Planung mit Kunden

Die Konzentration der Lieferanten ist ein Trend in der Beschaffung von Unternehmen. Mit weniger Lieferanten lässt sich intensiver zusammenarbeiten. Die Beschaffungsabläufe werden erleichtert. Bei der Konzentration der Lieferanten gibt es selbstverständlich Gewinner und Verlierer. Ein Risiko besteht darin, in diesem Prozess zu den Verlierern zu gehören. Immer besteht auch die Gefahr, dass eine bestehende Beziehung zu einem Key Account abgebrochen wird. Eine Umsatz- und Rentabilitätseinbusse mit einem wichtigen Kunden ist für einen Anbieter immer bedrohend. Besonders schmerzlich wird es, wenn Einstiegs- und Aufbauinvestitionen in die Zusammenarbeit mit dem Kunden noch nicht rentabilisiert werden konnten. In der Hoffnung auf eine langfristige Zusammenarbeit wurde in diesen Fällen zu viel investiert und ungenügend abgesichert.

Wie weit es möglich ist, die Partnerschaft und die Amortisation der Investitionen gemeinsam mit dem Kunden zu planen, ist vom partnerschaftlichen Verhältnis mit dem Kunden und der Konkurrenzsituation abhängig. Vertragliche Bindungen sind eine mögliche Lösung, aber von den konkreten Verhandlungen bestimmt.

Risiko: Misserfolg des Kunden

Geschäft der Kunden kennen

Der Lieferant ist vom Erfolg des Kunden abhängig; seine Einbrüche durch Marktentwicklungen oder Fehler schlagen direkt auf den Lieferanten durch. Diese Marktrisiken sind teilweise enorm. In den Zuliefermärkten wirken sich Schwankungen der Kunden häufig noch stärker aus. Insbesondere konzentrieren sich manche Abnehmer darauf, ihre Fixkosten zu senken, das heisst konsequent an Lieferanten auszulagern. Damit steigern sie die eigene Flexibilität für Absatzschwankungen.

Zunehmende Distanz zu den Märkten der Kunden führt häufig dazu, dass Veränderungen und neue Entwicklungen zu spät erkannt werden. Hier liegen auch Ansätze für Lösungen. Zudem spielt für Unternehmen eine wichtige Rolle, ob es gelingt, eine Risikostreuung durch unterschiedliche Branchen und Länder der Key Accounts zu erreichen.

Risiko: Diskriminierung weiterer Kundengruppen

Durch die Konzentration auf definierte Key Accounts werden Kräfte häufig bei weiteren Kundengruppen abgezogen. Solange sich Key Accounts überdurchschnittlich gut entwickeln, ist die Problematik gering. Besonders in Krisensituationen erweisen sich aber oft mittlere und kleinere Kunden als stabileres Marktsegment. Die Ergebnisse von Schlüsselkunden können stärker schwanken und sich multiplizieren. Neben der Ressourcenkonkurrenz entsteht zwischen den Kundengruppen auch eine Lösungskonkurrenz. Die Leistungen für kleinere und mittlere Kunden können teilweise im Konflikt zur Leistung für Key Accounts stehen. Insbesondere ist dabei auch zu berücksichtigen, dass die Kunden sich gegenseitig konkurrenzieren und damit ein Unternehmen indirekte Wettbewerbspolitik betreibt. Im Extremfall sind Boykotte von wichtigen Kundengruppen möglich, wenn mit Key Accounts forciert zusammengearbeitet wird.

Unternehmen sollten ihre angestrebten Kundenstrukturen sorgfältig bestimmen und die Ressourcen entsprechend einsetzen. Vorwärtsstrategien für ausgewählte Kunden sind immer dann unproblematisch, wenn auch die Leistung für die übrigen Kunden überdurchschnittlich sind. Kunden agieren auch emotional weniger stark, wenn sie bei einem Lieferantenwechsel Nachteile erwarten. Für eine Kommunikation über die Zusammenarbeit mit Schlüsselkunden für weitere Kunden gibt es mindestens zwei Möglichkeiten: Transparenz und Stillschweigen. Beobachtungen zeigen, dass weitere Kunden die Effekte der Zusammenarbeit und die Sondervorteile der Key Accounts oft überschätzen. In diesem Fall ist eine offene Kommunikation besser.

Professionalität gegenüber allen Kunden

Risiko: Angebote und Leistungen

Umfassende Partnerschaften mit Key Accounts sind häufig einzigartig und durch die spezifische Situation von Anbietern und Kunden geprägt. Deshalb verfügen manche Unternehmen für ihre Angebote noch nicht über die notwendige Erfahrung und können die Leistungsrisiken nur ungenügend abschätzen. Die angebotenen Leistungen müssen teilweise zuerst entwickelt und umgesetzt werden. Typisch sind diese Risiken beispielsweise, wenn Unter-

Risiko und Gewinn

nehmen (etwa für die Anlagenindustrie) die gesamte Wartung, Services, Instandhaltung und Updates für Kunden übernehmen. Der Kunde hat bisher diese Funktionen häufig selbst erfüllt und ist für ein Outsourcing bereit. Während der Kunde die verschiedenen Aufwendungen und Leistungsdaten durch seine bisherige Arbeit genau einschätzen kann, verfügt der Anbieter häufig nicht über die entsprechenden Erfahrungen und Informationen. Die Gefahr dabei ist, eine Outsourcing-Lösung zu unterschätzen und Leistungen zu günstig anzubieten, sodass aus der Zusammenarbeit ein Verlustgeschäft wird.

In solchen Innovationsbereichen versuchen Unternehmen, in der Regel eine Pilot- von einer Hauptphase zu unterscheiden. Beim Eintritt in die Hauptphase werden die Konditionen neu verhandelt und Anbieter und Kunden können sich auf entsprechende Informationen stützen. Natürlich sind mit jedem Angebot spezifische technologische, kommerzielle und auch managementorientierte Unsicherheiten vorhanden. Ein richtiges Verhalten in einer solchen Situation erlaubt es, die Risiken bewusst einzugehen und entsprechende Gewinnprämien für die eingegangenen Risiken einzuplanen.

Risiko: Interne Abhängigkeit von Key-Account-Managern

Unternehmen definieren für Key Accounts in der Regel Schlüsselpersonen, die sich auf ein ausgezeichnetes Know-how über den Kunden stützen und langfristig Beziehungen aufbauen. Diese Schlüsselpersonen sind schlecht ersetzbar und Unternehmen werden in der Beziehung zu Key Accounts von diesen abhängig. Die Spannbreite der Abhängigkeit äussert sich von höheren Lohnforderungen bis zu Kunden, die ein Key-Account-Manager zu einem Konkurrenzunternehmen mitnehmen kann.

Beziehungen mehrfach pflegen

Natürlich gilt es, die Arbeitsverträge entsprechend auszugestalten und Konkurrenzklauseln einzubauen. Wichtiger ist es jedoch, Kunden- und Anbieterorganisation zu vernetzen und mit Key-Account-Teams die Beziehungen mehrfach zu pflegen. Damit sinkt auch die Abhängigkeit von Schlüsselmitarbeitern des Kundenunternehmens, die ebenso wechseln können.

Es ist möglich, Risikoprofile zu erstellen, die als Grundlage für die Beurteilung von Einzelkunden und des gesamten Kunden-Portfolios nützlich sind. Beispielsweise lässt sich in einer Tabelle darstellen, welche Risiken vorhanden sind, wie sie ausprägt sind, welche Gegenmassnahmen ergriffen werden können und welche Beispiele typisch sind. Risikobeurteilung, -vermeidung und -bewältigung sind wichtige Aspekte. Oft gilt es auch, für die Verantwortlichen entsprechende Entscheidungsregeln zu verabschieden, die Risiken aktiv begrenzen helfen oder die Diskussionen auf Entscheidungsteams auf oberer Hierarchiebene verlagern. Nebenbei bemerkt sind entsprechende Überlegungen zu Risiken und Risikomanagement auch aus Kundensicht zu berücksichtigen.

17.2 Anspruchsvolles Management des Key Account Management

Verschiedene Zusammenhänge gilt es im Key Account Management zu beachten, um erfolgreich vorzugehen und gleichzeitig „auf dem Boden zu bleiben". Die Anmerkungen zu kritischen Aspekten setzen wir damit fort:

- *Komplexe Aufgaben:* Die Zusammenarbeit mit Schlüsselkunden ist komplex. Jede Kooperation ist einzigartig und führt den Anbieter laufend an die Grenzen der eigenen Leistungsfähigkeit. Es genügt nicht, die vorbereiteten Leistungen anzubieten. Die Möglichkeiten der Standardisierung begrenzen sich häufig auf den Bereich der Methodik und Systeme und weniger auf inhaltliche Lösungen. In der Leistung selbst arbeiten Anbieter mit recht hoher Unsicherheit.   *Komplexität*
- *Übertriebene Konzepte:* Manche Lösungen für eine bessere Koordination im Key Account Management sind denkbar, aber sind sie auch angemessen? Unsere Erfahrungen zeigen, dass Unternehmen mit Organisation, Prozessen, Informationssystemen oft zu hohe Ansprüche stellen. Die Lösungen lassen sich zwar leicht und konkret vorstellen oder konzipieren, aber nur aufwändig realisieren. Erfolgreiche Unternehmen gehen im Key Account Management deshalb selektiv vor. Beispielsweise definieren sie auch nur wenige Key Accounts, suchen nur bei Kunden nach einer intensiveren Zusammenarbeit, die auch dazu bereit sind oder sein werden. In allen Programmen des Key Account Management, die wir beobachteten, wurde die Zahl der   *Übertreibung*

bezeichneten Key Accounts im Lauf des Prozesses stark vermindert. Erfolgreiche Konzepte und Lösungen für Schlüsselkunden sind nicht flächendeckend einzusetzen. Deshalb sollte sich die Diskussion auch darauf konzentrieren, wo eine erweiterte Zusammenarbeit funktioniert und nicht, wo sie nicht klappen wird. Beispiele von Kunden, die nicht auf neue Lösungen eintreten, bleiben sonst immer das Argument der Verhinderer des Key Account Management.

Unabhängigkeit
- *Unabhängige Kunden:* Der unabhängige Kunde mit seinen beteiligten Mitarbeitern prägt mögliche Lösungen mindestens zur Hälfte. Dabei sind Anbieter auf die Motivation von Mitarbeitern des Kunden angewiesen, die andere Ziele und Prioritäten verfolgen. Überlebensprojekte für den Anbieter können für den Kunden verhältnismässig nebensächlich sein. Daraus entsteht eine mächtige Position der Kunden.

Steuerbarkeit
- *Begrenzte Steuerbarkeit:* Key Account Management ist begrenzt zu steuern. Erstens spielt das Gesetz der grossen Zahl keine wichtige Rolle und grosse Schwankungen sind üblich. Zweitens erscheint die Entwicklung beim Kunden oft chaotisch; kleine Vorkommnisse, Verstärkungen und Kippeffekte führen zu unerwarteten und grossen Wirkungen. So ist der Abbruch einer wichtigen Geschäftsbeziehung meist nicht auf besonders wichtige und klare Ursachen zurückzuführen. Erst eine Folge von falschen Gewichten und Fehleinschätzungen des Anbieters führen oft zum Kollaps. Grosse positive und negative Überraschungen in der Zusammenarbeit mit Key Accounts (bei vermeintlich kleiner Ursache) sind deshalb immer möglich.

  Wir fordern ein selektives und geplantes Vorgehen, um mit Key Accounts umzugehen. Trotz der Systematik entwickeln sich jedoch vermeintlich sichere und gute Kunden unzureichend, während sich offenbar schlechte und schwierige Kunden besonders erfreulich verhalten. Zwischen Planung sowie Sensibilität und Offenheit gilt es deshalb, eine wirksame Balance zu halten.

Risiko
- *Risikoreiche Investitionen:* Viele Investitionen des Anbieters in den Kunden sind spezifisch. Sie sind weder bei weiteren Kunden noch bei Folgekäufen des gleichen Kunden zu nutzen. Typisch sind die umfangreichen Vorleistungen, um einen neuen Kunden oder ein anspruchsvolles Projekt zu gewinnen. Die Zusammenarbeit erweist sich nur als rentabel, wenn es gelingt, den Kunden

zu halten (Backhaus 2003, S. 316 ff.). Damit sind Investitionen in Schlüsselkunden risikoreich. Die Trefferquote für spezifische Anstrengungen liegt oft weit unter 50 Prozent. Die möglichen Höchstleistungen werden deshalb quasi mit der Trefferwahrscheinlichkeit multipliziert und vermindert. Die Risiken und der Aufwand werden auf verschiedene Projekte gestreut, womit gleichzeitig wieder das Risiko steigt, den Zuschlag für spezifische Kunden und Projekte nicht zu erreichen.

Der Kunde nutzt Vor- und Nebenleistungen der Wettbewerber für eigene Vorteile und erweitert laufend die Leistungen, die für seine Akquisition und Betreuung nötig sind. Er nutzt also die Konkurrenz für wachsende, unentgeltliche Leistungen und schafft sich damit eigene Vorteile in Wettbewerb und Beschaffung.

- *Knappe Ressourcen:* Die möglichen Leistungen für Schlüsselkunden sind unbeschränkt. Besonders nach dem Personalabbau der letzten Jahre und den schlanken Organisationen der Anbieter, sind aber die Ressourcen des Key Account Management und der Personen im Unternehmen, die sie unterstützen sollten, eng begrenzt. Eingesetzte Ressourcen entsprechen oft nicht den Zielen und Aufgaben und manche Unternehmen scheinen mit kleinem Einsatz einen hohen Lottogewinn zu erwarten. Restrukturierungen und Lean Management der Kunden erhöhen andererseits die Anforderungen an die Lieferanten, weil der Kunde möglichst viele Aufgaben überträgt und gleichzeitig nur knappe Gegenleistungen bieten kann.

Ressourcen

- *Balance zwischen Engagement und Rentabilität:* Ziel ist es zudem nie, sämtliche Bedürfnisse des Kunden ernst zu nehmen und sofort aufzugreifen. Mit diesem Vorgehen würde das Angebot zu teuer oder Anbieter würden durch ihre Sorgfalt und das überdurchschnittliche Engagement ihre Rentabilität zerstören. Der Anbieter akzeptiert seine Unzulänglichkeiten in der Leistung, wenn er nicht befürchtet, den Kunden zu verlieren. Interessant sind Geschäftsbeziehungen, die wenig Aufwand verursachen und trotzdem hohe Umsätze und Erträge bewirken.

Rentabilität

- *Interner Wettbewerb von Kunden- und Produktorientierung:* Um in Märkten erfolgreich umzugehen, ist ein fundiertes Knowhow über Ländermärkte, Technologie und Produkte sowie Kunden gleichzeitig erforderlich. Unternehmen bestimmen,

Kunden- und Produktorientierung

welcher Zugang die eigene strategische Erfolgsposition heute und zukünftig begründet. Zwar wollen Unternehmen oft die Kundenstrategie verstärkt gewichten, nur sind die Erfolge der Vergangenheit beispielsweise durch internationale Präsenz oder Technologieführerschaft entstanden und die Organisation und die Fähigkeiten der Mitarbeiter sind darauf ausgerichtet. Bestehende Kräfte und Fähigkeiten sind naturgemäss stärker als neue Ausrichtungen, die ein Unternehmen anstrebt. Kundenorientierung wird deshalb in vielen Unternehmen als Priorität laufend verdrängt.

Fokus auf Schlüsselkunden ist anspruchsvoll

Damit hängt auch zusammen, dass jeder Mensch jene Vorgehensweisen wählt, mit denen er bisher erfolgreich war. Er stützt sich auf seine Erfahrungen und sein Wissen, um anstehende Probleme zu lösen. Damit übertrifft er andere und erzielt einen grossen Nutzen für die eigene Organisation oder auch für den Kunden durch seine Fähigkeiten und den Einsatz. Ein Techniker löst das gleiche Problem anders als ein Controller oder ein Verkäufer. Ein Produktverkäufer geht anders vor, als der Lösungsverkäufer. Fordern technologieorientierte Unternehmen von allen ihren Führungskräften und Mitarbeitern kundenorientiert vorzugehen, so verlangen sie bildlich gesprochen von ihren Spitzenmannschaften im Fussball, dass sie neu im Brustschwimmen gewinnen. Die Spielregeln, in denen sich die Mitarbeiter erfolgreich bewegten, werden verändert und treffen eher ihre Schwächen als die Stärken. Diese Hinweise begründen zweierlei: Erstens ist ein Prozess der Kundenorientierung und Orientierung auf Key Accounts langwierig und anspruchsvoll. Zweitens führen zu rasche Veränderungen zu einem schmerzlichen Fähigkeitsdefizit. Dazu ist zu beachten, dass Key Account Management und dessen Einfluss stark von den bestehenden Machtkonstellationen im Unternehmen abhängt und laufend wieder bekämpft und gebremst oder zurückgeworfen wird.

Die aufgezeigten Begrenzungen betreffen Multiplizierbarkeit, Komplexität, konkurrierende Ausrichtungen, Abhängigkeit vom Kunden, Ressourcen und menschliches Verhalten. Die Key-Account-Manager bewegen sich deshalb in Spannungsfeldern und selten in einem eindeutigen Umfeld.

Fazit und Ausblick: Schlüssige Systeme für das Key Account Management

Manche Key-Account-Manager gewinnen das Gefühl, dass sie sich zwischen den Beteiligten im Unternehmen und beim Kunden zerschleissen. Laufend vermitteln sie zwischen verschiedenen Sichtweisen, Ebenen, Zielen, Prioritäten und auch Persönlichkeiten. Weder der Kunde noch das eigene Unternehmen sind sich einig und die Ansprüche sind vielfältig.

Hierarchie und Durchgriff sind erstens für diese subtilen Prozesse und Spannungsfelder keine Lösung. Allenfalls erleichtert eine formale Autorität manche Abläufe. Zweitens begründen aber die hohen Anforderungen an die Koordination die anspruchsvolle Aufgabe des Key Account Management. Die schwierige Koordination intern und beim Kunden, die verschiedenen Ausrichtungen des Fortschritts von Unternehmen nach Produkten und Technologien, Ländern, Kanälen und Kunden machen Key Account Management erst nötig. Ist diese Koordination gelöst oder die Ausrichtung eindeutig, wird auch Key Account Management unwichtig oder selbstverständlich. Kurz: Die Konflikte durch die multiple Ausrichtung von Unternehmen sind Grundlage für die Aufgabe im Key Account Management, auch wenn die Verantwortlichen diesen Umstand gleichzeitig beklagen.

Hierarchie und Durchgriff

In der Regel sind die Voraussetzungen für Key Account Management unzulänglich. Beispielsweise verfügen Führung und Key Account Management nicht über die Informationen, die sie vom Kunden eigentlich brauchen. So ist es oft unmöglich, die Umsätze, Kosten und Erträge den Kunden zuzurechnen oder sämtliche wichtigen Aktivitäten zwischen Kunden und Unternehmen zu erfassen. Erst diese unzulängliche Information macht die Aufgabe schwierig. Unvollkommene Information und Systeme bedeuten, dass die Verantwortlichen relevante Informationen und mögliche Quellen suchen, dass sie sich individuelle Behelfslösungen schaffen, dass sie aber trotzdem unvollkommen im Bild sind und manches schätzen oder sogar raten.

Voraussetzungen nicht immer vorhanden

Unternehmen, die Key Account Management wenig gewichten, schaffen die anspruchsvollste Aufgabe für das Key Account Management. Natürlich leiden die Verantwortlichen unter der Diskrepanz des Anspruchs der Kundenorientierung zur Wirklichkeit, in den bestehenden Konstellationen engagieren sie sich aber für Verbesserungen.

Effizienz und Effektivität

Das ist kein Plädoyer für unvollkommene Lösungen. Wir regen im gesamten Buch an, die Arbeit des Key Account Management zu professionalisieren und damit zu erleichtern. Trotzdem sind Behelfe in vielen Bereichen für Unternehmen richtig. Wahrscheinlich gilt auch hier die 20/80-Regel, nach der mit 20 Prozent eines gezielten und einfachen Vorgehens bereits 80 Prozent der erwünschten Effekte erzielt werden.

Schwerpunkte setzen

Wohl deshalb ist die Frage nach den Benchmarks und den besten Unternehmenslösungen im Key Account Management so schlecht zu beantworten. Die gewählten Lösungen fügen sich in ein vielschichtiges Umfeld ein und die nötigen Akzente der Unternehmen sind kaum vergleichbar. So gibt es dann eher die Beispiele für das beste Cockpit im Key Account Management, für die langfristige und überzeugende Entwicklung von Kundenteams oder beeindruckende Vorgehensweisen in der internationalen Preisharmonisierung. Spitzenleistungen in Unternehmen lassen sich nicht dadurch definieren, dass das Mögliche realisiert wird. Vielmehr ist das ökonomisch Sinnvolle gefragt. Erst wenn Unternehmen in ihrer Markt- und Kundenkonstellation die richtigen Schwerpunkte im Key Account Management setzen, werden sie zum Benchmark, aber dann vor allem für sich selbst.

17.3 Baukasten des Key Account Management

Das Konzept des Key Account Management schliesst verschiedene Teilentscheidungen ein, um den unternehmerischen Support der Ausrichtung auf Schlüsselkunden zu sichern. Dabei hängen diese Teilentscheidungen eng zusammen. Abbildung 107 zeigt mögliche Ausprägungen. Dabei schliessen sich manche Kombinationen aus. Tendenziell finden wir die Position des Key Account Management in den Ausprägungen von links nach rechts gestärkt. Zudem schliessen die Bausteine rechts meistens auch die Bausteine links mit ein (Stufenkonzept). Es wäre jedoch für Unternehmen falsch, nur die rechte Ausprägung mit dem Key Account Management anzustreben, weil auch die weiteren Ziele für Produktsparten und Länder zu erfüllen sind.

Fazit und Ausblick: Schlüssige Systeme für das Key Account Management 335

Stellgrössen für Key Account Management	Ausprägung	
Analyse		
Inhalt extern	Kundenklassifikation und -selektion, Kunden-Portfolioanalysen	Analyse von Kundengruppen, z. B. nach Abnehmerbranchen, standardisierte Kundenzufriedenheits-Analysen
Inhalt intern	Quantitative Umsatz- und Ertragsanalysen nach Kunden; Potenzialanalysen	Qualitative Leistungs- und Fähigkeitsanalysen
Methoden	Marktforschung	Qualitative Kundenforschung
Informationssystem (vgl. Controlling)	Informationssystem nach Produkten und Ländern	Gezielte Informationen über aktuelle und potenzielle Schlüsselkunden
Strategie und Gesamtkonzept		
Ansatz der Gestaltungsebenen	Schwerpunkt Funktionales KAM (Analyse und Realisierung)	Schwerpunkt Organisationales KAM (Intergration und Fundament)
KAM-Schwerpunkte (Fächer)	Strategie	Leistungen	Personelle Voraussetzungen

	Geringer Anteil von Grosskunden im Gesamtgeschäft (<20 %)	Mittlerer Anteil von Grosskunden am Gesamtgeschäft (<50 %)	Dominierender Anteil von Grosskunden (<80 %)
Angestrebtes Kundenportfolio	Geringer Anteil von Grosskunden im Gesamtgeschäft (<20 %)	Mittlerer Anteil von Grosskunden am Gesamtgeschäft (<50 %)	Dominierender Anteil von Grosskunden (<80 %)
Selektion von Key Accounts	Passive Bearbeitung von entstandenen KAM-Geschäftsbeziehungen		Breite und systematische Selektion von Key Accounts
Zielrichtung für alle/mehrere/einzelne Kunden	Frühwarnung	Cross Selling	Partnerschaft
Leistung			
Leistungsstrategie	Produktanbieter mit Zusatzleistungen für Key Accounts		Umfassender Problemlöser für Key Accounts
Leistungsniveau für alle/mehrere/einzelne Kunden	Teile- und Spotgeschäft, Produktlieferant	Verzahnte und schlanke Zusammenarbeit	Operative Partnerschaft
Standardisierung	Kundenindividuelle Leistung		Differenzierte Standardisierung/Individualisierung, situative Spielregeln für die Zusammenarbeit
Preisgestaltung	Lokale, kundenindividuelle und handlungsgetriebene Preisgestaltung	Preissystem für Produkte und Dienstleistungen	Selektive (internationale) Preisharmonisierung nach Kunden, Leistungen, Ländern

Gegenleistung des Kunden	Definierte Leistungen des Anbieters	Definierte Leistungen des Kunden
Humanpotenzial (vgl. auch Organisation)		
Qualifikation der KAM-Manager	Interner Experte mit Teilqualifikationen aus früherer, interner Tätigkeit	Kundenexperte (evtl. frühere Aufgaben als Supply Manager auf Kundenseite)
Selektion und Development der Key-Account-Manager	Entwicklung bezeichneter Mitarbeiter aus anderen Aufgaben „on the job"	Interne und externe Suche und Selektion von Key-Account-Managern nach Soll-Profilen	Key-Account-Manager-Schulung und -Entwicklungs Workshops
Lohnsystem	Fix	Fix und Incentives
Bemessungsgrundlage für variablen Lohnanteil	Umsatz Gesamtunternehmen	Umsatz Key Accounts
Organisation und Prozesse		
Dominierendes Organisationskriterium für das Gesamtunternehmen	Produkte, Produktion und Technologien	Länder, Regionen, Gebiete	Distributionskanäle

Hierarchische Einbindung	Integration Vertrieb	Integration Sparten	Integration Länder
Stab/Linie	KAM als Stab		KAM in der Linie
Prozesse	Ad hoc Prozesse für die Aufgaben bei Key Accounts		Differenzierte Prozessorientierung für Akquisition und Bindung
Selbstständigkeit	Projekt- und Teamorganisation		Integration des KAM in der Strukturorganisation
Teams 1	Virtuelle Teams		Sporadische Teams
Teams 2	KAM als Einzelkämpfer in situativer Kooperation mit internen Stellen		Situative, temporäre Teams für Kunden
Rolle des Key-Account-Managers im Team	Unsichtbarer Orchestrator	Informeller KAM-Teamleiter	Autonomes KAM-Team (ohne Leistung)
Aufgabe	Selektive Ergänzung des bestehenden Vertriebs		One Voice to the Customer
Zuständigkeit 1	Ergänzende Betreuung des Kunden		Selektive Betreuung von Projekten und Aufgaben für Kunden
Zuständigkeit 2	Lead für Key Accounts mit Heimland in eigenem Gebiet		Nationale Key Accounts

	Key Account Manager als Nebenaufgabe	1 KAM für mehrere Kunden	1 KAM für viele Kunden
Kapazitäten			
Verhandlungskompetenz	Verhandlungsführung	Selektive Verhandlung Preise und Leistungen (Sonderfälle)	
Kompetenzen und Fähigkeiten	Koordination intern	Koordination bei Kunden	
Controlling, Finanzierung und Informationssystem			
Controlling	Umsatz (Vergangenheit) und Potenziale	Umsatz und Ertrag (Vergangenheit und Potenziale)	
Finanzierung	Sparten	Zentrale und Sparten	
Finanzieungs-Basis	%-Umsatz	%-Ertrag	
Informationssystem (vgl. Analyse)	Dezentrale Informationssysteme zu Key Accounts	Selektiv zentrale Information zu Key Accounts	

Abbildung 107: Stellgrössen für den Support des Key Account Management

Stellhebel

Balance

Für die Anwendung dieser Morphologie empfehlen wir die Stellhebel zu prüfen und allenfalls zu ergänzen, vor allem aber die unwichtigen Bereiche zu streichen. Ein Key-Account-Manager wird dabei andere Bereiche beeinflussen als beispielsweise das Top Management. Die Abbildung unterscheidet aber nicht mehr zwischen funktionalem und organisatorischem Key Account Management. In der Praxis sind diese beiden Zugänge auch nicht immer klar voneinander zu trennen. Wichtig ist weniger, ob Key-Account-Manager oder Management zuständig sind, sondern dass die Stellhebel genutzt werden.

Schwache Positionen des Key Account Management lassen sich mit starken Ausprägungen kombinieren und damit kompensieren. So lässt sich beispielsweise ein sonst recht „zahnloses" Key Account Management durch eine direkte Anbindung an den CEO eines Unternehmens stark aufwerten; wobei diese Lösung nur dann funktioniert, wenn sich der Firmenleiter auch um entstehende Chancen und Probleme mit Key Accounts kümmert.

Nochmals: Typisch für Unternehmen ist die Herausforderung zwischen den übrigen Spezialisierungen des Unternehmens nach Sparten, Produkten, Ländern und Regionen sowie Kanälen die richtige Balance zu finden. Ein Unternehmen mit einer starken Spartenkultur und dezentralen Führung greift mit dem Key Account Management nur sehr selektiv ein. Grundsätzliches Ziel ist es dabei, die Vorteile der Spartenführung zu behalten und mit dem Key Account Management mögliche Nachteile in der Kundenbeziehung zu vermeiden. Häufig spielen dann Beschwerden und Krisen in der Zusammenarbeit mit dem Kunden für das Key Account Management eine grosse Rolle. Key Account Management ist damit keine prägende Ausrichtung des Unternehmens, sondern eher eine Zusatzdimension, die bestehende Organisationsstrukturen subtil überlagert und nur schrittweise verstärkt.

In den meisten Unternehmen, die wir bisher antrafen, empfinden die verantwortlichen Key-Account-Manager ihre Kompetenzen, die Ressourcen, die Kapazitäten oder ihre Hierarchieebene als ungenügend, um die anspruchsvollen Aufgaben für Kunden zu erfüllen und die Zusammenarbeit wirklich zu gestalten und wirksam zu verbessern. Die internen Abhängigkeiten scheinen ihnen zu gross. Laufend bemühen sie sich zu vermitteln und weitere Spezialisten für Kundenaufgaben zu motivieren. Dabei sind diese Mitarbeiter oft auf den Produkt- oder Spartenerfolg ausgerichtet und für Kundenprojekte erst sekundär motiviert. Zwischen den vollmundig formulierten Ansprüchen an ein Key Account Management und seinen Möglichkeiten im Unternehmen besteht tatsächlich häufig eine grosse Diskrepanz. Entsprechend hoch ist das Frustrationspotenzial der Verantwortlichen für Key Accounts. Sie fühlen sich als „go between", ohne direkten Zugriff. Sie überzeugen und koordinieren und können wenig entscheiden. Ähnliche Phänomene sind übrigens auch im Produktmanagement anzutreffen.

Trotzdem sind diese Kompromisse oft nötig und sinnvoll, weil beispielsweise manche Unternehmen

- auch viele spezifische Spartenkunden bearbeiten
- für kleinere Kunden den internen Aufwand der Koordination nicht leisten wollen oder können
- keine integrierten Angebote erreichen, weil auch Grosskunden ihre Beschaffung sehr dezentral führen
- mehrheitlich nationale und nicht nur globale Kunden betreuen

Unternehmen, die sich nur auf Key Accounts und grosse Mandate oder Projekte konzentrieren, kennen wenige Probleme im Key Account Management. Aber meistens ist das Geschäft mit Key Accounts differenziert und gleichzeitig integriert mit weiteren Geschäftsausrichtungen. Es gilt deshalb, die Kompromisse bewusst einzugehen, zu gestalten und (besonders nach innen) transparent zu erklären.

Kompromisse eingehen

In einem Entwicklungsplan lässt sich festlegen, mit welchen Stellgrössen ein Unternehmen die Position des Key Account Management schrittweise steigert. Der morphologische Kasten von Abbildung 107 ist dabei eine Hilfe.

Mit diesen Stellgrössen liesse sich belegen, dass aussen- und innenorientierte, system- und menschgetriebene, ergänzende und prägende Vorgehensweisen möglich sind. In spezifischen Konstellationen können diese Ansätze alle die Besten sein.

Haben Sie bereits in Ihrem Unternehmen ein Key Account Management? Ist das Thema schon alt und nicht mehr wichtig? Key Account Management setzt bei der Leistungsgestaltung für die grössten und anspruchsvollsten Kunden an. Dies stellt eine permanente Herausforderung dar. Was heute einzigartig ist, wird morgen

Ausblick

im Markt selbstverständlich. Deshalb lohnt es sich, genügend Kraft für diese Aufgabe einzusetzen. Ob Key Account Management eingesetzt wird, ist nicht die Frage. Vielmehr geht es darum, die Professionalität und Leistungsfähigkeit laufend zu steigern, also Key Account Management zu gestalten.

Ist es zweckmässig, am Schluss eines Buchs die Schwierigkeiten aufzuzeigen? Wir meinen, dass Key Account Management gerade deshalb für Unternehmen und Kundenverantwortliche spannend ist. Wer anspruchsvolle Aufgaben besser als die Wettbewerber löst, schafft nachhaltige Wettbewerbs- und Kundenvorteile. Was alle können, ist nicht besonders ergiebig und interessant. Neue Ansprüche erkennen wir für Praxis und Forschung. Dieses Werk ist ein Zwischenschritt. Weiter als das Bestehende, aber noch nicht weit genug.

Literaturverzeichnis

Anderson, J. C./Narus, J. A. (1998): Business Marketing: Understand What Customers Value, in: Havard Business Review, Vol. 76, No. 6/1998, pp. 53-65.
Ansoff (1976): From strategic planning to strategic management, London.
Argyris, Ch. (1998): Empowerment - nur eine Illusion? in: Harvard Business Manager, 20. Jg., Nr. 6/1998, S. 9-16.
Argyris, Ch./Schön, D. (1978): Organizational Learning: A Theorie of Action perspective, Addison-Wesley.
Arnold, M. P. (2002): Wissensmanagement für Global Accounts, Dissertation, Universität St.Gallen.
Arnold, M. P./Belz, Ch./Senn, Ch. (2001): Leveraging Knowledge in Global Key Account Management, Fachbericht für Marketing, Nr.1/2001, St.Gallen.
Backhaus, K. (1997): Industriegütermarketing, 5. Aufl., München.
Backhaus, K. (1999): Industriegütermarketing, 6. Aufl., München.
Backhaus, K. (2003): Industriegütermarketing, 7. Aufl., München.
Backhaus, K./Büschken, J./Voeth, M. (1998): Internationales Marketing, 2. Aufl., Stuttgart.
Bald, M. (1994): Grosskunden gewinnen und professionell betreuen: Aufbau und Arbeitstechniken des erfolgreichen Key Account Management, München.
Barth, K./Lockau, I. (1999): Globales Team-Selling: Konzept – Umsetzungsprobleme – Lösungsansätze, in: Thexis, Nr. 4/1999, S. 48-52.
Bastian, Ch. (2000): Mitarbeiterführung im Vertrieb: Anreizsysteme auf dem Prüfstand, in: Reichwald, R./Bullinger, H. J. (Hrsg.): Vertriebsmanagement: Organisation, Technologieeinsatz, Personal, Stuttgart, S. 293-323.
Bauer, R. A.(2000): Vertriebsorganisation: Kundenorientierung durch effektive Strukturen, in: Reichwald, R./Bullinger, H. J. (Hrsg.): Vertriebsmanagement: Organisation, Technologieeinsatz, Personal, Stuttgart, S. 35-83.
Becker, J. (1992): Marketing-Konzeption: Grundlagen des strategischen Marketing-Managements, 4. Aufl., München.
Becker, F. G. (2000): Anreizsysteme als Instrumente der strukturellen Mitarbeiterführung elektronisch veröffentlicht unter www.flexible-unternehmen.com/kv0605.html vom 19.04.2000.
Bellaiche, Ch. (2000): Aufbau und Führung von Global Account Management, Weiterbildungsseminar der Universität St.Gallen, vom 18.09.2000, St. Gallen.
Belz, Ch. (1998): Akzente im innovativen Marketing, St.Gallen.
Belz, Ch. (1999): Akzente im innovativen Marketing, St. Gallen.
Belz, Ch. (1993): Konzept des Key Account Management, in: Thexis, 10. Jg., Nr. 3/1993, S. 4.
Belz, Ch. et al (1991): Erfolgreiche Leistungssysteme: Anleitung und Beispiele, Stuttgart.
Belz, Ch./Mühlmeyer, J. (2001): Key Supplier Management, St.Gallen/Neuwied.
Belz, Ch./Müllner, M./Senn, Ch. (1999): Die Implementierung globaler Marketingstrategien in Industrieunternehmen, Fachbericht für Marketing, Nr. 1/1999, St. Gallen.
Belz, Ch./Müllner, M./Zupancic, D. (2002): Key Account Management Teil 3: Das St. Galler KAM-Konzept: Ganzheitliches Key Account Management, in: Albers, S./Hassmann, V./Tomczak, T. (Hrsg.): Loseblattsammlung Verkauf, Nr. 2/2002, Düsseldorf.
Belz, Ch./Schuh, G./Groos, S. A./Reinecke, S. (1997): Industrie als Dienstleister, St.Gallen.
Belz, Ch./Reinhold, M. (1999): Anleitung zum Vertriebserfolg, in: Belz, Ch./Reinhold, M. (Hrsg.): Internationales Vertriebsmanagement für Industriegüter, St. Gallen/Wien, S. 15-221.
Belz, Ch./Reinhold, M. (1999): Internationales Vertriebsmanagement für Industriegüter, St. Gallen/Wien.
Belz, Ch./Senn, Ch. (1994): Strategische Optionen im Key Account Management – Überlegungen zu einer situativen Gestaltung der Zusammenarbeit mit Schlüsselkunden, in: Tomczak, T./Belz, Ch. (Hrsg.): Kundennähe realisieren: Ideen – Konzepte – Methoden – Erfahrungen, St. Gallen, S. 159-175.
Belz, Ch./Senn, Ch. (1995): Richtig umgehen mit den Schlüsselkunden, in: Harvard Business Manager, 17 Jg., Nr. 2/1995, S. 45-54.

Berekoven, L./ Eckert, W./Ellenrieder, P. (1996): Marktforschung: Methodische Grund-lagen und praktische Anwendung, 7. Aufl., Wiesbaden.

Berger, M. (1998): Going global: implications for communication and leadership training in: Industrial and Commercial Training, Vol. 30, No. 4/1998, pp. 123-127.

Bhote, K. R. (1989): Strategic Supply Management: A Blueprint for Revitalizing the Manufacturer-Supplier Partnership, New York.

Bickelmann, R. E. (2001): Key Account Management. Erfolgsfaktoren für die Kundensteuerung - Strategien, Systeme, Tools , Wiesbaden.

Biesel, H. H. (2002): Kundenmanagement im Multi-Channel-Vertrieb. Strategien und Werkzeuge für die konsequente Kundenorientierung, Wiesbaden.

Bösch, W./Schreiber, M./Wirbals, H. (2000): Entwicklung und Implementierung von Selling Teams und ihre Einbindung in die integrierte Kundenkommunikation, in: Thexis, 17. Jg., Nr. 4/2000, S. 12-16.

Boles, J. S./Pilling, B. K./Goodwyn, G. W. (1994): Revitalizing your national account marketing programm, in: Journal of Business and Industrial Marketing, Vol. 9, No. 1/1994, pp. 24-33.

Boutellier, R./Schuh, G./Seghezzi, H. D. (1997): Industrielle Produktion und Kundennähe - Ein Widerspruch?, in: Schuh, G./Wiendahl, H. P. (Hrsg.): Komplexität und Agilität: Festschrift zum 60. Geburtstag von Professor Walter Eversheim, Berlin/New York, S. 37-63.

Brahm, C./Kleiner, B. H. (1996): Advantages and disadvantages of group decision-making approaches, in: Team Performance Management, Vol. 2, No. 1/1996, pp. 30-35.

Brankamp/Tobias (2002): Es geht auch anders, in: brand eins, o. Jg., Nr.1/2002.

Brielmaier, A. (1998): Euro Key Account Management: Konzeptionelle und organisatorische Gestaltung des Vertriebsmanagements im Konsumgütergeschäft mit internationalen Key Accounts, Nürnberg.

Bühner, R./Akitürk, D. (2000): Die Mitarbeiter mit einer Scorecard führen in: Harvard Business Manager, 22. Jg., Nr. 4/2000, S. 44-53.

Burr, W. (1998): Organisation durch Regeln, in: Die Betriebswirtschaft, 58. Jg., Nr. 3/1998, S. 312-331.

Bussmann, W./Rutschke, K. (1996): Team Selling: Gemeinsam zu neuen Vertriebserfolgen, Landsberg/Lech.

Conger, J. A. (1989): The charismatic leader, San Francisco/London.

Cook, S./Macaulay, S. (1997): How colleagues and customers can help improve team performance, in: Team Performance Management, Vol. 3, No. 1/1997, pp. 12-17.

D'Cruz, J. R. (2000): Management Development via Web-based Training: The Multinational Strategy Game, in: Welge, M. K./ Häring, K./Voss, A. (Hrsg.): Management Development: Praxis, Trends und Perspektiven, Stuttgart, S. 241-273.

Deci, E. L./Ryan R. M (1985): Intrinsic Motivation and Self-Determination in Human Behavior, New York.

Deking, I./Meier, R (2000): Vertriebscontrolling: Grundlagen für ein innovatives, anwendungsorientiertes Verständnis, in: Reichwald, R./Bullinger, H. J., (Hrsg.): Vertriebsmanagement: Organisation, Technologieeinsatz, Personal, Stuttgart, S. 249-267.

Diller, H. (1989): Key Account Management als vertikales Marketingkonzept, in: Marketing ZFP, Nr. 4/1989, S. 213-223.

Diller, H. (1992): Euro-Key-Account-Management, in: Marketing ZFP, Nr. 4/1992, S. 239-245.

Diller, H. (1993): Key Account Management: Alter Wein in neuen Schläuchen?, in: Thexis, 10. Jg., Nr. 3/1993, S. 6-16.

Ebert, H. J./Lauer H. (1988): Key-Account-Management: Der Schlüssel zum Verkaufserfolg, Bamberg.

Erffmeyer, R. C./Johnson, D. A. (1997): The future of sales training: making choices among six distance education methods, in: Journal of Business & Industrial Marketing, Vol. 12, No. 3/4, pp. 185-195.

Flory, M. (1995): Computergestützter Vertrieb von Investitionsgütern: Analyse, Gestaltungsempfehlungen, Perspektiven, Dissertation, Wiesbaden.

Fopp, L. (1998): Vier Vorgehensalternativen zum erfolgreichen Business Change, in: io management, 68. Jg., Nr. 10/1998, S. 42-46.

Frey, B. S./Osterloh, M (2000): Motivation – der zwiespältige Produktionsfaktor. in: Frey, B. S./Osterloh, M. (Hrsg.): Managing Motivation, Wiesbaden, S. 20-42.

Fritschi, A. (1998): Expertengespräch in Basel am 30.11.1998, in: Zupancic, D. (2001): International Key Account Management Teams: Koordination und Implementierung aus der Perspektive des Industriegütermarketing, St.Gallen.

Fritschi, A. (1999): Global Key Account Management bei ABB: Erfolg kennt keine (Länder-)Grenzen, in: Thexis 16. Jg., Nr. 4/1999, S. 26-29.

Fröhlich, W./Gindert, Ch. (1996): Personalmanagement zur Unterstützung internatio-naler Teams, in: Berndt, R. (Hrsg.): Global Management, Berlin/New York, S. 477-492.

Funk, R. (2001): Führen mit Flip-Chart: Moderation, in: Managerseminare, Nr. 46/2001, S. 48-56.

Gaitanides, M./Diller, H. (1989): Grosskundenmanagement – Überlegungen und Befunde zur organisatorischen Gestaltung und Effizienz, in: Die Betriebswirtschaft, Vol. 49, Nr. 2/1989, S. 185-197.

Gesteland, R. R. (1999): Global Business Behaviour: erfolgreiches Verhalten und Verhandeln im internationalen Geschäft, Zürich.

Gomez, P./Zimmermann, T. (1993): Unternehmensorganisation: Profile, Dynamik, Methodik, 2. Aufl., Frankfurt am Main/New York.

Götz, P. (1998): Kap. 2: Strategische Analyse, in: Diller, H. (Hrsg.): Marketingplanung, 2. Aufl., München.

Götz, P. (1995): Key-Account-Management im Zuliefergeschäft: eine theoretische und empirische Untersuchung, Dissertation, Universität Erlangen-Nürnberg.

Grieco, P. L./Cooper, C. R. (1995): Power purchasing: supply management in the 21st century, West Palm Beach.

Gruner, K./Garbe, B./Homburg, Ch. (1997): Produkt- und Key-Account-Management als objektorientierte Formen der Marketingorganisation, in: Die Betriebswirtschaft, 57. Jg., Nr. 2/1997, S. 234-251.

Häusel, H.-G. (2003): Führen mit Köpfchen, in: Harvard Business Manager, 26. Jg., Nr. 4/2003, S. 18.

Hansen, M. T./Nohria, N./Tierney, T. (1999): Wie managen Sie das Wissen in Ihrem Unternehmen?, in: Harvard Business Manager, 21. Jg., Nr. 5/1999, S. 85-96.

Heinrich, L. (1992): Informationsmanagement: Planung, Überwachung und Steuerung der Informationsinfrastruktur, 4. Aufl., München/Wien/Oldenbourg.

Helfert, G. (1998): Teams im Relationship Marketing: Design effektiver Kundenbeziehungsteams, Wiesbaden.

Herrmann, A./Huber, F./Braunstein, Ch. (2000): Kundenzufriedenheit garantiert nicht immer mehr Gewinn, in: Harvard Business Manager, 22. Jg., Nr. 1/2000, S. 45-55.

Hilb, M. (2000): Integriertes Personalmanagement, 5. Aufl., Berlin.

Hilker, J. (1993): Marketingimplementierung: Grundlagen und Umsetzung am Beispiel ostdeutscher Unternehmen, Dissertation, Wiesbaden.

Hilti, R. (1999): Expertengespräch in FL-Schaan am 22.09.1999, in: Zupancic, D. (2001): International Key Account Management Teams: Koordination und Implementierung aus der Perspektive des Industriegütermarketing, St. Gallen.

Hilti, R. (2001): Expertengespräch in FL-Schaan am 10.01.2001, in: Zupancic, D. (2001): International Key Account Management Teams: Koordination und Implementierung aus der Perspektive des Industriegütermarketing, St. Gallen.

Jensen, O. (2001): Key-Account-Management, Gestaltung – Determinanten – Erfolgsauswirkungen, Wiesbaden.

IKAM-Befragung (2000): Schriftliche Befragung zum Key Account Management, in: Zupancic, D. (2001): International Key Account Management Teams: Koordination und Implementierung aus der Perspektive des Industriegütermarketing, St. Gallen.

Kanter, R./Stein, B. A./Jick (1992): The Challenge of Organizational Change, New York.

Kaplan, N./Norton, D. P. (1992): The balanced scorecard-measures that drive performance, in: International Business Review, Vol. 1, No. 1/1992, pp. 71-79.

Kemna, H. (1979): Key Account Management: Verkaufserfolg der Zukunft durch Kundenorientierung, München.

Klumpp, Th. (2000): Zusammenarbeit von Marketing und Verkauf: Implementierung eines integrierten Marketing in Industriegüterunternehmen, St. Gallen.

Kogut, B./Zander, U. (1992): Knowledge of the firm: Combinative Capabilities and the Replication of Technology, in: Organization Science, Vol. 3, No. 3/1992, pp. 383-397.

Kotler, P./Bliemel F. (1995): Marketing-Management: Analyse, Planung, Umsetzung und Steuerung, 8. Aufl., Stuttgart.

Kotter, J. P. (1995): Acht Kardinalfehler bei der Transformation, in: Harvard Business Manager, 17. Jg., Nr. 3/1995, S. 21-28.

Kundert, H. (2000): Expertengespräch in Zürich am 28.09.1999, in: Zupancic, D. (2001): International Key Account Management Teams: Koordination und Implementierung aus der Perspektive des Industriegütermarketing, St. Gallen.

Küng, P./Schillig, B. /Toscano, R. (2002): Key Account Management, Midas Management Verlag.

Küng, P./Schilling, B./Toscano-Ruffilli, R. (2002): Key Account Management: Praxistipps – Beispiele – Werkzeuge, St. Gallen/Zürich.

Kuss, A./Tomczak, T. (1998): Marketingplanung: Einführung in die marktorientierte Unternehmens- und Geschäftsfeldplanung, 1. Aufl., Wiesbaden.

Lassmann, A. (1992): Organisatorische Koordination Konzepte und Prinzipien zur Einordnung von Teilaufgaben, Wiesbaden.

Lewin, K. (1947): Frontiers in group dynamics, in: Human Relations, Vol. 1, No. 1/1947, pp. 5-41.

Lipnack, J./Stamps, J. (1998): Virtuelle Teams: Projekte ohne Grenzen, Teambuilding, virtuelle Orte, intelligentes Arbeiten, Vertrauen in Teams, Wien.

Lockau, I. (2000): Organisation des Global-Account-Management im Industriegütersektor, Dissertation, Duisburg.

Lockau, I./Schmidt, E. (2000): Organisation des Global Account Management im Industriegütersektor, Bielefeld.

Lutz, J./Naumann, S./Obermeier, B. (2001): Das Kreuz mit Prämien und Boni, in: Business 2.0 DE, Nr.1/2001, S. 62-63.

March, J. G./Simon, H. A. (1958): Organizations, New York/London/Sidney.

McGregor, D. (1960): The Human Side of Enterprise, New York/Toronto/London.

Meffert, H./Bolz, J. (1994): Internationales Marketing-Management, 2. Aufl., Stuttgart/Berlin/Köln.

Mercuri Deutschland (2002): Schulungsunterlagen zum Seminar Key Account Management, Mercuri International Deutschland GmbH, Meerbusch.

Meyer, K. (2000): Management Weiterbildung in virtuellen Welten: Flexibilisierung durch Distance Learning, in: Welge, M. K./Häring, K./Voss, A. (Hrsg.): Management Development: Praxis, Trends und Perspektiven, Stuttgart, S. 195-209.

Millman, T. F./Wilson, K. J. (1999): Processual issues in Key Account Management: underpinning the customer-facing organisation, in: Journal of Business and Industrial Marketing, Vol. 14, No. 4/1999, pp. 328-344.

Mintzberg, H. (1980): The nature of managerial work, 2. Aufl., New York.

Montgomery, D. B./Yip, G. S./Villalonga, B. (1999): The use and performance effect of global account management: An empirical analysis using structural equations modeling, Stanford Research Paper, No. 1481.

Mühlmeyer, J. (2001): Internationale Preisharmonisierung im Business-to-Business-Geschäft, St. Gallen.

Müllner, M. (2002): Leistungen für International Key Accounts auf Industriegütermärkten, St. Gallen.

Müllner, M./Zupancic, D. (1999): Betreuung globaler Kunden, in: Marketing & Kommunikation, 68. Jg., Nr. 11/1999, S. 22-23.

Müllner, M./Zupancic, D. (2002): Scorecard für Schlüsselkunden, in: new management, 71. Jg., Nr. 4/2002, S. 18-24.

Napolitano, L. (1999): Vortrag, World Class Customer-Supplier Partnering, SAMA-Conference, vom 11.02.1999, Amsterdam.

Nieschlag, R./Dichtl, E./Hörschgen, H. (1994): Marketing, 17. Aufl., Berlin.

Nonaka, I./Takeuchi, H. (1997): Die Organisation des Wissens: Wie japanische Unternehmen eine brachliegende Ressource nutzbar machen, Frankfurt am Main/New York.

O'Hara-Devereaux, M./Johansen, R. (1994): Global work: Bridging Distance, Culture and Time, San Francisco.

Ottaway, R. N. (1983): The Change Agent: A Taxonomy in Relation to the Change Process, in: Human Relations, Vol. 36, No. 4/1983, pp. 361-392.

o. V. (1999): Expertengespräch in Deutschland am 02.08.1999, in: Zupancic, D. (2001): International Key Account Management Teams: Koordination und Implementierung aus der Perspektive des Industriegütermarketing, St. Gallen.

Picot, A./Freudenberg, H./Gassner, W. (1999): Die neue Organisation - 'ganz nach Mass geschneidert, in: Harvard Business Manager, 21. Jg., Nr. 5/1999, S. 46-58.

Picot, A./Reichwald, R./Wiegand, R. T. (1996): Die grenzenlose Unternehmung: Information, Organisation und Management: Lehrbuch zur Unternehmensführung im Informationszeitalter, Wiesbaden.

Platzer, L. (1984): Managing National Accounts, Report No. 850, The Conference Board, New York.

Porter, M. E. (1986): Wettbewerbsvorteile, Frankfurt am Main.

Putze, T. (2000): Expertengespräch in Essen am 28.12.1999, in: Zupancic, D. (2001): International Key Account Management Teams: Koordination und Implementierung aus der Perspektive des Industriegütermarketing, St. Gallen.

Rackham, N./DeVincentis, J. (1999): Rethinking the Sales Force: Redefining Selling to Create and Capture Customer Value, New York.

Rau, H. (1994): Key Account Management: Konzepte für wirksames Beziehungsmanagement. Wiesbaden.

Richter, M. (1994): Organisationsentwicklung: Entwicklungsgeschichtliche Rekonstruktion und Zukunftsperspektiven eines normativen Ansatzes, Bern.

Rieker, S. A. (1995): Bedeutende Kunden, Wiesbaden.

Rudolph, Th. (1994): Positionierungs- und Profilierungsstrategien im Europäischen Einzelhandel, St. Gallen.

Schein, E. H. (1995): Interne Kultur: Ein Handbuch für Führungskräfte, Frankfurt am Main/ New York.

Schircks, A. D. (1994): Management Development und Führung: Konzepte, Instrumente und Praxis des strategischen und operativen Management Development, Göttingen.

Scholz, R. (1993): Geschäftsprozessoptimierung, Dissertation, Hamburg.

Scholz, Ch. (2000): Personalmanagement: Informationsorientierte und verhaltenstheoretische Grundlagen, 5. Aufl., München.

Schütze, R. (1992): Kundenzufriedenheit. After Sales Marketing auf industriellen Märkten, Wiesbaden.

Schweyer (2000): Vortrag, Kundenworkshops bei Siemens, Symposium zum Global Account Management, vom 10.02.2000, Zürich.

Shapiro, B. P./Moriarty, R. T. (1984), Organizing the National Account Force, Report No. 84-101, Marketing Science Institute, Cambridge.

Senn, Ch. (1996): Key Account Management für Investitionsgüter, Dissertation, Hallstadt.

Senn, Ch. (1997): Key Accout Management für Investitionsgüter: Ein Leitfaden für den erfolgreichen Umgang mit Schlüsselkunden, Wien.

Senn, Ch. (2000): Key Account Management, in: Albers, S./Hassmann, V./Somm, F./Tomczak, T. (Hrsg.): Verkauf: Kundenmanagement, Vertriebssteuerung, E-Commerce, Loseblattsammlung, 3/2000, Wiesbaden.

Senn, Ch./Suger, D. (2000): Mit internationalem Key Account Management zum Erfolg: Vom Marketing-Accessoire zum strategischen Erfolgskonzept, in: io management, 69. Jg., Nr. 9/2000, S. 18-23.

Sidow, H. D. (1991): Key Account Management: Wettbewerbsvorteile durch kundenbezogene Verkaufsstrategien, Landsberg/Lech.

Sprenger, R. K. (1992): Mythos Motivation: Wege aus der Sackgasse, Frankfurt am Main/New York.

Staehle, W. H. (1999): Management: eine verhaltenswissenschaftliche Perspektive, 8. Aufl., München.

Stahlknecht, P. (1993): Einführung in die Wirtschaftsinformatik, 6. Aufl., Berlin et al.

Steinmann, H./Schreyögg, G. (1991): Management: Grundlagen der Unternehmensführung: Konzepte, Funktionen und Praxisfälle, 2. Aufl., Wiesbaden.

Steinmann, H./Schreyögg, G. (1997): Management: Grundlagen der Unternehmensführung: Konzepte, Funktionen und Fallstudien, 4. Aufl., Wiesbaden.

Stevenson, Th. H. (1981): Payoffs from National Account Management, in: Industrial Marketing Management, No. 10/1981, pp. 119-124.

Storp, N. (2002): Key-Account-Management und E-Commerce – Konzeptionelle Ausgestaltung des Key-Account-Managements durch E-Commerce im Business-to-Business-Geschäft, Dissertation, Nürnberg.

Svensson, T. (1999): Vortrag, Building Virtual Sales Teams: Reaching Across Space, Time and Organizations with Technology, SAMA-Conference, vom 12.02.1999, Amsterdam.

Thiller, E. (1998): Expertengespräch, in: Zupancic, D. (2001): International Key Account Management Teams: Koordination und Implementierung aus der Perspektive des Industriegütermarketing, St. Gallen.

Thompson, J. D. (1967): Organizations in Action: Social Science Bases of Administrative Theory, New York.

Tomczak, T./Kuss, A. (2002): Marketingplanung – Einführung in die marktorientierte Unternehmens- und Geschäftsfeldplanung, 3. überarb. Aufl., Wiesbaden.

Tomczak, T./Reinecke, S. (1996): Der aufgabenorientierte Ansatz: Eine neue Perspektive für das Marketing-Management, St. Gallen.

Tomczak, T./Reinecke, S. (1998): Best Pracitice in Marketing: Auf der Suche nach Marketing-Spitzenleistungen, in: Tomczak, T./Reinecke, S. (Hrsg.): Best Practice in Marketing: Erfolgsbeispiele zu den vier Kernaufgaben im Marketing, St.Gallen/Wien, S. 9-34.

Tomczak, T./Reinecke, S. (1999): Der aufgabenorientierte Ansatz als Basis eines marktorientierten Wertmanagements, in: Grüning, R./Pasquier, M. (Hrsg.): Strategisches Management und Marketing, Bern/Stuttgart/Wien, S. 293-327.

Verra, G. J. (1994): International Account Management, Dissertation, Utrecht.

Walkenbach, B. (2000): GAM in einer wissensbasierten Ökonomie, Vortrag, Euroforum Konferenz, vom 15.09.2000, Köln.

Webster, F. E./Wind, Y. (1972): Organizational Buying Behavior, Englewood Cliffs/New Jersey.

Weilbaker (1999): Global Account Management and Compensation, Illinois.

Weinhold-Stünzi, H. (1988): Marketing in 20 Lektionen, 23. Aufl., St. Gallen.

Welge, M. K./Holtbrügge, D. (1998): Internationales Management, Landsberg/Lech.

Wellins, R. S./Byham, W. C./Wilson, J. M. (1991): Empowered Teams: Creating Self-Directed Work Groups That Improve Quality, Productivity and Participation, San Francisco.

Wiedmann, K./ Raffée, H. (1989): Strategisches Marketing, Stuttgart.

Winkelhofer, G. (1997): Projektmanagement im Wandel der Zeit: Von der Aufgabenplanung zur lernenden Organisation, in: Schleiken, T./Winkelhofer, G. (Hrsg.): Unternehmenswandel mit Projektmanagement: Konzepte und Erfahrungen zur praktischen Umsetzung in Unternehmen, Würzburg/München, S. 11-27.

Witte, E. (1988): Innovationsfähige Organisationen, in: Witte, E./Hauschildt, J./Grün, O. (Hrsg.): Innovative Entscheidungsprozesse, Tübingen, S. 144-161.

Wittmer, G./Putze, T. (2000): Team Selling als Baustein einer Globalen Team Organisation, 17. Jg., Nr. 4/2000, S. 29-31.

Wöhe, G. (1990): Einführung in die Allgemeine Betriebswirtschaftslehre, 17. Aufl., München.

Wunderer, R. (2000): Führung und Zusammenarbeit: eine unternehmerische Führungslehre, 3. Aufl., Neuwied/Kriftel.

Yip, G. S./Madsen, T. L. (1996): Global account management: the new frontier in relationship marketing in: International Marketing Review, Vol. 13, No. 3/1996, pp. 24-42.

Zupancic, D. (2001): International Key Account Management Teams: Koordination und Implementierung aus der Perspektive des Industriegütermarketing, Dissertation, St. Gallen.

Zupancic, D./Müllner, M. (2000a): Strategie und Organisation der Bearbeitung internationaler Schlüsselkunden: Implementierungsansätze für das internationale Key Account Management, in: io management, 69. Jg., Nr. 11/2000, S. 47-55.

Zupancic, D./Müllner, M. (2000b): Implementierung bedürfnisadäquater Selling Teams, 17. Jg., Nr. 4/2000, S. 22-24.

Zupancic, D./Senn, Ch. (2000): Global Account Management: Eine Bestandsaufnahme in Wissenschaft und Praxis, Fachbericht für Marketing, Nr. 1/2000, St. Gallen.

Zupancic, D./Senn, Ch. (2000): Global Account Management: Eine Bestandsaufnahme in Wissenschaft und Praxis, Thexis Fachbericht für Marketing, Nr. 1/2000, St. Gallen.

Stichwortverzeichnis

A
ABB AG 114, 120
A-B-C-Teams 157
Account Development 190
Anforderungsprofil 237, 238
Antriebstechnik AG 273
Arbeits- und Lesehilfe 46
Aufgaben des Key Account Management 37
Aufgaben im KAM 137, 139, 147
Aufgabenträger 147

B
Balanced Scorecard 172, 303, 304
Baukasten des KAM 334
Bedeutung des KAM 208
Bedürfnisse der Key Accounts 107
Beschaffungsstrategien 53
Böhler-Uddeholm 222
Bosch AG 251
Branchenunterschiede im KAM 49, 51
Busak+Shamban 218
Business-to-Business 51
Business-to-Consumer 51
Buying-Center 68

C
Calorifer AG 229
Change Agents 277
Checklist 66, 72
Cleaning Corporation 199
Cockpit 179, 180, 315
Continental AG 111
Controlling 312
Cross-funktionale KAM-Teams 155

D
Degussa Goldschmidt AG 156, 164, 309
Dimensionen des KAM 50
Dotted Line 294
Dreiphasenmodell 131

DSM 224

E
Entscheidungsstrukturen 71
Entstehung des KAM 31
Entwicklungslinien des KAM 29, 260
Erfolgsfaktoren 32
Erfolgskontrolle 171
Ergänzungsteams 289
Exklusivität 223, 224

F
Feedback 134
Fleet Management 123
Fokussierung 142
Fundament 40
Fünf „S" 43
Fünf Fächer 43
Funktionales KAM 38, 44

G
GAM Competence Center 293
GAM 32
Gegenleistungen 129
Global Account Executive 165
Globale Teams 153
Globales Key Account Management 32

H
Hewlett Packard 311
Hilti AG 25, 103, 120, 123, 148, 164, 180, 190, 205, 210, 230, 242, 245, 248, 255, 265, 273, 287, 293
Honorierungssysteme 252ff.
Human-Ressource-Strategie 247

I
IKAM 32, 273
IKAM-Team 311
Implementierung 188, 259, 268
Implementierungsmodell 269
Implementierungsprozess 268, 275

Innovatives Marketing 21
Institutionelles KAM 285
Integration 40, 142
Integrations- und Synergiepotenzial 89
Integrationsteam 291
Interkulturelle Kompetenz 239
Internationaler Fit 56
Internationales Key Account Management 32
Internationalisierungsstufen 265
Interne Abhängigkeit 328
Interne Kommunikation 280
Interne Konflikte 86, 136
Interne Widerstände 217
Interne Workshops 65
Investitionsentscheidung 98

K
KAM-Balanced Scorecard 174
KAM-Cockpit 179, 180
KAM-Organisation 285
KAM-Programm 31f.
KAM-Teams 151
KAM-Zirkel 39, 184
Karrierepfade 248, 249
Key-Account-Management-Analyse 59
Key Account Selektion 205
Key Supplier Management 90, 91
Key Supply Management 55
Key-Account-Management-Teams 237
Key-Account-Plan 183, 186, 188
Klumpenrisiken 325
Know-how Abfluss 324
Knowledge Management 303, 307
Kompetenzanalyse 81f.
Kompetenznetz 240
Konfliktmanagement 212
Kooperation 83
Koordinationsleistungen 119, 121
Kunden- und Lieferantenanzahl 52
Kundenakquisition 143f.
Kundenbezogene Ziele 101
Kundenbindung 144f.
Kundenindividuelle Strategie 112
Kundenkonkurrenzierung 225
Kundennachteil 110

Kundenselektion 195, 205
Kundenstrukturen 60
Kundenvorteil 109, 110
Kundenwert 196
Kundenworkshops 67

L
Lead User Konzept 79
Leistungen für Key Accounts 107, 215
Leistungsinnovation 145f.
Leistungspakete 112, 116, 126
Leistungsprogramme 74
Leistungsrealisierung und –pflege 146f.
Leistungsstrategie 112, 114
Leistungsstrategische Ausrichtung 227, 229
Leistungssystem 117, 125
Lieferantenwechsel 326
Linienorganisation 285

M
Management by Objectives 101
Marketing, Vertikales 50
Masai Deutschland GmbH 220
Matrixorganisation 286
Mehrdimensionale Erfolgsmessung 171
Mehrwertstrategie 103
Messgrössen 87
Modulare Lösungen 231
Morphologie 56f.
MRI-Worldwide 186
Multinationale Kaufentscheidung 61f.
Multinationale Kontakte 165

N
NAMA 32
Neue Leistungen 216
Normstrategien des Key Account Management 93, 115
Nutzenpakete 219

O
Optimale Kundenanzahl 201
Organisation von Kunde und Lieferanten 54

Organisatorisches KAM 40, 195

P
Personalentwicklung 235, 243
Persönlichkeitsanalyse 62
Persönlichkeitstypen 70
Philips 155
Pilotphase 272
Planungs- und Abstimmungsprozess 305
Potenziale 90
Preisharmonisierung 221
Preispolitische Entscheidungen 219
Profilierungsleistungen 79
Projektteam 290, 291
Prozessmanagement 135, 137, 141, 143, 144, 145, 146
Prozessorganisation 138

Q
Qualitative Messgrössen 172
Quantitative Messgrössen 172

R
Rationale und emotionale Bedürfnisse 68
Rationalisierungsleistungen 119, 122
Referenzkunden 221
Reorganisation 23
Reporting 312
Ringier Print Adligenswil 98, 113
Risiken im KAM 319
Risikoreduktion 126
Roche 224
Rollen im Buying-Center 72
SAMA 33
SAP AG 137, 163
Schalenmodell 117
Schlüsselkundenstrategie 62f.
Schlüssel-Schloss-Analogie 38
Schott-Schleiffer 85
Schulthess Waschmaschinen AG 225
Schurter Gruppe 272
Scoring Modell 200
Siemens 67
Situatives KAM 47ff., 56

Skills 235
Spezialstahl AG 270
Spitzenleistungen 26
St.Galler KAM-Konzept 35ff.
Stabsstelle KAM 287
Standardisierung 23
Standardleistungen 79
Standardsoftware AG 197, 295
Stärke im KAM 43
Stellgrössen im KAM 334
Stellgrössen 339
Stil, analytischer 70
Stil, fördernder 70
Stil, kontrollierender 70
Stil, unterstützender 70
Strategie 89, 207
Strukturen und Verantwortung 84
Support-Elemente 41
Supportteam 292

T
Teamgrösse 156
Teamkonfiguration 158
Teamkoordination 159, 161
Teammitglieder 154
Teams 151
Teams, Virtuelle 99, 153
Tool: Analyse Buying-Center 73
Tool: Analyse Rollen 74
Tool: Beziehungsdiagramm 85
Tool: Kaufprozessanalyse 73
Tool: Kompetenzprofil 82
Tool: Lead-User-Konzept 79
Tool: Leistungsanalyse 77, 78, 79, 80
Tool: Persönlichkeitstypologie 69
Trainingskonzept 244

U
Unternehmensgrösse 53
Unternehmenshierarchie 287
Unternehmenskultur 284, 295
Unternehmensstruktur 284

V
Verhandlungen 130
Verkauf, klassischer 36
Vertikale Stufen 50
Verträge 127

Vertrauensleistungen 119
„VIP"-Leistungen 231
Virtualisierung 240
Vision 99

W
Wertkettenanalyse 61, 65
Wettbewerbsdifferenzierung 116
Win-Win-Partnerschaften 94
Win-Win-Portfolio 95
Win-Win-Vorteil 95

Z
Zielhierarchien 102
Zukunfts- und aktionsorientiertes
    Controlling 313
Zukunftsleistungen 79

Autorenprofile

Prof. Dr. Christian Belz

Prof. Dr. oec. **Christian Belz** ist Ordinarius für Marketing an der Universität St. Gallen (HSG) und Geschäftsführender Direktor des Instituts für Marketing und Handel (IMH-HSG).
Das Institut ist unternehmerisch geführt und gemeinsame Entwicklungsprojekte mit Unternehmen und Führungskräften spielen eine ausschlaggebende Rolle. In der Lehre engagiert sich Ch. Belz in verschiedenen Fachbereichen des Management und Marketing. Er ist zudem Mitherausgeber der Fachzeitschrift für Marketing Thexis. Christian Belz ist im Verwaltungsrat verschiedener Unternehmen.

Institut für Marketing und Handel
Dufourstrasse 40 a
CH-9000 St. Gallen

Telefon: +41 (0)71 224 28 50
Telefax: +41 (0)71 224 28 57
Mail: christian.belz@unisg.ch

Dr. Markus Müllner

Dr. oec. HSG **Markus Müllner** ist Geschäftsführer der Marketing Auditorium St.Gallen AG, Lehrbeauftragter für Marketing an der Universität St.Gallen und Dozent in der Management-Weiterbildung verschiedener Schweizer Hochschulen. Als Trainer ist er in zahlreichen Vertriebs- und Marketingprojekten engagiert. Seine Erfahrungen im Key Account Management sammelte er in Beratungs- und Forschungsprojekten im Industrie- und Konsumgüterbereich. Er ist Autor des Buchs „Leistungen für International Key Accounts" und hat diverse Artikel zum Key Account Management, zum Beschwerdemanagement und zum Team Selling verfasst.

Marketing Auditorium St.Gallen AG
Merkurstrasse 2
Postfach 1426
CH-9001 St.Gallen

Telefon: +41 (0)71 222 38 28
Telefax: +41 (0)71 222 38 29
Mail: markus.muellner@marketing-auditorium.com

Dr. Dirk Zupancic

Dr. oec. HSG **Dirk Zupancic** ist Leiter des Kompetenzzentrums für Business-to-Business Marketing und Leiter des Bereichs Führungskräfteweiterbildung am Institut für Marketing und Handel der Universität St.Gallen.

Nach einer Ausbildung mit anschliessender Tätigkeit bei einer Bank studierte er Betriebswirtschaftslehre an der Philipps-Universität Marburg (Deutschland). Anschliessend war er Projektleiter im Bereich Global Account Management und Leiter des Seminars für System-Marketing am o.g. Institut. Seit 1995 arbeitet Dr. Dirk Zupancic als Trainer, Consultant und Dozent. Seine Tätigkeitsschwerpunkte liegen im Business-to-Business Marketing, insbesondere im Vertrieb, in der Marketingimplementierung und im Key Account Management.

Institut für Marketing und Handel
Dufourstrasse 40 a
CH-9000 St. Gallen

Telefon: +41 (0)71 224 28 75
Telefax: +41 (0)71 224 28 57
Mail: dirk.zupancic@unisg.ch

Dipl.-Kfm. Rupert Hilti

Dipl.-Kfm. **Rupert Hilti** ist Fachmann in internationalen Vertriebsfragen. Er war langjähriges Mitglied im erweiterten Vorstand der Hilti AG mit den Verantwortungsbereichen Vertrieb West- und Südeuropa sowie dem Global Account Management. Seit dem Jahr 2002 betreut er Mandate und Beratungen in den Bereichen Unternehmensführung und internationales Grosskundenmanagement.

Das wird Konsequenzen haben!

Deutschland ist ein Sanierungsfall! Der Staat gibt mehr Geld aus, als er einnimmt, subventioniert veraltete Produkte und wird von Bürokratie überwuchert. Ein erfahrener GmbH-Geschäftsführer und ein erfahrener Kommunikations- und Politikberater wenden das Managementwissen des Mittelstands auf das Unternehmen Deutschland an und zeigen, wie mit konsequenter Bürgerorientierung, mit klaren Strategien und solidem Haushalten langfristige Erfolgssicherung betrieben werden kann. Zahlreiche konkrete Vorschläge weisen die Richtung für politisches und öffentliches Handeln: mehr Wirtschaft wagen!
Die Autoren weisen nach, dass das mittelständische Konzept seit über 150 Jahren zuverlässig aus der Krise führt.

Sönke Nissen/Franz Winterer
Die Deutschland GmbH
Wie wir unser Land konsequent auf Kurs bringen
192 Seiten
Format 14,8 x 21 cm, Hardcover
€ 14,90 / CHF 26,80
ISBN 3-8323-1063-0

REDLINE WIRTSCHAFT

Anders als der Wettbewerb erlaubt ...

Anja Förster / Peter Kreuz
Different Thinking!
So erschließen Sie Marktchancen mit coolen Produktideen und überraschenden Leistungsangeboten

224 Seiten
Format 14,8 x 21, Hardcover
€ **22,90 / CHF 39,90**
ISBN 3-636-01186-3

Auch im Business gilt: wer wagt, gewinnt! Denn Different Thinking mit System ist das Geheimnis ungewöhnlich erfolgreicher Unternehmen. Das haben Anja Förster und Peter Kreuz in ihrer Analyse von 200 Unternehmen aus aller Welt herausgefunden.
Das sind die Grundprinzipien des Erfolges:
- Stellen Sie Ihre Strategien in Frage!
- Suchen Sie neue Märkte!
- Gestalten Sie Ihre Produkte radikal neu!
- Erfinden Sie ganz neue Preise und Erlösmodelle!

Wie Sie die insgesamt 20 Erfolgsprinzipien systematisch und gezielt umsetzen, wird anhand einer Vielzahl von internationalen Best-Practice-Beispielen und Tipps erläutert. Lassen Sie sich zum Beispiel von Geschäftsmodellen anderer Branchen inspirieren.
Die deutsche Zollverwaltung macht Online-Auktionen à la Ebay – und nimmt mit gepfändeten und beschlagnahmten Produkten vom Plüschtier bis zum Segelboot jede Menge Euro ein. Freuen Sie sich auf ein geballtes Paket von Ideen und Different-Thinking-Methoden für Ihren Arbeitsalltag – fundiert, spannend und praxisnah!

REDLINE WIRTSCHAFT

Hähne, Hechte und Hengste

- Luciano Benetton feuert den Mann, der die Marke Benetton in der ganzen Welt bekannt gemacht hat.
- Walt Disney schließt eine Allianz mit dem größten Feind aller Filmstudios … einem Fernsehkanal.
- Jürgen Schrempp führt eine Fusion mit einem amerikanischen Partner durch – und kümmert sich keinen Deut um Political Correctness.
- Herb Kelleher entscheidet einen Prozess durch öffentliches Armdrücken mit seinem Gegner.

Vollkommen verrückt? Genau. Und erfolgreich. Barry Gibbons untersucht mit klassisch britischem Humor die Erfolgsstorys von Querdenkern in der Wirtschaft. Wie diese ihre Ideen umgesetzt haben und was wir daraus lernen können, lesen Sie in diesem ausgefallenen und höchst amüsanten Wirtschaftsbuch!

240 Seiten
Format 14,8 x 21 cm
Hardcover
ISBN 3-8323-0947-0
€ 19,90 [D] sFr 33,90

Barry J. Gibbons war bis 1994 CEO von Burger King. Er ist tätig als Berater und Autor. Dieses Buch brachte ihm den Ruf des „P.J. O'Rourke des Business" ein.

REDLINE WIRTSCHAFT

Still the youngest mind
Fortune

Peter F. Drucker/Peter Paschek (Hrsg.)
Kardinaltugenden effektiver Führung

248 Seiten
14,8 x 21 cm, Hardcover
€ 22,90 (D) / sFr 39,90
ISBN 3-636-01110-3

Integrität, Charakter, Selbstkontrolle, Verantwortung, Pflicht, Würde, permanente Selbstentwicklung und die Fähigkeit, Wandel gezielt zu forcieren – ohne Orientierung an konservativen Werten ist effektives Management nicht möglich. So lautet das Credo von Peter F. Drucker, dem bedeutendsten Management-Denker unserer Zeit.

In diesem Band schildern erfahrene Topmanager und Management-Denker, die Peter F. Drucker gedanklich nahe stehen, welchen Einfluss Drucker und sein Werk auf ihr Denken und Handeln hatte. Mit Beiträgen von Fredmund Malik, Herrmann Simon, Bill Emmott, Mathias Döpfner, Roxane Spitzer, Norbert Bensel und weiteren namhaften Autoren.

Peter F. Drucker publizierte 1946 *Concept of the Corporation* und legte damit den Grundstein für das Management als wissenschaftliche Disziplin. Heute sind seine Bücher in 25 Sprachen übersetzt und haben eine Gesamtauflage von mehr als 6 Mio. Exemplaren erreicht.
Peter Paschek ist geschäftsführender Gesellschafter der Delta Management Consultans GmbH. Ihn verbindet eine langjährige Freundschaft mit Peter F. Drucker.

REDLINE WIRTSCHAFT